线性代数

第2版

张新华 张 浩 王 勇 编

机 械 工 业 出 版 社

本书依据《工科类本科线性代数课程教学基本要求》编写而成，内容包括：线性方程组、矩阵及其运算、行列式、矩阵的秩与线性方程组的解、向量组的线性相关性以及相似矩阵与二次型，书中除每一节配有习题外，各章均配有一定数量的总习题。在编写中，以问题为主线，注重知识的形成过程，力求提供一本与研究性教学相适应的教材。为便于学生研究问题，本书提供了补充材料——MATLAB 软件简介。

本书可供高等院校工程类各专业使用，也可供自学者、考研者和科技工作者阅读。

图书在版编目（CIP）数据

线性代数/张新华，张浩，王勇编．—2 版．—北京：机械工业出版社，2019.6（2024.8 重印）

ISBN 978-7-111-62465-3

Ⅰ．①线…　Ⅱ．①张…②张…③王…　Ⅲ．①线性代数—高等学校—教材　Ⅳ．①O151.2

中国版本图书馆 CIP 数据核字（2019）第 068032 号

机械工业出版社（北京市百万庄大街 22 号　邮政编码 100037）

策划编辑：韩效杰　　责任编辑：韩效杰　刘琴琴

责任校对：王　欣　张　薇　　封面设计：鞠　杨

责任印制：常天培

固安县铭成印刷有限公司印刷

2024 年 8 月第 2 版第 6 次印刷

184mm×260mm · 10 印张 · 220 千字

标准书号：ISBN 978-7-111-62465-3

定价：32.00 元

电话服务　　网络服务

客服电话：010-88361066　机　工　官　网：www.cmpbook.com

010-88379833　机　工　官　博：weibo.com/cmp1952

010-68326294　金　书　网：www.golden-book.com

封底无防伪标均为盗版　机工教育服务网：www.cmpedu.com

第 2 版前言

本书第 1 版自出版以来，我们采用它作为教材，经历了多次的教学实践。我们根据在教学中积累的一些经验，并吸取使用本书的同行们提出的宝贵意见，对教材进行了修订。

这次修订，对第 1 版中的疏漏和不妥之处做了修改，对书中的例题和习题做了少量的增减，且在书末增加了“部分习题答案与提示”。

本书第 2 版承秦厚荣教授、刘东升教授、夏建国教授和张钦教授审阅，他们提出了很多宝贵意见，对此我们表示衷心的感谢。

书中不足之处，诚恳地希望读者批评指正。

编　者

2019 年 7 月

第 1 版前言

为了更好地满足课程研究性教学改革的需要，编者编写了这本旨在培养学生自主学习能力、与研究性教学相适应的教材。本书依据《工科类本科线性代数课程教学基本要求》编写而成，可供高等院校各工科类专业使用，包括电子信息、自动化、机械制造、管理工程等新兴工程专业，也可供自学者、考研者和科技工作者阅读。

线性代数是高等院校一门重要的基础数学课程，具有较强的逻辑性、抽象性，其应用领域越来越广泛。本书具有以下几个特点：

（1）以问题为中心逐层展开叙述，介绍有关概念和方法，使学生了解知识的来龙去脉及其内在联系；

（2）通过一些实例的介绍，激发学生学习线性代数的兴趣；

（3）通过大量的例题阐明线性代数的思想。

本书承南京大学秦厚荣教授、南京理工大学刘东升教授和南京航空航天大学张钦教授审阅，谨此表示感谢！

本书系中华农业科教基金教材建设研究项目和南京农业大学工学院研究性教学改革项目研究成果。

限于编者的水平，书中错误和不妥之处在所难免，恳请广大读者和同行批评指正。

编　者

2016 年 2 月

目录

第2版前言
第1版前言

绪论 …… 1

第1章 线性方程组 …… 3
1.1 线性方程组 …… 3
习题1.1 …… 4
1.2 矩阵记号 …… 5
习题1.2 …… 7
1.3 矩阵的行阶梯形 …… 8
习题1.3 …… 10
总习题1 …… 13

第2章 矩阵及其运算 …… 15
2.1 矩阵 …… 15
习题2.1 …… 17
2.2 矩阵运算 …… 17
习题2.2 …… 23
2.3 逆矩阵 …… 23
习题2.3 …… 28
2.4 分块矩阵 …… 29
习题2.4 …… 33
总习题2 …… 35

第3章 行列式 …… 37
3.1 行列式的定义 …… 37
习题3.1 …… 41
3.2 行列式的性质 …… 41
习题3.2 …… 48
3.3 克拉默法则 …… 49
习题3.3 …… 51
总习题3 …… 54

第4章 矩阵的秩与线性方程组的解 …… 57
4.1 矩阵的秩 …… 57
习题4.1 …… 61
4.2 线性方程组的解 …… 61
习题4.2 …… 66
总习题4 …… 69

第5章 向量组的线性相关性 …… 72
5.1 向量组及其线性组合 …… 72
习题5.1 …… 75
5.2 向量组的线性相关性 …… 75
习题5.2 …… 79
5.3 向量组的秩 …… 80
习题5.3 …… 82
5.4 线性方程组解的结构 …… 83

习题 5.4 …… 87
5.5 向量空间 …… 87
习题 5.5 …… 91
总习题 5 …… 95

第 6 章 相似矩阵与二次型 …… 98
6.1 二次型的概念 …… 98
习题 6.1 …… 100
6.2 向量的内积、长度、正交性 …… 100
习题 6.2 …… 105
6.3 方阵的特征值与特征向量 …… 105
习题 6.3 …… 109
6.4 相似矩阵 …… 109
习题 6.4 …… 111
6.5 实对称矩阵的对角化 …… 112
习题 6.5 …… 114
6.6 化二次型为标准形 …… 114
习题 6.6 …… 119
6.7 二次型的正定性 …… 119
习题 6.7 …… 121
总习题 6 …… 124

附录 MATLAB 软件简介 …… 126

部分习题答案与提示 …… 137

参考文献 …… 151

绪　论

线性方程组和二次函数是线性代数课程的两个研究对象，绝大多数科学研究和工程应用中的数学问题在某个阶段都涉及线性方程组或二次函数. 利用数学方法，通常可以将较为复杂的问题转化为线性方程组或二次函数模型进行处理. 线性方程组和二次函数广泛应用于商业、经济学、社会学、生态学、人口统计、遗传学、电工学、工程学以及物理学等领域. 探究线性方程组解的结构和二次函数的标准形是本课程研究的两个基本问题. 课程在解决问题的过程中向读者介绍向量空间、特征值和特征向量等现代数学的基本概念，为后续课程的学习和工作实践奠定基础.

实例 1：经济学与工程中的线性模型

一个国家的经济体系包括许多部门，这些部门中有些生产商品和提供服务，其余部门不生产商品和提供服务，仅仅消费商品和服务，如消费者的需求、政府消费、超额生产、出口和其他外部需求. 有些部门除了生产商品以满足消费者的需求之外，本部门也需要这些产品作为生产部门的投入，部门之间的关系相当复杂.

对每个部门，我们可以写出一个描述该部门的产出如何分配给其他经济部门的线性方程. 对于整个经济体系而言，要描述各个部门之间的这些关系，一般需要构建含有几百个未知数的数学模型，现在用超级计算机可以处理如此大规模的数学模型. 由于所涉及的数据量庞大，这些模型通常是线性的，即它们是用线性方程组描述的.

线性代数在应用中的重要性随着计算机功能的增大而迅速增加，同时，人们对于极其复杂的问题的研究也引发了对计算机能力的更大需求. 计算机并行处理和大规模计算的爆炸性增长与线性代数的应用是密不可分的.

本课程的基本知识是其他领域进一步研究的基础，列举三例如下：

石油探测：当勘探船寻找海底石油储藏时，它的计算机每天要解几千个线性方程组. 方程组的地震数据从气喷枪的爆炸引起水下冲击波获得，这些冲击波引起海底岩石的震动，人们利用由几千米长的电缆拖着的船后的地震测波器采集数据.

线性规划:许多重要的管理决策是在线性规划模型的基础上做出的，这些模型包括几百个变量，例如航运业使用线性规划调度航班，监视飞机的飞行位置，或计划维修和机场运作.

电路：工程师使用仿真软件来设计电路和微芯片，它们包含数百万的晶体管，这样的软件技术依赖于线性代数与线性方程组的方法.

实例 2：多波段的图像处理

地球资源探测卫星所拍到的图像有很多用途，研究人员和城市规划人员利用它们研究城市发展速度和方向、工业发展和土地使用的变化；在农村可用于分析土壤湿度，对偏远地区植被进行分类，确定内陆的湖泊和河流的位置；政府部门可检测和评估自然灾害的破坏程度，如森林火灾、火山熔岩的流动、洪水和飓风等；环保部门可以确定来自烟囱的污染，测量水力发电站附近的湖泊和河流的温度.

为了用于研究，卫星上的传感器可同步取得地球上任何地区的七幅图像，传感器通过不同的波段来记录能量，包括三种可见光谱、四种红外光谱，每幅图像都被数字化且存储为矩阵，每一个数表示图像上对应点（像素）的信号强度，这七幅图像当中的每一幅都是多波段或多光谱图像的一个波段的图像.

一个固定区域的七幅地球资源探测卫星图像通常包括大量冗余的信息，原因是一些特性会表现在几幅图像中，然而其他特性由于它们的颜色或温度会反射出只被一个或两个传感器记录的光线.多波段图像处理的一个目标是用一种比研究每幅图像更好的方式来提取信息去观察数据.

主成分分析法是一种从原始数据中消除冗余信息的方法，因而只需要一幅或两幅合成图像就可以提供大部分信息.粗略地说，其目的是找出一个特殊的图像线性组合，即给七种像素中每一个赋予权值，然后再综合得到一个新的图像值.权值选取的方式使得合成图像中的光线强度的变化幅度或景象差异比任何原始图像的都要大.

这种方法用数学语言可表述为将采集到的数据用多维空间中的点表示，将一个二次齐次函数转化为一个不含乘积项的标准形式.

第 1 章 线性方程组

线性方程组是线性代数的核心. 本章主要介绍线性方程组及其解的有关概念，介绍求解线性方程组的一个系统方法，探讨线性方程组有解、无解的条件.

1.1 线性方程组

含有未知量的等式:

$$a_1x_1 + a_2x_2 + \cdots + a_nx_n = b$$

称为线性方程，其中 $a_1, a_2, \cdots, a_n$ 和 b 为常数（若没有特别说明，本书中的常数皆为实数），$x_1, x_2, \cdots, x_n$ 为未知量或变量.

例如，$2x_1 - 3x_2 + 5x_3 = 1$ 是线性方程，但 $x_1 + 2x_2 - x_1x_2 = 9$ 不是线性方程，因其中包含 x_1x_2 项.

含有 m 个方程、n 个未知量的线性方程组定义为

$$\begin{cases} a_{11}x_1 + a_{12}x_2 + \cdots + a_{1n}x_n = b_1, \\ a_{21}x_1 + a_{22}x_2 + \cdots + a_{2n}x_n = b_2, \\ \qquad \vdots \\ a_{m1}x_1 + a_{m2}x_2 + \cdots + a_{mn}x_n = b_m. \end{cases}$$

其中 a_{ij} 及 b_i 均为常数 $(i = 1, 2, \cdots, m; j = 1, 2, \cdots, n)$.

若用一组有序的数 $(c_1, c_2, \cdots, c_n)$ 分别代替方程组中的 $x_1, x_2, \cdots, x_n$，每个方程的两边都相等，则称这一数组为方程组的解. 例如:

（ⅰ）$\begin{cases} x_1 - x_2 = -1, \\ x_1 + x_2 = 3. \end{cases}$ （ⅱ）$\begin{cases} x_1 - 2x_2 = -1, \\ -2x_1 + 4x_2 = 2. \end{cases}$

（ⅲ）$\begin{cases} x_1 - x_2 = 0, \\ 2x_1 - 2x_2 = -4 \end{cases}$

都是线性方程组. 有序数 $(1,2)$ 是方程组（ⅰ）的解. 这是因为

$$1 \cdot (1) - 1 \cdot (2) = -1,$$
$$1 \cdot (1) + 1 \cdot (2) = 3$$

同时成立. 易知，对任意实数 c，有序数 $(2c-1, c)$ 都是方程组（ⅱ）的解，即方程组（ⅱ）有无穷多解. 由于不存在两个实数同时满足方程组（ⅲ）中的两个方程，故方程组（ⅲ）无解.

线性方程组的解有三种情况：1）有唯一解；2）有无穷多解；3）无解.

下面给出含有两个方程、两个变量方程组的解的几何意义.

方程组（ⅰ），（ⅱ），（ⅲ）中每个方程对应于一条直线. 数对 (c_1,c_2) 是方程组的解，当且仅当点 (c_1,c_2) 是两条直线的公共点. 方程组（ⅰ）有唯一解，对应于两条直线有一交点；方程组（ⅱ）有无穷多解，对应于两条直线重合；方程组（ⅲ）无解，对应于两条直线平行. 如图 1-1 所示.

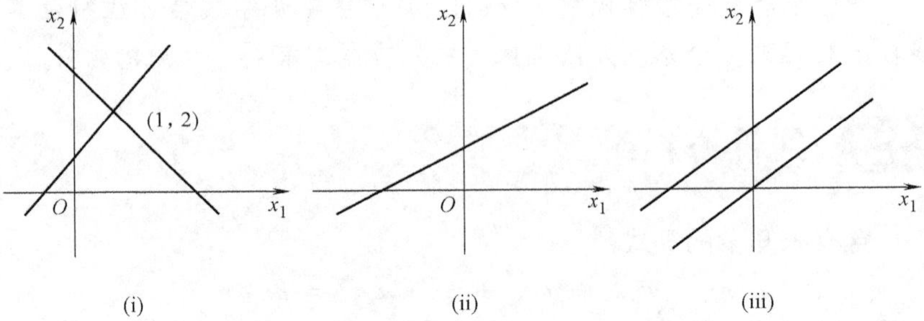

图 1-1

寻求方程组解的过程称为解方程组，方程组所有解的集合称为方程组的解集.

考虑两个方程组:

$$(\text{iv})\begin{cases}x_1-2x_2=-1,\\ \qquad\ \ x_2=2.\end{cases}\qquad (\text{v})\begin{cases}x_1-2x_2=-1,\\ x_1+x_2=5.\end{cases}$$

显然，具有阶梯形状的方程组（ⅳ）容易求解，将 x_2 的值代入第一个方程可得 $x_1=3$，这个过程称为回代，于是方程组（ⅳ）的解为 (3,2). 求解方程组（ⅴ）略复杂一点，其实方程组（ⅴ）与方程组（ⅳ）有相同的解. 事实上，将第一个方程的 (-1) 倍加到第二个方程上后，得 $x_2=2$，再将 $x_2=2$ 回代到第一个方程，得 $x_1=3$.

若两个方程组具有相同的解集，则称它们同解.

显然，通过下列三种运算可以得到一个同解的方程组:

1）交换任意两个方程的次序；

2）任一方程的两边同乘以一个非零的常数；

3）任一方程的倍数加到另一方程上.

可以使用上述运算将给定的方程组化成具有阶梯形状易于求解的方程组进行求解.

习题 1.1

1. 问 $x_1=1,x_2=-2,x_3=-1$ 是否为下列方程组的解?

$$\begin{cases}x_1-2x_2+x_3=-4,\\ -2x_1+3x_2+7x_3=-3,\\ 3x_1+x_2+5x_3=0.\end{cases}$$

2. 利用回代法解方程组：

(1) $\begin{cases} x_1 - 2x_2 = 1, \\ 2x_2 = -2; \end{cases}$ (2) $\begin{cases} x_1 + x_2 - x_3 = 5, \\ 2x_2 + x_3 = 7, \\ 3x_3 = 3. \end{cases}$

3. 在平面直角坐标系中，画出每个方程表示的直线，利用直线间的相互关系确定方程组解的个数：

(1) $\begin{cases} x_1 + x_2 = 2, \\ x_1 - x_2 = 0; \end{cases}$ (2) $\begin{cases} x_1 - 2x_2 = 1, \\ -2x_1 + 4x_2 = -2; \end{cases}$

(3) $\begin{cases} x_1 + 2x_2 = 3, \\ -2x_1 - 4x_2 = 5; \end{cases}$ (4) $\begin{cases} x_1 + x_2 = 1, \\ x_1 - x_2 = 0, \\ 3x_1 + x_2 = 2. \end{cases}$

1.2 矩阵记号

如果知道了一个线性方程组的全部系数和常数项，那么这个方程组就基本上确定了．确切地说，一个线性方程组与一个称为矩阵的数表相对应．例如，把线性方程组

$$\begin{cases} 3x_1 + 4x_2 - 6x_3 = 4, \\ x_1 - x_2 + 4x_3 = 1, \\ -x_1 + 2x_2 - 7x_3 = 0 \end{cases} \tag{1-1}$$

变量的系数依次写在一个数表中，矩阵 $\begin{pmatrix} 3 & 4 & -6 \\ 1 & -1 & 4 \\ -1 & 2 & -7 \end{pmatrix}$ 称为方程组（1-1）的系数矩阵，矩阵 $\begin{pmatrix} 3 & 4 & -6 & 4 \\ 1 & -1 & 4 & 1 \\ -1 & 2 & -7 & 0 \end{pmatrix}$ 称为方程组（1-1）的增广矩阵．实际上，有了这个增广矩阵之后，除去代表未知量的文字外，线性方程组（1-1）就确定了，而采用什么文字来代表未知量当然不是实质性的．

系数矩阵有 3 行 3 列，称为 3×3 矩阵．同样，称上述方程组的增广矩阵为 3×4 矩阵．矩阵记号为方程组的求解带来便利．

求解方程组的基本思路是把方程组转化为一个更容易求解的同解方程组．粗略地讲，就是用第一个方程中含 x_1 的项消去其他方程中含 x_1 的项．然后用第二个方程中含 x_2 的项消去其他方程中含 x_2 的项．以此类推，最后得到一个简单的方程组．该方法称为消元法．

下面通过一个例子说明如何用矩阵描述求解方程组的过程．

例 1.1 解线性方程组（1-1）．

解 线性方程组可用其增广矩阵表示．为便于比较，在求解该方程组时，我们特别地将求解过程与增广矩阵的变化过程列于左右两侧．

$$\begin{cases} 3x_1+4x_2-6x_3=4, & ①\\ x_1-x_2+4x_3=1, & ②\\ -x_1+2x_2-7x_3=0. & ③\end{cases}$$

$$\begin{pmatrix} 3 & 4 & -6 & 4\\ 1 & -1 & 4 & 1\\ -1 & 2 & -7 & 0\end{pmatrix}$$

将第一个方程与第二个方程交换位置：

$$\xrightarrow{①\leftrightarrow②}\begin{cases} x_1-x_2+4x_3=1, & ①\\ 3x_1+4x_2-6x_3=4, & ②\\ -x_1+2x_2-7x_3=0. & ③\end{cases}$$

交换矩阵的第一行与第二行：

$$\xrightarrow{r_1\leftrightarrow r_2}\begin{pmatrix} 1 & -1 & 4 & 1\\ 3 & 4 & -6 & 4\\ -1 & 2 & -7 & 0\end{pmatrix}.$$

第一个方程的（-3）倍加到第二个方程，第一个方程加到第三个方程：

$$\xrightarrow[③+①]{②-3①}\begin{cases} x_1-x_2+4x_3=1, & ①\\ 7x_2-18x_3=1, & ②\\ x_2-3x_3=1. & ③\end{cases}$$

第一行的（-3）倍加到第二行，第一行加到第三行：

$$\xrightarrow[r_3+r_1]{r_2-3r_1}\begin{pmatrix} 1 & -1 & 4 & 1\\ 0 & 7 & -18 & 1\\ 0 & 1 & -3 & 1\end{pmatrix}.$$

交换第二个方程与第三个方程的位置：

$$\xrightarrow{②\leftrightarrow③}\begin{cases} x_1-x_2+4x_3=1, & ①\\ x_2-3x_3=1, & ②\\ 7x_2-18x_3=1. & ③\end{cases}$$

交换第二行与第三行：

$$\xrightarrow{r_2\leftrightarrow r_3}\begin{pmatrix} 1 & -1 & 4 & 1\\ 0 & 1 & -3 & 1\\ 0 & 7 & -18 & 1\end{pmatrix}.$$

第二个方程的（-7）倍加到第三个方程：

$$\xrightarrow{③-7②}\begin{cases} x_1-x_2+4x_3=1, & ①\\ x_2-3x_3=1, & ②\\ 3x_3=-6. & ③\end{cases}$$

第二行的（-7）倍加到第三行：

$$\xrightarrow{r_3-7r_2}\begin{pmatrix} 1 & -1 & 4 & 1\\ 0 & 1 & -3 & 1\\ 0 & 0 & 3 & -6\end{pmatrix}.$$

方程组化简为同解的阶梯形方程组，将第三个方程的两边乘以 $\frac{1}{3}$：

$$\xrightarrow{③\times\frac{1}{3}}\begin{cases} x_1-x_2+4x_3=1, & ①\\ x_2-3x_3=1, & ②\\ x_3=-2. & ③\end{cases}$$

矩阵经过行变换后化为阶梯形矩阵，将第三行乘以 $\frac{1}{3}$：

$$\xrightarrow{r_3\times\frac{1}{3}}\begin{pmatrix} 1 & -1 & 4 & 1\\ 0 & 1 & -3 & 1\\ 0 & 0 & 1 & -2\end{pmatrix}.$$

至此，已求得 x_3，再用回代法消去前两个方程中的 x_3：

$$\xrightarrow[②+3③]{①-4③}\begin{cases} x_1-x_2=9, & ①\\ x_2=-5, & ②\\ x_3=-2. & ③\end{cases}$$

将第三行的（-4）倍及3倍分别加到第一行和第二行：

$$\xrightarrow[r_2+3r_3]{r_1-4r_3}\begin{pmatrix} 1 & -1 & 0 & 9\\ 0 & 1 & 0 & -5\\ 0 & 0 & 1 & -2\end{pmatrix}.$$

利用第二个方程，用回代法消去第一个方程中的 x_2：

$$\xrightarrow{①+②}\begin{cases}x_1 = 4,\\ x_2 = -5,\\ x_3 = -2.\end{cases}$$

第二行加到第一行：

$$\xrightarrow{r_1+r_2}\begin{pmatrix}1 & 0 & 0 & 4\\ 0 & 1 & 0 & -5\\ 0 & 0 & 1 & -2\end{pmatrix}.$$

即方程组的解为 $x_1=4, x_2=-5, x_3=-2$.

上例说明，线性方程组的变换，即求解方程组的过程对应于方程组的增广矩阵的行变换. 上节方程组的三种变换对应于增广矩阵的下列三种初等行变换.

定义 1.1　下列三种变换称为矩阵的初等行变换：

1）对调两行（对调 i,j 两行，记作 $r_i \leftrightarrow r_j$）；

2）以数 $k \neq 0$ 乘以某一行中的所有元素（第 i 行元素乘以 k，记作 $r_i \times k$）；

3）把某一行所有元素的 k 倍加到另一行对应的元素上去（第 j 行的 k 倍加到第 i 行上，记作 $r_i + kr_j$）.

如果一个矩阵经过有限次的初等行变换变成另一矩阵，则称这两个矩阵是行等价的.

矩阵的行变换是可逆的. 例如，若对调两行，则再次对调这两行就会还原为原来的矩阵. 由此可见：若两个方程组的增广矩阵是行等价的，则它们同解.

通过求解，我们会知道方程组有唯一解还是有无穷多解或是无解. 问题是：方程组解的情况到底与什么相联系？或者说，什么样的因素制约了方程组解的情形？怎样判断一个方程组是否有解？有解时是否唯一？下节我们利用矩阵的行阶梯形的概念讨论这些问题.

习题 1.2

1. 回答下列问题：

（1）写出方程组的系数矩阵和增广矩阵：

$$\begin{cases}x_1 - 2x_2 + x_3 = -4,\\ -2x_1 + 3x_2 + 7x_3 = -3,\\ 3x_1 + x_2 + 5x_3 = 0.\end{cases}$$

（2）下列矩阵是某个方程组的增广矩阵，请写出该方程组：

$$\begin{pmatrix}3 & -2 & 1 & 4\\ 1 & 2 & 0 & 1\end{pmatrix}.$$

2. 下列矩阵是某个线性方程组的增广矩阵. 说明在解方程组时下一步应进行的初等行变换，然后继续进行适当的行变换并说明原方程组的解集.

$$\begin{pmatrix}1 & -4 & -3 & 0 & 3\\ 0 & 1 & -7 & 0 & 4\\ 0 & 0 & 1 & 2 & -3\\ 0 & 0 & 2 & -1 & 9\end{pmatrix}.$$

3. 解方程组：

（1）$\begin{cases}x_1 + x_2 - x_3 = 2,\\ -2x_1 + x_2 + x_3 = 3,\\ x_1 + x_2 + x_3 = 6;\end{cases}$

（2）$\begin{cases}3x_1 - x_2 + x_3 = 10,\\ 4x_1 + 2x_2 - x_3 = 2,\\ 11x_1 + 3x_2 = 8.\end{cases}$

1.3 矩阵的行阶梯形

本节研究方程组解的存在性和唯一性问题.

从上节的例 1.1 中可以看出解方程组的过程实际上就是化其增广矩阵为更简单的形式的过程.

若矩阵中某一行的元素都是零，则称该行为零行. 若某行至少有一个非零元素，则称之为非零行.

定义 1.2　满足下列条件的矩阵称为行阶梯形矩阵：

1）每一非零行都在零行之上；

2）自上而下每一行的第一个非零元素的列标严格递增.

若一个行阶梯形矩阵还满足：所有非零行的第一个非零元素为 1，且其所在的列的其余元素都是零，则称它为行最简形矩阵.

例如：

$$\begin{pmatrix}1&2&3\\0&2&-1\end{pmatrix},\begin{pmatrix}1&2&-1&3\\0&0&3&4\\0&0&0&0\end{pmatrix},\begin{pmatrix}1&1&1\\0&1&1\\0&0&1\end{pmatrix}\text{是行阶梯形矩阵；}$$

$$\begin{pmatrix}1&0&3\\0&1&-1\end{pmatrix},\begin{pmatrix}1&2&0&0\\0&0&1&0\\0&0&0&0\end{pmatrix},\begin{pmatrix}0&1&0\\0&0&1\\0&0&0\end{pmatrix}\text{是行最简形矩阵.}$$

行阶梯形矩阵的特点是可画出一条阶梯线，线的下方全为 0；每个台阶只有一行，台阶数即是非零行数，阶梯线的竖线（每段竖线的长度为一行）后面的元素为非零元素. 而行最简形矩阵除了具备行阶梯形矩阵的特点外，还具有非零行的第一个非零元素为 1，且这些非零元素所在的列的其他元素都是 0 的特点.

一般地，任一矩阵经过若干次初等行变换都可以化为行阶梯形矩阵和行最简形矩阵.

例 1.2 用初等行变换将下列矩阵先化为行阶梯形矩阵，再化为行最简形矩阵：

$$\begin{pmatrix}0&3&6&4&-5\\3&-7&-5&8&9\\3&-9&-9&6&15\end{pmatrix}.$$

解

$$\begin{pmatrix}0&3&6&4&-5\\3&-7&-5&8&9\\3&-9&-9&6&15\end{pmatrix}\xrightarrow{r_1\leftrightarrow r_3}\begin{pmatrix}3&-9&-9&6&15\\3&-7&-5&8&9\\0&3&6&4&-5\end{pmatrix}\xrightarrow{r_2-r_1}$$

$$\begin{pmatrix}3&-9&-9&6&15\\0&2&4&2&-6\\0&3&6&4&-5\end{pmatrix}\xrightarrow{r_2\times\frac{1}{2}}\begin{pmatrix}3&-9&-9&6&15\\0&1&2&1&-3\\0&3&6&4&-5\end{pmatrix}\xrightarrow{r_3-3r_2}$$

$$\underset{\text{行阶梯形矩阵}}{\begin{pmatrix}3 & -9 & -9 & 6 & 15\\0 & 1 & 2 & 1 & -3\\0 & 0 & 0 & 1 & 4\end{pmatrix}}\xrightarrow[r_1+9r_2]{\substack{r_2-r_3\\ r_1-6r_3}}\underset{\text{行阶梯形矩阵}}{\begin{pmatrix}3 & 0 & 9 & 0 & -72\\0 & 1 & 2 & 0 & -7\\0 & 0 & 0 & 1 & 4\end{pmatrix}}\xrightarrow{r_1\div 3}$$

$$\underset{\text{行最简形矩阵}}{\begin{pmatrix}1 & 0 & 3 & 0 & -24\\0 & 1 & 2 & 0 & -7\\0 & 0 & 0 & 1 & 4\end{pmatrix}}.$$

由上可知，用初等行变换化矩阵为行最简形矩阵时一般先要将原矩阵化为行阶梯形矩阵，然后用回代的方法进一步将行阶梯形矩阵化为行最简形矩阵.

化线性方程组的增广矩阵为行最简形矩阵可以得到该方程组解集的一般表达式.

例如，如果某一个线性方程组的增广矩阵已化为等价的行最简形矩阵

$$\begin{pmatrix}1 & 0 & -5 & 1\\0 & 1 & 1 & 4\\0 & 0 & 0 & 0\end{pmatrix},$$

那么，这个行最简形矩阵对应的方程组为

$$\begin{cases}x_1-5x_3=1,\\x_2+x_3=4,\\0=0.\end{cases}$$

增广矩阵的行阶梯形（或行最简形）非零行的第一个非零元素对应的变量称为基本变量，如这里的 x_1 和 x_2，其他的变量称为自由变量，如这里的 x_3.

令自由变量 $x_3=c$（c 为任意常数），则原方程组的通解为

$$\begin{cases}x_1=1+5c,\\x_2=4-c,\\x_3=c.\end{cases}$$

例 1.3 确定下列方程组的解是否存在且唯一：

$$\begin{cases}3x_2+6x_3+4x_4=-5,\\3x_1-7x_2-5x_3+8x_4=9,\\3x_1-9x_2-9x_3+6x_4=15.\end{cases}$$

解 该方程组的增广矩阵在例 1.2 中已化为行阶梯形：

$$\begin{pmatrix}3 & -9 & -9 & 6 & 15\\0 & 1 & 2 & 1 & -3\\0 & 0 & 0 & 1 & 4\end{pmatrix}.$$

所以方程组的基本变量为 x_1, x_2 和 x_4，自由变量为 x_3. 设 $x_3 = c$，则用回代法求出该方程组的通解. 由于自由变量的存在，解不是唯一的.

例 1.4 确定下列方程组是否有解：

$$\begin{cases} 2x_1 - 3x_2 + 2x_3 = 2, \\ x_2 - 4x_3 = 8, \\ 5x_1 - 8x_2 + 7x_3 = 0. \end{cases}$$

解 化方程组的增广矩阵为行阶梯形矩阵：

$$\begin{pmatrix} 2 & -3 & 2 & 2 \\ 0 & 1 & -4 & 8 \\ 5 & -8 & 7 & 0 \end{pmatrix} \xrightarrow{r_3 - \frac{5}{2}r_1} \begin{pmatrix} 2 & -3 & 2 & 2 \\ 0 & 1 & -4 & 8 \\ 0 & -1/2 & 2 & -5 \end{pmatrix} \xrightarrow{r_3 + \frac{1}{2}r_2}$$

$$\begin{pmatrix} 2 & -3 & 2 & 2 \\ 0 & 1 & -4 & 8 \\ 0 & 0 & 0 & -1 \end{pmatrix}.$$

原方程组化为同解方程组：

$$\begin{cases} 2x_1 - 3x_2 + 2x_3 = 2, \\ x_2 - 4x_3 = 8, \\ 0 = -1. \end{cases}$$

第三个方程是 $0 \cdot x_1 + 0 \cdot x_2 + 0 \cdot x_3 = -1$ 的简写. 由于不存在实数 x_1，x_2 和 x_3 使该方程成立，故原方程组无解.

综合上述讨论，可以得到：

定理 1.1　线性方程组有解的充分必要条件是其增广矩阵的行阶梯形矩阵中没有形如

$$(0 \quad 0 \quad \cdots \quad 0 \quad b) \quad (b \neq 0)$$

的行. 在有解的条件下，若方程组不含自由变量，则有唯一解；若至少有一个自由变量，则有无穷多解.

习题 1.3

1. 下列矩阵中哪些是行阶梯形？哪些是行最简形？

(1) $\begin{pmatrix} 1 & 0 & 0 & 0 \\ 0 & 1 & 0 & 0 \\ 0 & 0 & 1 & 1 \end{pmatrix}$；(2) $\begin{pmatrix} 1 & 0 & 1 & 0 \\ 0 & 1 & 1 & 0 \\ 0 & 0 & 0 & 1 \end{pmatrix}$；

(3) $\begin{pmatrix} 1 & 0 & 0 & 0 \\ 0 & 1 & 1 & 0 \\ 0 & 0 & 0 & 0 \\ 0 & 0 & 0 & 1 \end{pmatrix}$；(4) $\begin{pmatrix} 1 & 1 & 0 & 1 & 1 \\ 0 & 2 & 0 & 2 & 2 \\ 0 & 0 & 0 & 3 & 3 \\ 0 & 0 & 0 & 0 & 4 \end{pmatrix}$；

(5) $\begin{pmatrix} 1 & 4 & 6 \\ 0 & 0 & 1 \\ 0 & 1 & 3 \end{pmatrix}$；(6) $\begin{pmatrix} 0 & 1 & 3 & 4 \\ 0 & 0 & 1 & 3 \\ 0 & 0 & 0 & 0 \end{pmatrix}$；

(7) $\begin{pmatrix} 1 & 0 & 0 \\ 1 & 1 & 0 \\ 0 & 1 & 1 \end{pmatrix}$；(8) $\begin{pmatrix} 1 & 0 & 0 & 1 & 2 \\ 0 & 1 & 0 & 2 & 4 \\ 0 & 0 & 1 & 3 & 6 \end{pmatrix}$.

2. 用初等行变换把下列矩阵化为行最简形矩阵：

(1) $\begin{pmatrix} 1 & 2 & 3 & 4 \\ 4 & 5 & 6 & 7 \\ 6 & 7 & 8 & 9 \end{pmatrix}$；

(2) $\begin{pmatrix} 2 & 3 & 1 & -3 & -7 \\ 1 & 2 & 0 & -2 & -4 \\ 3 & -2 & 8 & 3 & 0 \\ 2 & -3 & 7 & 4 & 3 \end{pmatrix}$.

3. 解线性方程组. 方程组的增广矩阵为

(1) $\begin{pmatrix} 3 & -1 & 2 & 10 \\ -1 & -3 & 3 & 8 \\ 4 & 2 & -1 & -4 \end{pmatrix}$;

(2) $\begin{pmatrix} 1 & -2 & 4 & -5 \\ 2 & 3 & 1 & 4 \\ 4 & -1 & 9 & -6 \\ 3 & 8 & -2 & 13 \end{pmatrix}$;

(3) $\begin{pmatrix} 2 & 1 & -1 & -1 & 1 \\ 2 & 1 & -1 & 1 & 1 \\ 4 & 2 & -2 & 1 & 2 \end{pmatrix}$;

(4) $\begin{pmatrix} 2 & 1 & -1 & 1 & 1 \\ 1 & 4 & -3 & 5 & -2 \\ 3 & -2 & 1 & -3 & 4 \end{pmatrix}$.

4. 考虑方程组，其增广矩阵为

$$\begin{pmatrix} 1 & 2 & 1 & 1 \\ -2 & 2 & 2 & 1 \\ 2 & -2 & a & 3 \end{pmatrix},$$

当 a 为何值时，该方程组有唯一解？

5. 下列矩阵为方程组的增广矩阵，问 a 为何值时方程组无解：

(1) $\begin{pmatrix} 1 & a & 2 \\ 3 & 6 & 4 \end{pmatrix}$；(2) $\begin{pmatrix} 1 & a & -2 \\ -2 & 4 & 4 \end{pmatrix}$；

(3) $\begin{pmatrix} 1 & 2 & a \\ 2 & 3 & 4 \end{pmatrix}$.

6. 方程组的增广矩阵为

$$\begin{pmatrix} 1 & 2 & 1 & 0 \\ 3 & 7 & 4 & 0 \\ -1 & 1 & a & 0 \end{pmatrix}.$$

(1) 该方程组是否有解？为什么？

(2) 当 a 为何值时，该方程组有无穷多解？

应用 1.1 经济学中的齐次线性方程组数学模型.

一个经济体可以划分为许多部门，如各种制造、交通、娱乐和服务业. 假设我们知道每个年度的总产出和该总产出是如何在其他经济部门进行分配的，一个部门产出的总货币价值称为该产出的价格，使得每个部门的总收入恰等于它的总支出的价格称为平衡价格. 下面说明如何求平衡价格.

例 1.5 假设一个经济体由煤炭、电力和钢铁三部门组成，各部门之间的分配如表 1-1 所示，其中每一列数表示该部门的总产出在三个部门分配的比例. 因所有产出都必须分配，故每一列的三个数之和为 1. 设 x_1，x_2，x_3 分别为煤炭、电力和钢铁部门的年度总产出的价格，试求平衡价格使每个部门的收支平衡（数值舍入到小数点后两位）.

表 1-1 一个简化的经济问题

部门的产出分配			采购部门
煤炭	电力	钢铁	
0.0	0.5	0.5	煤炭
0.7	0.1	0.3	电力
0.3	0.4	0.2	钢铁

解 由题设表 1-1 中的列表示产出的去向，行表示从其他部门获得的投入，每个部门收支平衡，即为

$$\begin{cases} 0.5x_2+0.5x_3=x_1, \\ 0.7x_1+0.1x_2+0.3x_3=x_2, \\ 0.3x_1+0.4x_2+0.2x_3=x_3. \end{cases}$$

方程组可化为

$$\begin{cases} x_1-0.5x_2-0.5x_3=0, \\ -0.7x_1+0.9x_2-0.3x_3=0, \\ -0.3x_1-0.4x_2+0.8x_3=0. \end{cases}$$

化方程组的增广矩阵为行阶梯形矩阵：

$$\begin{pmatrix} 1 & -0.5 & -0.5 & 0 \\ -0.7 & 0.9 & -0.3 & 0 \\ -0.3 & -0.4 & 0.8 & 0 \end{pmatrix} \to \begin{pmatrix} 1 & -0.5 & -0.5 & 0 \\ 0 & 0.55 & -0.65 & 0 \\ 0 & -0.55 & 0.65 & 0 \end{pmatrix} \to \begin{pmatrix} 1 & -0.5 & -0.5 & 0 \\ 0 & 0.55 & -0.65 & 0 \\ 0 & 0 & 0 & 0 \end{pmatrix} \to$$

$$\begin{pmatrix} 1 & 0 & -1.09 & 0 \\ 0 & 0.55 & -0.65 & 0 \\ 0 & 0 & 0 & 0 \end{pmatrix} \to \begin{pmatrix} 1 & 0 & -1.09 & 0 \\ 0 & 1 & -1.18 & 0 \\ 0 & 0 & 0 & 0 \end{pmatrix}.$$

故方程组的通解为 $x_1=1.09x_3$，$x_2=1.18x_3$，x_3 为自由变量. 这就是这个经济问题的平衡价格. 对于任意非负的 x_3 可以算出相应的平衡价格. 例如，如果取 x_3 为 1 亿元，那么 $x_1=1.09$ 亿元，$x_2=1.18$ 亿元.

应用 1.2 交通流量.

例 1.6 如图 1-2 所示，某城市市区的交叉路口由两条单向车道组成，图 1-2 中给出了在交通高峰时段 1h 内进入和离开路口的车辆数. 计算在四个交叉路口间车辆的数量.

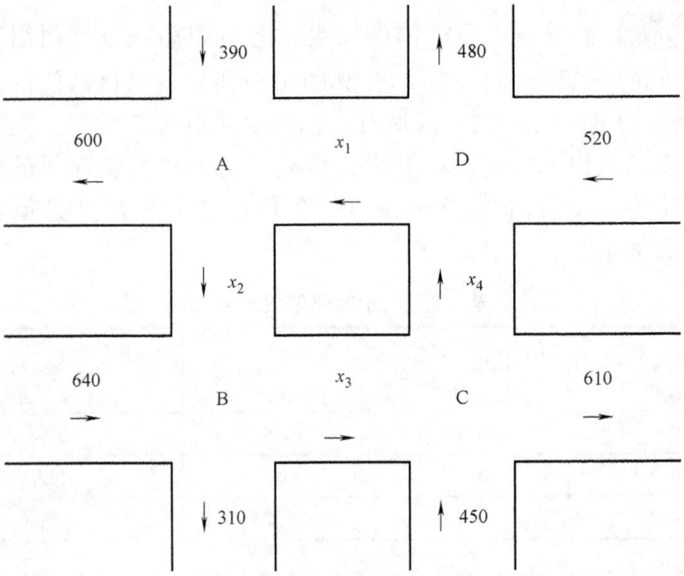

图 1-2

解 在每个路口，进入的车辆数等于离开的车辆数. 于是

$$\begin{cases}x_1+390=x_2+600,\\x_2+640=x_3+310,\\x_3+450=x_4+610,\\x_4+520=x_1+480.\end{cases}$$

此方程组的增广矩阵为

$$\begin{pmatrix}1&-1&0&0&210\\0&1&-1&0&-330\\0&0&1&-1&160\\-1&0&0&1&-40\end{pmatrix},$$

将其化为行最简形

$$\begin{pmatrix}1&0&0&-1&40\\0&1&0&-1&-170\\0&0&1&-1&160\\0&0&0&0&0\end{pmatrix}.$$

由于方程组中存在一个自由变量，因此原方程组有无穷多解．即交通示意图没有给出足够的信息唯一确定 x_1，x_2，x_3 和 x_4. 从行最简形对应的方程组可见 $x_4\geqslant170$. 对于给定的 $x_4\geqslant170$，相应的 x_1，x_2 和 x_3 为

$$\begin{cases}x_1=x_4+40,\\x_2=x_4-170,\\x_3=x_4+160.\end{cases}$$

总习题 1

1. 判断下列命题是否正确，说明理由.

（1）每个矩阵行等价于唯一的阶梯形矩阵.

（2）含有三个未知数的三个方程的线性方程组至多有三个解.

（3）若线性方程组有两个不同的解，则它必有无穷多个解.

（4）若线性方程组没有自由变量，则它有唯一解.

（5）若线性方程组的增广矩阵可由初等行变换化为行最简形，则它必定有解.

（6）若两个矩阵行等价，则它们有相同的行最简形.

2. 设 a，b 为实数，解方程 $ax=b$.

3. 平面直角坐标系中的三条直线 $x-4y=1$，$2x-y=-3$，$-x-3y=4$ 是否经过同一点？请解释.

4. 一个线性方程 $ax+by+cz=d$ 的解 (x,y,z) 可以表示为 $\mathbf{R}^3$ 中的一个平面，其中 a,b,c 不全为零. 构造含有三个线性方程的方程组分别表示图（图 1-3）：a）相交于一条直线；b）相交于一点；c）没有交点.

5. 确定 a 和 b 的值，使下列方程组的解集（ⅰ）是空集；（ⅱ）包含唯一的解；（ⅲ）包含无穷多个解.

（1）$\begin{cases}x_1+3x_2=a,\\2x_1+bx_2=4;\end{cases}$ （2）$\begin{cases}-2x_1+ax_2=0,\\3x_1+bx_2=1.\end{cases}$

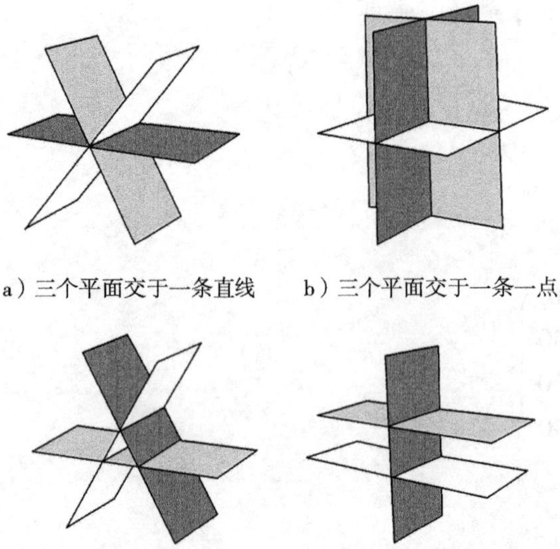

a）三个平面交于一条直线　b）三个平面交于一条一点

c）三个平面没有交点　c′）三个平面没有交点

图　1-3

6*. 许多工程问题常常需要根据两个变量的几组实验数据来找出这两个变量的函数关系的近似表达式. 插值多项式是常用的近似表达式. 设实验数据用平面上一些点表示，那么所谓插值多项式就是其图像通过这些点的一个多项式. 这样的多项式可以用来估计已知数据之间的一些数值，还可以用来绘制图像. 求这种插值多项式的一种方法是解线性方程组.

在一次风洞实验中，空气对飞机的阻力在不同速度下为

速度（100ft/s）

0　2　4　6　8　10

空气阻力（100lbf）

0　2.90　14.8　39.6　74.3　119

注：(1ft = 0.3048m)，(1lbf = 4.44822N)

求这些数据的插值多项式，估计飞机速度为 750ft/s 时的空气阻力用

$$p(t) = a_0 + a_1 t + a_2 t^2 + a_3 t^3 + a_4 t^4 + a_5 t^5.$$

如果你用低于5次的多项式去计算，结果如何？（例如，用3次多项式.）标有记号 * 的习题是设计为利用 MATLAB 来求解的，后同.

第2章 矩阵及其运算

矩阵是研究方程组的重要工具. 本章介绍矩阵的概念及定义矩阵的一些运算, 利用矩阵给出方程组的简便表示. 同时推导含有 n 个变量 n 个方程的克拉默法则.

2.1 矩阵

在上一章的讨论中我们看到线性方程组由其增广矩阵所确定, 解方程组的过程表现为变换这些矩阵的过程. 除研究线性方程组需要矩阵概念外, 还有大量的问题也会用到矩阵的概念, 并且这些问题的研究可以转化为有关矩阵的某些方面的研究. 有些性质不同的问题转化为矩阵后却是相同的. 矩阵是数学中的一个重要基本概念.

定义 2.1 **由 $m \times n$ 个数 $a_{ij}(i=1,2,\cdots,m;\ j=1,2,\cdots,n)$ 排成的 m 行 n 列的表**

$$\begin{pmatrix} a_{11} & a_{12} & \cdots & a_{1n} \\ a_{21} & a_{22} & \cdots & a_{2n} \\ \vdots & \vdots & & \vdots \\ a_{m1} & a_{m2} & \cdots & a_{mn} \end{pmatrix}$$

称为 m 行 n 列矩阵, 简称 $m \times n$ 矩阵. 通常用大写字母表示, 如用 $\boldsymbol{A}$ 记上述矩阵:

$$\boldsymbol{A} = \begin{pmatrix} a_{11} & a_{12} & \cdots & a_{1n} \\ a_{21} & a_{22} & \cdots & a_{2n} \\ \vdots & \vdots & & \vdots \\ a_{m1} & a_{m2} & \cdots & a_{mn} \end{pmatrix}.$$

数 a_{ij} 位于矩阵 $\boldsymbol{A}$ 的第 i 行第 j 列, 称为矩阵 $\boldsymbol{A}$ 的 (i,j) 元. 以 a_{ij} 为 (i,j) 元的矩阵可简记为 (a_{ij}) 或 $(a_{ij})_{m\times n}$. $m \times n$ 矩阵 $\boldsymbol{A}$ 也可以记为 $\boldsymbol{A}_{m\times n}$.

元素是实数的矩阵称为实矩阵, 元素为复数的矩阵称为复矩阵. 本书中的矩阵除特别说明外, 都是指实矩阵.

行数与列数都是 n 的矩阵称为 n 阶矩阵或 n 阶方阵. n 阶矩阵 $\boldsymbol{A}$ 也记作 $\boldsymbol{A}_n$.

只有一行的矩阵 $\boldsymbol{A} = (a_1 \quad a_2 \quad \cdots \quad a_n)$ 称为行矩阵, 又称行向量. 为避免元素间的混淆, 行矩阵也记作 $\boldsymbol{A} = (a_1, a_2, \cdots, a_n)$.

只有一列的矩阵

$$B = \begin{pmatrix} b_1 \\ b_2 \\ \vdots \\ b_m \end{pmatrix}$$

称为列矩阵，又称列向量．含有 n 个元素的列向量称为 n 维列向量．所有 n 维列向量构成的集合称为 n 维向量空间，记作 $\mathbf{R}^n$．在不引起混淆的情况下行向量和列向量统称为向量．

n 阶方阵 $\boldsymbol{A}=(a_{ij})$ 的对角线元素为 $a_{11},a_{22},\cdots,a_{nn}$．除对角线元素外全是零的方阵称为对角矩阵．$n$ 阶对角矩阵

$$\boldsymbol{A} = \begin{pmatrix} a_{11} & 0 & \cdots & 0 \\ 0 & a_{22} & \cdots & 0 \\ \vdots & \vdots & & \vdots \\ 0 & 0 & \cdots & a_{nn} \end{pmatrix}$$

常记作 $\boldsymbol{A}=\mathrm{diag}(a_{11},a_{22},\cdots,a_{nn})$．

对角线元素都相等的对角矩阵称为数量矩阵．特别地，对角元素都是1的数量矩阵称为单位矩阵．n 阶单位矩阵记作 $\boldsymbol{E}_n$ 或 $\boldsymbol{E}$，即

$$\boldsymbol{E} = \begin{pmatrix} 1 & 0 & \cdots & 0 \\ 0 & 1 & \cdots & 0 \\ \vdots & \vdots & & \vdots \\ 0 & 0 & \cdots & 1 \end{pmatrix}.$$

两个矩阵的行数相等，列数也相等时称它们是同型矩阵．如果矩阵 $\boldsymbol{A}=(a_{ij})$ 与 $\boldsymbol{B}=(b_{ij})$ 是同型矩阵，并且它们的对应元素相等，即

$$a_{ij}=b_{ij}\quad(i=1,2,\cdots,m;\ j=1,2,\cdots,n),$$

那么就称矩阵 $\boldsymbol{A}$ 与矩阵 $\boldsymbol{B}$ 相等，记作 $\boldsymbol{A}=\boldsymbol{B}$．

元素都是零的矩阵称为零矩阵，记作 $\boldsymbol{O}$．注意不同型的零矩阵是不同的．元素都是零的向量称为零向量．

例 2.1 如果 n 个变量 $x_1,x_2,\cdots,x_n$ 与 m 个变量 $y_1,y_2,\cdots,y_m$ 之间满足关系式

$$\begin{cases} y_1 = a_{11}x_1 + a_{12}x_2 + \cdots + a_{1n}x_n, \\ y_2 = a_{21}x_1 + a_{22}x_2 + \cdots + a_{2n}x_n, \\ \qquad\vdots \\ y_m = a_{m1}x_1 + a_{m2}x_2 + \cdots + a_{mn}x_n, \end{cases} \tag{2-1}$$

则称关系式（2-1）是从变量 $x_1,x_2,\cdots,x_n$ 到变量 $y_1,y_2,\cdots,y_m$ 的线性变换，其中 a_{ij} 为常数．线性变换（2-1）的系数 a_{ij} 构成的矩阵 $\boldsymbol{A}=(a_{ij})_{m\times n}$ 称为线性变换（2-1）的系数矩阵．

给定了线性变换（2-1），它的系数矩阵也就确定．反之，如果给出一个矩阵作为线性变换的系数矩阵，线性变换也就确定，在这

个意义上，线性变换和矩阵之间存在一一对应的关系.

矩阵的应用非常广泛. 例如，四个城市间的单向航线如图 2-1 所示.

若令

$$a_{ij}=\begin{cases}1, & \text{从 } i \text{ 市到 } j \text{ 市有 1 条单向航线},\\ 0, & \text{从 } i \text{ 市到 } j \text{ 市没有单向航线},\end{cases}$$

则图 2-1 可用矩阵表示为

$$\boldsymbol{A}=(a_{ij})=\begin{pmatrix}0&1&1&1\\1&0&0&0\\0&1&0&0\\1&0&1&0\end{pmatrix}.$$

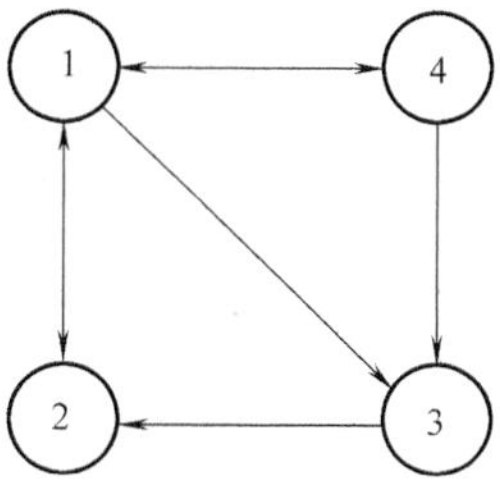

图 2-1

一般地，若干个点之间的单向通道都可以用这样的矩阵表示.

习题 2.1

1. 设东部三个城市 E_1, E_2, E_3，南部三个城市 S_1, S_2, S_3，西部两个城市 W_1, W_2，城市之间的通路情况如图 2-2 所示. 试将东部与南部、南部与西部城市间的通路情况分别用矩阵表示.

2. 某港口在一月份出口到三个地区的两种货物的数量以及两种货物的单位价格、重量、体积如表 2-1 所示.

表 2-1　港口出口表

货物	出口量			单位价格/万元	单位重量/t	单位体积/m³
	北美	西欧	非洲			
A_1	3000	1500	1000	0.5	0.04	0.2
A_2	1400	1300	800	0.4	0.06	0.4

试将该港口两种货物出口量与单位价格、重量、体积情况分别用矩阵表示.

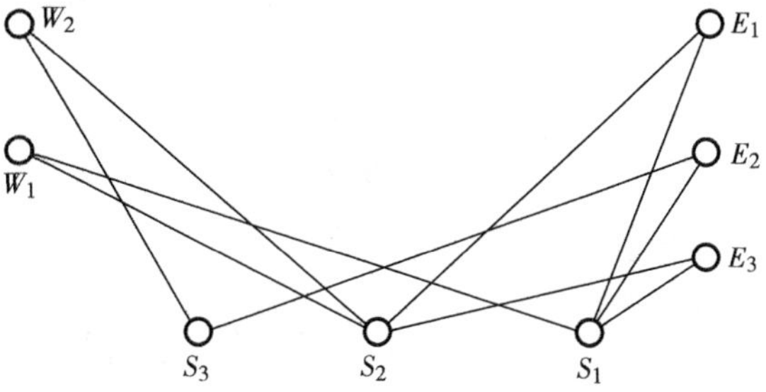

图 2-2

2.2 矩阵运算

现在来定义矩阵的运算，它们是矩阵间最基本的关系. 本节定义的是矩阵的加法、数与矩阵的乘法、矩阵的乘法以及矩阵的转置.

矩阵的加法

定义 2.2　设 $\boldsymbol{A}=(a_{ij})$ 与 $\boldsymbol{B}=(b_{ij})$ 都是 $m\times n$ 矩阵，则它们的和 $\boldsymbol{A}+\boldsymbol{B}$ 也是一个 $m\times n$ 矩阵，其 (i,j) 元为 $a_{ij}+b_{ij}$，即 $\boldsymbol{A}+\boldsymbol{B}=(a_{ij}+b_{ij})$.

例如，设

$$A = \begin{pmatrix} 4 & 0 & 5 \\ -1 & 3 & 2 \end{pmatrix}, B = \begin{pmatrix} 1 & 1 & 1 \\ 3 & 5 & 7 \end{pmatrix}, C = \begin{pmatrix} 2 & -3 \\ 0 & 1 \end{pmatrix},$$

则 $A + B = \begin{pmatrix} 5 & 1 & 6 \\ 2 & 8 & 9 \end{pmatrix}$，但 $A + C$ 没有定义.

数与矩阵的乘法

定义 2.3　数 λ 与矩阵 $A = (a_{ij})$ 的乘积记为 λA 或 $A\lambda$，规定 $\lambda A = A\lambda = (\lambda a_{ij})$.

例如，$A = \begin{pmatrix} 1 & 2 \\ 3 & 4 \end{pmatrix}$，$\lambda = 2$，则 $\lambda A = \begin{pmatrix} 2 & 4 \\ 6 & 8 \end{pmatrix}$.

矩阵相加与数乘矩阵称为矩阵的线性运算. 矩阵的线性运算满足下列运算规律.

设 A，B，C 为 $m \times n$ 矩阵，λ，μ 为数，则

(i) $A + B = B + A$;

(ii) $(A + B) + C = A + (B + C)$;

(iii) $(\lambda\mu)A = \lambda(\mu A)$;

(iv) $(\lambda + \mu)A = \lambda A + \mu A$;

(v) $\lambda(A + B) = \lambda A + \lambda B$.

设 $A = (a_{ij})$，称 $(-1)A = (-a_{ij})$ 为矩阵 A 的负矩阵，记作 $-A$，即 $-A = (-1)A$. 显然 $A + (-A) = O$，由此规定矩阵的减法为

$$A - B = A + (-B).$$

例如，

$$\begin{pmatrix} 2 & 4 \\ 3 & 1 \end{pmatrix} - \begin{pmatrix} 4 & 5 \\ 2 & 3 \end{pmatrix} = \begin{pmatrix} 2 & 4 \\ 3 & 1 \end{pmatrix} + (-1)\begin{pmatrix} 4 & 5 \\ 2 & 3 \end{pmatrix}$$
$$= \begin{pmatrix} 2-4 & 4-5 \\ 3-2 & 1-3 \end{pmatrix} = \begin{pmatrix} -2 & -1 \\ 1 & -2 \end{pmatrix}.$$

矩阵乘法

为便于研究线性方程组，我们引进矩阵乘法的定义. 用矩阵的乘积可以简捷地表达线性方程组.

对于一元线性方程 $ax = b$，我们可以把 a，x 和 b 都看成是 1×1 的矩阵.

现在考虑含有多个变量一个方程的情形. 例如，$3x_1 + 2x_2 - x_3 = 5$.

若记 $A = (3\ \ 2\ \ -1)$，$x = \begin{pmatrix} x_1 \\ x_2 \\ x_3 \end{pmatrix}$，并定义 $Ax = (3\ \ 2\ \ -1)\begin{pmatrix} x_1 \\ x_2 \\ x_3 \end{pmatrix} = 3x_1 + 2x_2 - x_3$，则方程 $3x_1 + 2x_2 - x_3 = 5$ 可写成 $Ax = 5$. 这个等式的左

边可以看成是两个矩阵的乘积.

再考虑含有多个变量的方程组情形. 例如,

$$\begin{cases} 3x_1+2x_2-x_3=5, \\ -2x_1+3x_2+x_3=1. \end{cases}$$

这里, 我们可以记

$$A=\begin{pmatrix} 3 & 2 & -1 \\ -2 & 3 & 1 \end{pmatrix}, x=\begin{pmatrix} x_1 \\ x_2 \\ x_3 \end{pmatrix}, b=\begin{pmatrix} 5 \\ 1 \end{pmatrix},$$

并定义乘积 Ax 为

$$Ax=\begin{pmatrix} 3x_1+2x_2-x_3 \\ -2x_1+3x_2+x_3 \end{pmatrix}, \tag{2-2}$$

则利用两矩阵相等的定义, 方程组 (2-2) 可以写成 $Ax=b$. 这个等式的左边是一个 2×3 矩阵与一个 3×1 矩阵的乘积, 其结果是一个 2×1 矩阵.

一般地, 若矩阵 A 的列数等于 B 的行数, 则矩阵 A 可以和矩阵 B 相乘.

定义 2.4 若 $A=(a_{ij})$ 是一个 $m\times s$ 矩阵, $B=(b_{ij})$ 是一个 $s\times n$ 矩阵, 则 A 与 B 的乘积是一个 $m\times n$ 矩阵 $C=(c_{ij})$, 其中 c_{ij} 定义为

$$c_{ij}=a_{i1}b_{1j}+a_{i2}b_{2j}+\cdots+a_{is}b_{sj}=\sum_{k=1}^{s}a_{ik}b_{kj}$$
$$(i=1,2,\cdots,m;\ j=1,2,\cdots,n),$$

并把乘积记作 $C=AB$.

照此定义, 一个 n 维的行向量与一个 n 维的列向量的乘积是一个数. 例如, $A=(1,2,3)$, $B=\begin{pmatrix} -1 \\ 0 \\ 1 \end{pmatrix}$, 则 $AB=1\times(-1)+2\times 0+3\times 1=2$.

特别注意的是, 只有当左边 (第一个) 矩阵的列数等于右边 (第二个) 矩阵的行数时, 两矩阵才能相乘.

例 2.2 设

$$A=\begin{pmatrix} 1 & 0 & 3 & 2 \\ 2 & 1 & 0 & -1 \end{pmatrix}, B=\begin{pmatrix} 4 & 0 & 1 \\ -1 & 3 & 1 \\ 2 & 1 & 0 \\ 3 & 4 & 1 \end{pmatrix},$$

求乘积 AB.

因 A 是 2×4 矩阵, B 是 4×3 矩阵, A 的列数等于 B 的行数, 所以 AB 有意义且 AB 是 2×3 矩阵. 现按定义计算如下.

解

$$AB=\begin{pmatrix}1&0&3&2\\2&1&0&-1\end{pmatrix}\begin{pmatrix}4&0&1\\-1&3&1\\2&1&0\\3&4&1\end{pmatrix}$$

$$=\begin{pmatrix}1\times4+0\times(-1)&1\times0+0\times3&1\times1+0\times1\\+3\times2+2\times3&+3\times1+2\times4&+3\times0+2\times1\\2\times4+1\times(-1)&2\times0+1\times3&2\times1+1\times1\\+0\times2+(-1)\times3&+0\times1+(-1)\times4&+0\times0+(-1)\times1\end{pmatrix}$$

$$=\begin{pmatrix}16&11&3\\4&-1&2\end{pmatrix}.$$

对于线性方程组

$$\begin{cases}a_{11}x_1+a_{12}x_2+\cdots+a_{1n}x_n=b_1,\\a_{21}x_1+a_{22}x_2+\cdots+a_{2n}x_n=b_2,\\\qquad\vdots\\a_{m1}x_1+a_{m2}x_2+\cdots+a_{mn}x_n=b_m,\end{cases}\tag{2-3}$$

记 $A=(a_{ij})$，$x=\begin{pmatrix}x_1\\x_2\\\vdots\\x_n\end{pmatrix}$，$b=\begin{pmatrix}b_1\\b_2\\\vdots\\b_m\end{pmatrix}$，$B=\begin{pmatrix}a_{11}&a_{12}&\cdots&a_{1n}&b_1\\a_{21}&a_{22}&\cdots&a_{2n}&b_2\\\vdots&\vdots&&\vdots&\vdots\\a_{m1}&a_{m2}&\cdots&a_{mn}&b_m\end{pmatrix}$，

其中 A 为系数矩阵，x 为未知向量，b 为常数项向量，B 为增广矩阵. 利用矩阵的乘积，方程组（2-3）可记作

$$Ax=b.\tag{2-4}$$

$Ax=b$ 是方程组（2-3）的矩阵形式，也叫作矩阵方程，或简称方程. 线性方程组的矩阵形式便于有关问题的研究.

例 2.3 设 $A=\begin{pmatrix}1&1\\0&0\end{pmatrix}$，$B=\begin{pmatrix}1&1\\2&2\end{pmatrix}$，求乘积 AB 及 BA.

解 $AB=\begin{pmatrix}1&1\\0&0\end{pmatrix}\begin{pmatrix}1&1\\2&2\end{pmatrix}=\begin{pmatrix}3&3\\0&0\end{pmatrix}$，

$BA=\begin{pmatrix}1&1\\2&2\end{pmatrix}\begin{pmatrix}1&1\\0&0\end{pmatrix}=\begin{pmatrix}1&1\\2&2\end{pmatrix}$.

在矩阵的乘积中必须注意矩阵相乘的顺序，AB 是 A 左乘 B 的乘积，BA 是 A 右乘 B 的乘积. 由上述例题，我们可以看出矩阵的乘法不满足交换律. 这是因为 AB 有意义时 BA 不一定有意义. 又若 A 是 $m\times n$ 矩阵，B 是 $n\times m$ 矩阵，AB 与 BA 都有意义，但是 AB 为 m 阶矩阵，而 BA 为 n 阶矩阵，当 $m\neq n$ 时，$AB\neq BA$. 即使 $m=n$，由例 2.3 知

$\boldsymbol{AB}$ 与 $\boldsymbol{BA}$ 仍然可以不相等. 总之，在一般情形下, $\boldsymbol{AB}\neq\boldsymbol{BA}$.

对于两个 n 阶方阵 $\boldsymbol{A}$，$\boldsymbol{B}$，若 $\boldsymbol{AB}=\boldsymbol{BA}$，则称方阵 $\boldsymbol{A}$ 与 $\boldsymbol{B}$ 是可交换的.

矩阵的乘法虽然不满足交换律，但满足结合律与分配律.

设 $\boldsymbol{E}_m$，$\boldsymbol{E}_n$ 分别表示 m 阶和 n 阶单位矩阵, $\boldsymbol{A}$ 为 $m\times n$ 矩阵, $\boldsymbol{B}$, $\boldsymbol{C}$ 是使下列运算都有意义的矩阵，则

(ⅰ) $\boldsymbol{A}(\boldsymbol{BC})=(\boldsymbol{AB})\boldsymbol{C}$;

(ⅱ) $\boldsymbol{A}(\boldsymbol{B}+\boldsymbol{C})=\boldsymbol{AB}+\boldsymbol{AC}$, $(\boldsymbol{B}+\boldsymbol{C})\boldsymbol{A}=\boldsymbol{BA}+\boldsymbol{CA}$;

(ⅲ) $\lambda(\boldsymbol{AB})=(\lambda\boldsymbol{A})\boldsymbol{B}=\boldsymbol{A}(\lambda\boldsymbol{B})$，其中 λ 为常数;

(ⅳ) $\boldsymbol{E}_m\boldsymbol{A}=\boldsymbol{A}=\boldsymbol{AE}_n$.

我们证明法则（ⅰ），其他的留给读者验证.

设 $\boldsymbol{B}$ 是 $n\times r$ 矩阵, $\boldsymbol{C}$ 是 $r\times s$ 矩阵. 令 $\boldsymbol{D}=\boldsymbol{AB}$ 及 $\boldsymbol{F}=\boldsymbol{BC}$. 我们需证明 $\boldsymbol{DC}=\boldsymbol{AF}$. 首先注意到 $\boldsymbol{DC}$ 与 $\boldsymbol{AF}$ 都是 $m\times s$ 矩阵，其次，由矩阵乘积的定义有

$$d_{il}=\sum_{k=1}^{n}a_{ik}b_{kl}\ \text{及}\ f_{kj}=\sum_{l=1}^{r}b_{kl}c_{lj}.$$

$\boldsymbol{DC}$ 的 (i,j) 元为 $\sum\limits_{l=1}^{r}d_{il}c_{lj}=\sum\limits_{l=1}^{r}(\sum\limits_{k=1}^{n}a_{ik}b_{kl})c_{lj}$

且 $\boldsymbol{AF}$ 的 (i,j) 元为 $\sum\limits_{k=1}^{n}a_{ik}f_{kj}=\sum\limits_{k=1}^{n}a_{ik}(\sum\limits_{l=1}^{r}b_{kl}c_{lj})$.

由于 $\sum\limits_{l=1}^{r}(\sum\limits_{k=1}^{n}a_{ik}b_{kl})c_{lj}=\sum\limits_{l=1}^{r}(\sum\limits_{k=1}^{n}a_{ik}b_{kl}c_{lj})=\sum\limits_{k=1}^{n}a_{ik}(\sum\limits_{l=1}^{r}b_{kl}c_{lj})$.

所以 $(\boldsymbol{AB})\boldsymbol{C}=\boldsymbol{DC}=\boldsymbol{AF}=\boldsymbol{A}(\boldsymbol{BC})$. 证毕.

由于 $\boldsymbol{A}(\boldsymbol{BC})=(\boldsymbol{AB})\boldsymbol{C}$，因此可以省略圆括号，并写成 $\boldsymbol{ABC}$.

在前面我们已指出矩阵乘法不具有交换律. 这里还要指出的是:

1）消去律对矩阵的乘法也不成立，即若 $\boldsymbol{AB}=\boldsymbol{AC}$，一般情况下, $\boldsymbol{B}=\boldsymbol{C}$ 不成立;

2）若 $\boldsymbol{AB}=\boldsymbol{O}$，一般情况下，不能断定 $\boldsymbol{A}=\boldsymbol{O}$ 或 $\boldsymbol{B}=\boldsymbol{O}$.

有了矩阵的乘法，就可以定义矩阵的幂. 设 $\boldsymbol{A}$ 是 n 阶方阵，则 $\boldsymbol{A}^k$ 表示 k 个 $\boldsymbol{A}$ 的乘积:

$$\boldsymbol{A}^k=\boldsymbol{AA}\cdots\boldsymbol{A}\quad(k\text{ 个 }\boldsymbol{A}\text{ 相乘}).$$

其中 k 是正整数.

例如，$\boldsymbol{A}=\begin{pmatrix}1&1\\0&1\end{pmatrix}$，则

$$\boldsymbol{A}^2=\boldsymbol{AA}=\begin{pmatrix}1&1\\0&1\end{pmatrix}\begin{pmatrix}1&1\\0&1\end{pmatrix}=\begin{pmatrix}1&2\\0&1\end{pmatrix},$$

$$\boldsymbol{A}^3=\boldsymbol{AAA}=\boldsymbol{A}^2\boldsymbol{A}=\begin{pmatrix}1&1\\0&1\end{pmatrix}\begin{pmatrix}1&1\\0&1\end{pmatrix}\begin{pmatrix}1&1\\0&1\end{pmatrix}=\begin{pmatrix}1&3\\0&1\end{pmatrix}.$$

一般地, $\boldsymbol{A}^k=\begin{pmatrix}1&k\\0&1\end{pmatrix}$.

矩阵的转置

定义 2.5　设 A 是 $m\times n$ 矩阵，则 A 的转置是一个 $n\times m$ 矩阵，用 A^{T} 表示，它的 (i,j) 元是 A 的 (j,i) 元.

例如，矩阵 $\boldsymbol{A}=\begin{pmatrix}1&3&2\\-1&0&1\end{pmatrix}$ 的转置矩阵是

$$\boldsymbol{A}^{\mathrm{T}}=\begin{pmatrix}1&-1\\3&0\\2&1\end{pmatrix}.$$

矩阵的转置运算满足下列运算规律（假设运算都是可行的）：

（ⅰ）$(\boldsymbol{A}^{\mathrm{T}})^{\mathrm{T}}=\boldsymbol{A}$；

（ⅱ）$(\boldsymbol{A}+\boldsymbol{B})^{\mathrm{T}}=\boldsymbol{A}^{\mathrm{T}}+\boldsymbol{B}^{\mathrm{T}}$；

（ⅲ）对任意的数 λ，$(\lambda\boldsymbol{A})^{\mathrm{T}}=\lambda\boldsymbol{A}^{\mathrm{T}}$；

（ⅳ）$(\boldsymbol{AB})^{\mathrm{T}}=\boldsymbol{B}^{\mathrm{T}}\boldsymbol{A}^{\mathrm{T}}$.

（ⅰ）~（ⅲ）是显然的，这里仅证（ⅳ）. 设 $\boldsymbol{A}=(a_{ij})_{m\times s}$，$\boldsymbol{B}=(b_{ij})_{s\times n}$，记 $\boldsymbol{AB}=\boldsymbol{C}=(c_{ij})_{m\times n}$，$\boldsymbol{B}^{\mathrm{T}}\boldsymbol{A}^{\mathrm{T}}=\boldsymbol{D}=(d_{ij})_{n\times m}$. 按矩阵乘法的定义，有

$$c_{ji}=\sum_{k=1}^{s}a_{jk}b_{ki},$$

而 $\boldsymbol{B}^{\mathrm{T}}$ 的第 i 行为 $(b_{1i},b_{2i},\cdots,b_{si})$，$\boldsymbol{A}^{\mathrm{T}}$ 的第 j 列为 $(a_{j1},a_{j2},\cdots,a_{js})^{\mathrm{T}}$，因此

$$d_{ij}=\sum_{k=1}^{s}b_{ki}a_{jk}=\sum_{k=1}^{s}a_{jk}b_{ki},$$

所以　　$d_{ij}=c_{ji}\quad(i=1,2,\cdots,n;\ j=1,2,\cdots,m)$，

即 $\boldsymbol{C}^{\mathrm{T}}=\boldsymbol{D}$，亦即

$$(\boldsymbol{AB})^{\mathrm{T}}=\boldsymbol{B}^{\mathrm{T}}\boldsymbol{A}^{\mathrm{T}}.$$

例 2.4　设 $\boldsymbol{A}=\begin{pmatrix}2&0&-1\\1&3&2\end{pmatrix}$，$\boldsymbol{B}=\begin{pmatrix}1&7&-1\\4&2&3\\2&0&1\end{pmatrix}$，求 $(\boldsymbol{AB})^{\mathrm{T}}$.

解　有两种方法计算 $(\boldsymbol{AB})^{\mathrm{T}}$. 第一种方法，先求乘积 $\boldsymbol{AB}$，再求转置 $(\boldsymbol{AB})^{\mathrm{T}}$. 第二种方法，先求转置 $\boldsymbol{B}^{\mathrm{T}}$，$\boldsymbol{A}^{\mathrm{T}}$，再计算乘积 $\boldsymbol{B}^{\mathrm{T}}\boldsymbol{A}^{\mathrm{T}}$. 读者可以验证

$$(\boldsymbol{AB})^{\mathrm{T}}=\begin{pmatrix}0&17\\14&13\\-3&10\end{pmatrix}.$$

定义 2.6　设 A 是 $n\times n$ 矩阵，若满足 $A^{\mathrm{T}}=A$，则称 A 为对称矩阵.

例如，下列矩阵都是对称矩阵：

$$\begin{pmatrix}1 & 0\\0 & -2\end{pmatrix},\begin{pmatrix}3 & 2 & 4\\2 & 1 & 3\\4 & 3 & 5\end{pmatrix},\begin{pmatrix}0 & -1 & 2\\-1 & 1 & 2\\2 & 2 & -3\end{pmatrix}.$$

对称矩阵在实际应用中经常出现.

习题 2.2

1. 设矩阵 $\boldsymbol{A}$，$\boldsymbol{B}$ 和 $\boldsymbol{C}$ 满足 $2(\boldsymbol{A}-\boldsymbol{C})=3(\boldsymbol{B}+\boldsymbol{C})$，其中

$$\boldsymbol{A}=\begin{pmatrix}1 & 2 & 3\\-1 & 0 & 4\end{pmatrix},\boldsymbol{B}=\begin{pmatrix}2 & 3 & 4\\1 & -2 & 3\end{pmatrix}.$$

求矩阵 $\boldsymbol{C}$.

2. 计算下列乘积：

(1) $(1,2,3)\begin{pmatrix}1\\0\\-2\end{pmatrix}$； (2) $\begin{pmatrix}1\\0\\-2\end{pmatrix}(1,2,3)$；

(3) $\begin{pmatrix}1 & 3 & 3\\5 & -2 & 1\\4 & 7 & 0\end{pmatrix}\begin{pmatrix}-1\\2\\3\end{pmatrix}$；

(4) $\begin{pmatrix}1 & 1 & 3\\-1 & 2 & 1\end{pmatrix}\begin{pmatrix}1 & -1 & 1 & 1\\0 & -2 & 1 & 3\\4 & 0 & 2 & -2\end{pmatrix}$；

(5) $(x_1,x_2,x_3)\begin{pmatrix}a_{11} & a_{12} & a_{13}\\a_{12} & a_{22} & a_{23}\\a_{13} & a_{23} & a_{33}\end{pmatrix}\begin{pmatrix}x_1\\x_2\\x_3\end{pmatrix}$.

3. 已知两个线性变换

$$\begin{cases}x_1=y_1+2y_2+3y_3,\\x_2=-y_1+3y_2-y_3,\\x_3=2y_1+y_3.\end{cases}\quad\begin{cases}y_1=z_1+z_2,\\y_2=2z_1+4z_2,\\y_3=z_2-z_3.\end{cases}$$

求 z_1，z_2，z_3 到 x_1，x_2，x_3 的线性变换.

4. 试证下列命题：

(1) 若 $\boldsymbol{A}$，$\boldsymbol{B}$ 可交换，即 $\boldsymbol{AB}=\boldsymbol{BA}$，则 $(\boldsymbol{A}+\boldsymbol{B})^2=\boldsymbol{A}^2+2\boldsymbol{AB}+\boldsymbol{B}^2$；

(2) 若 $\boldsymbol{A}$，$\boldsymbol{B}$ 都是对称矩阵，则 $\boldsymbol{AB}$ 是对称矩阵的充分必要条件是 $\boldsymbol{AB}=\boldsymbol{BA}$.

5. 举例说明命题“若 $\boldsymbol{A}^2=\boldsymbol{O}$，则 $\boldsymbol{A}=\boldsymbol{O}$”是错误的.

6. 设 $\boldsymbol{A}=\begin{pmatrix}1 & 0\\\lambda & 1\end{pmatrix}$，求 $\boldsymbol{A}^2,\boldsymbol{A}^3,\cdots,\boldsymbol{A}^k$.

2.3 逆矩阵

在上节我们看到矩阵与数类似，有加、减、乘三种运算. 矩阵的乘法是否也和数的乘法一样有逆运算呢？对于任一非零实数 a，存在一个实数 b 使 $ab=ba=1$，实数 b 称为 a 的倒数或逆元，记作 $b=\frac{1}{a}$或 $b=a^{-1}$. 本节研究矩阵中与实数的倒数类似的问题.

矩阵的逆

定义 2.7 设 $\boldsymbol{A}$ 是 $n\times n$ 矩阵，若存在一个 $n\times n$ 矩阵 $\boldsymbol{B}$，使

$$\boldsymbol{AB}=\boldsymbol{BA}=\boldsymbol{E},$$

则称矩阵 $\boldsymbol{A}$ 是可逆的，并把 $\boldsymbol{B}$ 称为 $\boldsymbol{A}$ 的逆矩阵，简称逆阵.

如果矩阵 $\boldsymbol{A}$ 是可逆的，那么 $\boldsymbol{A}$ 的逆阵是唯一的. 事实上，若 $\boldsymbol{B}$，$\boldsymbol{C}$ 都是 $\boldsymbol{A}$ 的逆阵，则有

$$B = BE = B(AC) = (BA)C = EC = C,$$

所以 A 的逆阵是唯一的.

A 的逆阵记作 A^{-1}. 即若 $AB = BA = E$，则 $B = A^{-1}$.

可逆矩阵也称为非奇异矩阵，而不可逆矩阵称为奇异矩阵.

例 2.5 若 $A = \begin{pmatrix} 2 & 5 \\ -3 & -7 \end{pmatrix}$，$C = \begin{pmatrix} -7 & -5 \\ 3 & 2 \end{pmatrix}$，则

$$CA = \begin{pmatrix} -7 & -5 \\ 3 & 2 \end{pmatrix}\begin{pmatrix} 2 & 5 \\ -3 & -7 \end{pmatrix} = \begin{pmatrix} 1 & 0 \\ 0 & 1 \end{pmatrix},$$

$$AC = \begin{pmatrix} 2 & 5 \\ -3 & -7 \end{pmatrix}\begin{pmatrix} -7 & -5 \\ 3 & 2 \end{pmatrix} = \begin{pmatrix} 1 & 0 \\ 0 & 1 \end{pmatrix},$$

所以，矩阵 C 是 A 的逆阵，即 $C = A^{-1}$. 由定义知 A 也是 C 的逆阵，即 $A = C^{-1}$.

一般地，对于一个 2 阶矩阵 $A = \begin{pmatrix} a & b \\ c & d \end{pmatrix}$，若 $ad - bc \neq 0$，则 A 可逆且

$$A^{-1} = \frac{1}{ad - bc}\begin{pmatrix} d & -b \\ -c & a \end{pmatrix}.$$

例 2.6 若 $A = \begin{pmatrix} 1 & 1 \\ 0 & 0 \end{pmatrix}$，则 A 没有逆阵.

事实上，若 $B = \begin{pmatrix} b_{11} & b_{12} \\ b_{21} & b_{22} \end{pmatrix}$ 是任一 2×2 矩阵，则

$$BA = \begin{pmatrix} b_{11} & b_{12} \\ b_{21} & b_{22} \end{pmatrix}\begin{pmatrix} 1 & 1 \\ 0 & 0 \end{pmatrix} = \begin{pmatrix} b_{11} & b_{11} \\ b_{21} & b_{21} \end{pmatrix},$$

因此，BA 不能等于 E，即 A 不可逆.

可逆矩阵在线性代数的计算和公式推导中有重要作用.

定理 2.1 **若 A 是 n 阶可逆矩阵，则对于任一 n 维向量 $b \in \mathbf{R}^n$，方程 $Ax = b$ 有唯一解 $x = A^{-1}b$.**

证 因 $A(A^{-1}b) = (AA^{-1})b = Eb = b$，所以 $A^{-1}b$ 是方程 $Ax = b$ 的解.

若向量 $u \in \mathbf{R}^n$ 满足 $Au = b$，在该等式的两边同时左乘 A^{-1}，得

$$A^{-1}Au = A^{-1}b, Eu = A^{-1}b,$$

即 $u = A^{-1}b$. 从而，方程 $Ax = b$ 的解是唯一的.

推论 **若 A 是 n 阶可逆矩阵，则齐次线性方程组 $Ax = 0$ 只有零解.**

所谓零解即所有变量都是零的解.

例 2.7 解方程组

$$\begin{cases} 2x_1 + 5x_2 = -1, \\ -3x_1 - 7x_2 = 1. \end{cases}$$

解 记

$$\boldsymbol{A}=\begin{pmatrix}2&5\\-3&-7\end{pmatrix},\boldsymbol{x}=\begin{pmatrix}x_1\\x_2\end{pmatrix},\boldsymbol{b}=\begin{pmatrix}-1\\1\end{pmatrix},$$

则该方程组即为 $\boldsymbol{Ax}=\boldsymbol{b}$.

由例 2.5 知 $\boldsymbol{A}$ 可逆且 $\boldsymbol{A}^{-1}=\begin{pmatrix}-7&-5\\3&2\end{pmatrix}$,

由定理 2.1 得 $\boldsymbol{x}=\boldsymbol{A}^{-1}\boldsymbol{b}=\begin{pmatrix}-7&-5\\3&2\end{pmatrix}\begin{pmatrix}-1\\1\end{pmatrix}=\begin{pmatrix}2\\-1\end{pmatrix}$，即

$$x_1=2,x_2=-1.$$

本节最后研究如何确定矩阵是否可逆，介绍求逆矩阵的方法，这里先介绍可逆矩阵的性质.

（ⅰ）若 $\boldsymbol{A}$ 可逆，则 $\boldsymbol{A}^{-1}$ 也可逆，且 $(\boldsymbol{A}^{-1})^{-1}=\boldsymbol{A}$;

（ⅱ）若 $\boldsymbol{A}$ 可逆，数 $\lambda\neq 0$，则 $\lambda\boldsymbol{A}$ 可逆，且 $(\lambda\boldsymbol{A})^{-1}=\frac{1}{\lambda}\boldsymbol{A}^{-1}$;

（ⅲ）若 $\boldsymbol{A}$，$\boldsymbol{B}$ 为同阶矩阵且都可逆，则 $\boldsymbol{AB}$ 可逆，且 $(\boldsymbol{AB})^{-1}=\boldsymbol{B}^{-1}\boldsymbol{A}^{-1}$;

（ⅳ）若 $\boldsymbol{A}$ 可逆，则 $\boldsymbol{A}^{\mathrm{T}}$ 可逆，且 $(\boldsymbol{A}^{\mathrm{T}})^{-1}=(\boldsymbol{A}^{-1})^{\mathrm{T}}$.

证 这里仅证（ⅲ），其他的证明留给读者. 直接用定义验证. 由于

$$(\boldsymbol{AB})(\boldsymbol{B}^{-1}\boldsymbol{A}^{-1})=\boldsymbol{A}(\boldsymbol{BB}^{-1})\boldsymbol{A}^{-1}=\boldsymbol{AEA}^{-1}=\boldsymbol{AA}^{-1}=\boldsymbol{E},$$

同理，$(\boldsymbol{B}^{-1}\boldsymbol{A}^{-1})(\boldsymbol{AB})=\boldsymbol{E}$，由定义 2.7 知 $\boldsymbol{AB}$ 可逆，且

$$(\boldsymbol{AB})^{-1}=\boldsymbol{B}^{-1}\boldsymbol{A}^{-1}.$$

当 $\boldsymbol{A}$ 可逆时，还可定义

$$\boldsymbol{A}^0=\boldsymbol{E},\boldsymbol{A}^{-k}=(\boldsymbol{A}^{-1})^k,$$

其中 k 是正整数. 这样，当 $\boldsymbol{A}$ 可逆，λ，μ 为整数时，有

$$\boldsymbol{A}^{\lambda}\boldsymbol{A}^{\mu}=\boldsymbol{A}^{\lambda+\mu},(\boldsymbol{A}^{\lambda})^{\mu}=\boldsymbol{A}^{\lambda\mu}.$$

初等矩阵

线性方程组 $\boldsymbol{Ax}=\boldsymbol{b}$ 可通过初等行变换求其解. 另一方面，若 $\boldsymbol{A}$ 可逆，则方程组 $\boldsymbol{Ax}=\boldsymbol{b}$ 有唯一解. 这表明矩阵的初等行变换与判断矩阵是否可逆联系着. 本节介绍初等矩阵的概念，并且给出求逆矩阵的一个方法.

定义 2.8 由单位矩阵 $\boldsymbol{E}$ 经过一次初等变换得到的矩阵称为初等矩阵.

下例说明初等矩阵的三种类型.

例 2.8 设

$$\boldsymbol{P}_1=\begin{pmatrix}1&0&0\\0&1&0\\-2&0&1\end{pmatrix},\boldsymbol{P}_2=\begin{pmatrix}0&1&0\\1&0&0\\0&0&1\end{pmatrix},$$

$$\boldsymbol{P}_3=\begin{pmatrix}1&0&0\\0&1&0\\0&0&3\end{pmatrix},\boldsymbol{A}=\begin{pmatrix}a&b&c\\d&e&f\\g&h&i\end{pmatrix},$$

计算 $\boldsymbol{P}_1\boldsymbol{A}$，$\boldsymbol{P}_2\boldsymbol{A}$ 与 $\boldsymbol{P}_3\boldsymbol{A}$. 观察 $\boldsymbol{P}_1$，$\boldsymbol{P}_2$，$\boldsymbol{P}_3$ 分别左乘 $\boldsymbol{A}$ 后所得的矩阵，发现其中有何规律.

解

$$\boldsymbol{P}_1\boldsymbol{A}=\begin{pmatrix} a & b & c \\ d & e & f \\ g-2a & h-2b & i-2c \end{pmatrix},$$

$$\boldsymbol{P}_2\boldsymbol{A}=\begin{pmatrix} d & e & f \\ a & b & c \\ g & h & i \end{pmatrix},\boldsymbol{P}_3\boldsymbol{A}=\begin{pmatrix} a & b & c \\ d & e & f \\ 3g & 3h & 3i \end{pmatrix}.$$

单位矩阵 $\boldsymbol{E}$ 第一行的 (-2) 倍加到第3行得到 $\boldsymbol{P}_1$，$\boldsymbol{P}_1$ 左乘 $\boldsymbol{A}$ 所得矩阵 $\boldsymbol{P}_1\boldsymbol{A}$ 就是将 $\boldsymbol{A}$ 的第一行的 (-2) 倍加到第3行. 将单位矩阵 $\boldsymbol{E}$ 第1行与第2行互换得到 $\boldsymbol{P}_2$ 左乘 $\boldsymbol{A}$ 所得矩阵 $\boldsymbol{P}_2\boldsymbol{A}$ 就是对 $\boldsymbol{A}$ 施行一次相应的行变换. $\boldsymbol{P}_3$ 亦有类似的规律. 同时注意到 $\boldsymbol{P}_1$ 由单位矩阵 $\boldsymbol{E}$ 的第3列的 (-2) 倍加到第1列得到，对应乘积 $\boldsymbol{A}\boldsymbol{P}_1$ 的初等矩阵 $\boldsymbol{P}_1$ 相当于对 $\boldsymbol{A}$ 施行了一次对应的列变换.

上例说明了下列关于初等矩阵的一般结论.

定理 2.2　设 $\boldsymbol{A}$ 是一个 $m\times n$ 矩阵，对 $\boldsymbol{A}$ 施行一次初等行变换，相当于在 $\boldsymbol{A}$ 的左边乘以相应的 m 阶初等矩阵；对 $\boldsymbol{A}$ 施行一次初等列变换，相当于在 $\boldsymbol{A}$ 的右边乘以相应的 n 阶初等矩阵.

显然，初等矩阵都是可逆的，且其逆是同一类型的初等矩阵.

例如，设 $\boldsymbol{P}_1=\begin{pmatrix} 1 & 0 & 0 \\ 0 & 1 & 0 \\ -5 & 0 & 1 \end{pmatrix}$，则 $\boldsymbol{P}_1$ 是初等矩阵且可由单位矩阵 $\boldsymbol{E}$ 第1行的 (-5) 倍加到第3行得到. 如果把单位矩阵 $\boldsymbol{E}$ 的第1行的5倍加到第3行所得到的矩阵记作 $\boldsymbol{P}$，那么由 $\boldsymbol{P}\boldsymbol{P}_1=\boldsymbol{P}_1\boldsymbol{P}=\boldsymbol{E}$ 知 $\boldsymbol{P}_1$ 可逆且 $\boldsymbol{P}_1^{-1}=\boldsymbol{P}$，即 $\boldsymbol{P}_1$ 的逆仍为同类型的初等矩阵.

矩阵的初等变换是矩阵的一种最基本的运算. 为探讨它的应用，需要研究它的性质.

定理 2.3　n 阶矩阵 $\boldsymbol{A}$ 可逆的充分必要条件是 $\boldsymbol{A}$ 行等价于单位矩阵 $\boldsymbol{E}$. 这时，把 $\boldsymbol{A}$ 变换成 $\boldsymbol{E}$ 的一系列初等行变换同时把 $\boldsymbol{E}$ 变换成 $\boldsymbol{A}^{-1}$.

证　设 $\boldsymbol{A}$ 是可逆矩阵，则由定理2.1知对任意 $\boldsymbol{b}\in\mathbf{R}^n$，方程 $\boldsymbol{A}\boldsymbol{x}=\boldsymbol{b}$ 有唯一解. 由此可见，用初等行变换解方程 $\boldsymbol{A}\boldsymbol{x}=\boldsymbol{b}$ 时其系数矩阵的行最简形式为单位矩阵 $\boldsymbol{E}$，这表明 $\boldsymbol{A}$ 与 $\boldsymbol{E}$ 行等价.

反之，若 $\boldsymbol{A}$ 与 $\boldsymbol{E}$ 行等价，则由定理2.2得存在初等矩阵 $\boldsymbol{P}_1,\boldsymbol{P}_2,\cdots,\boldsymbol{P}_s$ 使得

$$\boldsymbol{P}_s\cdots\boldsymbol{P}_2\boldsymbol{P}_1\boldsymbol{A}=\boldsymbol{E}.$$

因 $\boldsymbol{P}_s\cdots\boldsymbol{P}_2\boldsymbol{P}_1$ 是初等矩阵的乘积，又初等矩阵是可逆的，故 $\boldsymbol{P}_s\cdots\boldsymbol{P}_2\boldsymbol{P}_1$ 也可逆. 记 $\boldsymbol{P}=\boldsymbol{P}_s\cdots\boldsymbol{P}_2\boldsymbol{P}_1$，则 $\boldsymbol{P}\boldsymbol{A}=\boldsymbol{E}$，从而 $\boldsymbol{P}^{-1}(\boldsymbol{P}\boldsymbol{A})=$

$P^{-1}E$，即 $A = P^{-1}$.

于是 A 可逆，且

$$A^{-1} = (P^{-1})^{-1} = P = P_s \cdots P_2 P_1,$$

由此可得 $A^{-1} = P_s \cdots P_2 P_1 E$. 这表明对单位矩阵 E 依次施行对应的行变换可以得到 A^{-1}. 证毕.

由定理2.3的证明易得下列推论.

推论 方阵 A 可逆的充分必要条件是存在有限个初等矩阵 $P_1, P_2, \cdots, P_s$ 使得 $A = P_1 P_2 \cdots P_s$.

由定理2.2及定理2.3的推论可以推得矩阵的初等变换与矩阵乘法的联系.

定理2.4 设 A 与 B 为 $m \times n$ 矩阵，那么

(ⅰ) A 与 B 行等价的充分必要条件是存在 m 阶可逆矩阵 P，使 $PA = B$;

(ⅱ) A 与 B 列等价的充分必要条件是存在 n 阶可逆矩阵 Q，使 $AQ = B$;

(ⅲ) A 与 B 等价的充分必要条件是存在 m 阶可逆矩阵 P 及 n 阶可逆矩阵 Q，使 $PAQ = B$.

证 (ⅰ) A 与 B 行等价 $\Leftrightarrow$ A 经有限次初等行变换变成 B

$\Leftrightarrow$ 存在有限个 m 阶初等矩阵 $P_1, P_2, \cdots, P_s$ 使 $P_s \cdots P_2 P_1 A = B$

$\Leftrightarrow$ 存在 m 阶可逆矩阵 P 使 $PA = B$.

同理可证（ⅱ）和（ⅲ）.

定理2.3不仅给出了判断矩阵可逆的方法，同时也给出了计算逆矩阵的方法. 若将 A 和 E 写成增广矩阵形式，并对此矩阵进行初等行变换，A 和 E 受到同一变换，由定理2.3，要么有一系列的行变换把 A 变成 E，同时把 E 变换成 A^{-1}，要么 A 是不可逆的.

具体而言，A 可逆当且仅当存在可逆矩阵 P 使得 $PA = E$，并且

$$P(A,E) = (PA, PE) = (E, P) = (E, A^{-1}).$$

例2.9 设 $A = \begin{pmatrix} 0 & -2 & 1 \\ 3 & 0 & -2 \\ -2 & 3 & 0 \end{pmatrix}$，证明 A 可逆，并求 A^{-1}.

解 做如下运算:

$$(A,E) = \begin{pmatrix} 0 & -2 & 1 & 1 & 0 & 0 \\ 3 & 0 & -2 & 0 & 1 & 0 \\ -2 & 3 & 0 & 0 & 0 & 1 \end{pmatrix} \xrightarrow[r_1 \leftrightarrow r_2]{\substack{r_3 \times 3 \\ r_3 + 2r_2}} \begin{pmatrix} 3 & 0 & -2 & 0 & 1 & 0 \\ 0 & -2 & 1 & 1 & 0 & 0 \\ 0 & 9 & -4 & 0 & 2 & 3 \end{pmatrix}$$

$$\xrightarrow[r_3 + 9r_2]{r_3 \times 2} \begin{pmatrix} 3 & 0 & -2 & 0 & 1 & 0 \\ 0 & -2 & 1 & 1 & 0 & 0 \\ 0 & 0 & 1 & 9 & 4 & 6 \end{pmatrix} \xrightarrow[r_2 - r_3]{r_1 + 2r_3} \begin{pmatrix} 3 & 0 & 0 & 18 & 9 & 12 \\ 0 & -2 & 0 & -8 & -4 & -6 \\ 0 & 0 & 1 & 9 & 4 & 6 \end{pmatrix}$$

$$\xrightarrow[r_2 \div (-2)]{r_1 \div 3} \begin{pmatrix} 1 & 0 & 0 & 6 & 3 & 4 \\ 0 & 1 & 0 & 4 & 2 & 3 \\ 0 & 0 & 1 & 9 & 4 & 6 \end{pmatrix}.$$

因 A 与 E 行等价，故 A 可逆，且 $A^{-1} = \begin{pmatrix} 6 & 3 & 4 \\ 4 & 2 & 3 \\ 9 & 4 & 6 \end{pmatrix}$.

例 2.10 解方程组

$$\begin{cases} -2x_2 + x_3 = 1, \\ 3x_1 - 2x_3 = 0, \\ -2x_1 + 3x_2 = -1. \end{cases}$$

解 这个方程组的系数矩阵就是上例中矩阵 A，于是方程组的解为

$$x = A^{-1}b = \begin{pmatrix} 6 & 3 & 4 \\ 4 & 2 & 3 \\ 9 & 4 & 6 \end{pmatrix}\begin{pmatrix} 1 \\ 0 \\ -1 \end{pmatrix} = \begin{pmatrix} 2 \\ 1 \\ 3 \end{pmatrix}.$$

利用定理 2.3 可以证明下列判别矩阵可逆的另一方法.

定理 2.5 设 A，B 同为 n 阶方阵，若 $AB = E$，则 A，B 都可逆，且 $A^{-1} = B$，$B^{-1} = A$.

证 由 $AB = E$ 可得方程 $Bx = 0$ 只有零解. 事实上，$Bx = 0$ 有零解. 若存在向量 u 使得 $Bu = 0$，则 $ABu = A \cdot 0$，即 $u = 0$. 这说明方程 $Bx = 0$ 只有零解.

因此，矩阵 B 的行最简形为单位矩阵 E，也就是 B 行等价于 E. 由定理 2.3 知矩阵 B 可逆.

条件 $AB = E$ 即 $B^TA^T = E$. 由上段证明知有 A^T 可逆，所以 A 可逆.

在 $AB = E$ 的两边同时左乘 A^{-1} 得到 $B = A^{-1}$，即 $A^{-1} = B$. 同理可得 $B^{-1} = A$.

习题 2.3

1. 设 $A = \begin{pmatrix} 3 & 3 & -1 \\ 1 & 1 & 0 \\ 3 & 2 & 0 \end{pmatrix}$，$AB = A + 2B$，求 B.

2. 设 $A = \begin{pmatrix} 1 & 0 & 1 \\ 0 & 2 & 0 \\ 1 & 0 & 1 \end{pmatrix}$，且 $AB - A^2 - B + E = O$，求 B.

3. 设 $P^{-1}AP = \Lambda$，其中 $P = \begin{pmatrix} 1 & 2 \\ -1 & 2 \end{pmatrix}$，$\Lambda = \begin{pmatrix} 1 & 0 \\ 0 & -2 \end{pmatrix}$，求 A^{15}.

4. 设 $\varphi(x) = a_mx^m + a_{m-1}x^{m-1} + \cdots + a_1x + a_0$ 为 x 的 m 次多项式，A 为 n 阶矩阵，称 $\varphi(A) = a_mA^m + a_{m-1}A^{m-1} + \cdots + a_1A + a_0E$ 为矩阵 A 的 m 次多项式. 设 $AP = P\Lambda$，其中 $P = \begin{pmatrix} 1 & 1 & 1 \\ 1 & 0 & -2 \\ 1 & -1 & 1 \end{pmatrix}$，$\Lambda = \mathrm{diag}(1, -1, 2)$，求 A 的 6 次多项式 $\varphi(A) = A^4(A^2 - 3A + 2E)$.

5. 设方阵 $\boldsymbol{A}$ 满足 $\boldsymbol{A}^2-\boldsymbol{A}-2\boldsymbol{E}=\boldsymbol{O}$，证明 $\boldsymbol{A}$ 及 $\boldsymbol{A}+2\boldsymbol{E}$ 都可逆，并求 $\boldsymbol{A}^{-1}$ 及 $(\boldsymbol{A}+2\boldsymbol{E})^{-1}$.

6. 试利用矩阵的初等行变换求下列矩阵的逆矩阵：

(1) $\begin{pmatrix}1&2&3\\2&2&1\\3&4&3\end{pmatrix}$；

(2) $\begin{pmatrix}1&1&1&-1\\1&2&3&4\\2&3&1&2\\1&0&-2&-6\end{pmatrix}$.

7. 利用矩阵的初等变换求矩阵 $\boldsymbol{X}$：

(1) $\begin{pmatrix}1&1&-1\\0&2&2\\1&-1&0\end{pmatrix}\boldsymbol{X}=\begin{pmatrix}1&-1&1\\1&1&0\\2&1&1\end{pmatrix}$；

(2) $\boldsymbol{X}\begin{pmatrix}1&1&-1\\0&2&2\\1&-1&0\end{pmatrix}=\begin{pmatrix}1&-1&1\\1&1&0\\2&1&1\end{pmatrix}$.

8. 设 $\boldsymbol{A}=\begin{pmatrix}1&-1&0\\0&1&-1\\-1&0&1\end{pmatrix}$，且 $\boldsymbol{AX}=2\boldsymbol{X}+\boldsymbol{A}$，求 $\boldsymbol{X}$.

2.4 分块矩阵

对于行数和列数较多的矩阵 $\boldsymbol{A}$，运算时常采用分块的方法，化大矩阵的运算为小矩阵的运算. 用若干条纵线和横线将矩阵 $\boldsymbol{A}$ 分成许多个小矩阵，每一个小矩阵称为 $\boldsymbol{A}$ 的子块，以子块为元素的矩阵称为分块矩阵.

例如，3×5 矩阵

$$\boldsymbol{A}=\left(\begin{array}{c:cc:cc}3&0&-1&9&-2\\-5&2&4&-3&1\\ \hdashline -8&-6&3&7&-4\end{array}\right)$$

可以写成 2×3 分块矩阵

$$\boldsymbol{A}=\begin{pmatrix}\boldsymbol{A}_{11}&\boldsymbol{A}_{12}&\boldsymbol{A}_{13}\\\boldsymbol{A}_{21}&\boldsymbol{A}_{22}&\boldsymbol{A}_{23}\end{pmatrix}$$

的形状，它的元素是子块

$$\boldsymbol{A}_{11}=\begin{pmatrix}3\\-5\end{pmatrix},\boldsymbol{A}_{12}=\begin{pmatrix}0&-1\\2&4\end{pmatrix},\boldsymbol{A}_{13}=\begin{pmatrix}9&-2\\-3&1\end{pmatrix},$$

$$\boldsymbol{A}_{21}=(-8),\boldsymbol{A}_{22}=(-6\quad 3),\boldsymbol{A}_{23}=(7\quad -4).$$

分块矩阵的运算法则与普通矩阵的运算规则相类似.

分块矩阵的加法，数与分块矩阵相乘

若矩阵 $\boldsymbol{A}$ 与 $\boldsymbol{B}$ 是同型矩阵且分块方法相同，则 $\boldsymbol{A}+\boldsymbol{B}$ 也被同样地分块，这时 $\boldsymbol{A}+\boldsymbol{B}$ 的每块恰好是 $\boldsymbol{A}$ 与 $\boldsymbol{B}$ 对应分块的和. 同样地，数与分块矩阵相乘也可以逐块计算.

分块矩阵的乘法

两分块矩阵 $\boldsymbol{A}$ 与 $\boldsymbol{B}$ 相乘时，$\boldsymbol{A}$ 的列的分法必须与 $\boldsymbol{B}$ 的行的分法一致.

例 2.11 设

$$A=\begin{pmatrix}1&0&0&0\\0&1&0&0\\1&2&1&0\\3&4&0&1\end{pmatrix},B=\begin{pmatrix}1&1&0\\-1&0&1\\1&4&1\\-1&2&0\end{pmatrix},$$

求$\boldsymbol{AB}$.

解 把$\boldsymbol{A}$,$\boldsymbol{B}$分块成

$$A=\left(\begin{array}{cc:cc}1&0&0&0\\0&1&0&0\\\hdashline 1&2&1&0\\3&4&0&1\end{array}\right)=\begin{pmatrix}E&O\\A_1&E\end{pmatrix},$$

$$B=\left(\begin{array}{c:cc}1&1&0\\-1&0&1\\\hdashline 1&4&1\\-1&2&0\end{array}\right)=\begin{pmatrix}B_{11}&E\\B_{21}&B_{22}\end{pmatrix},$$

则 $AB=\begin{pmatrix}E&O\\A_1&E\end{pmatrix}\begin{pmatrix}B_{11}&E\\B_{21}&B_{22}\end{pmatrix}=\begin{pmatrix}B_{11}&E\\A_1B_{11}+B_{21}&A_1+B_{22}\end{pmatrix}$,

而 $A_1B_{11}+B_{21}=\begin{pmatrix}1&2\\3&4\end{pmatrix}\begin{pmatrix}1\\-1\end{pmatrix}+\begin{pmatrix}1\\-1\end{pmatrix}=\begin{pmatrix}-1\\-1\end{pmatrix}+\begin{pmatrix}1\\-1\end{pmatrix}=\begin{pmatrix}0\\-2\end{pmatrix}$,

$$A_1+B_{22}=\begin{pmatrix}1&2\\3&4\end{pmatrix}+\begin{pmatrix}4&1\\2&0\end{pmatrix}=\begin{pmatrix}5&3\\5&4\end{pmatrix},$$

于是 $$AB=\left(\begin{array}{c:cc}1&1&0\\-1&0&1\\\hdashline 0&5&3\\-2&5&4\end{array}\right).$$

按行分块和按列分块的分块矩阵在矩阵相乘问题的讨论中经常使用. 设$A=(a_{ij})_{m\times s}$,$B=(b_{ij})_{s\times n}$,现在用分块的方法计算AB. 记$AB=C=(c_{ij})_{m\times n}$.

(i)将第一个矩阵$\boldsymbol{A}$按行分块,第二个矩阵$\boldsymbol{B}$按列分块.

若记$\boldsymbol{A}$的第i行为$a_i^{\mathrm T}=(a_{i1},a_{i2},\cdots,a_{is})$,$\boldsymbol{B}$的第$j$列为$b_j=(b_{1j},b_{2j},\cdots,b_{sj})^{\mathrm T}$,

则乘积矩阵 $$C=AB=\begin{pmatrix}a_1^{\mathrm T}\\a_2^{\mathrm T}\\\vdots\\a_m^{\mathrm T}\end{pmatrix}(b_1,b_2,\cdots,b_n)$$

$$=\begin{pmatrix}a_1^{\mathrm T}b_1&a_1^{\mathrm T}b_2&\cdots&a_1^{\mathrm T}b_n\\a_2^{\mathrm T}b_1&a_2^{\mathrm T}b_2&\cdots&a_2^{\mathrm T}b_n\\\vdots&\vdots&&\vdots\\a_m^{\mathrm T}b_1&a_m^{\mathrm T}b_2&\cdots&a_m^{\mathrm T}b_n\end{pmatrix}=(c_{ij})_{m\times n}$$

其中，$c_{ij} = \boldsymbol{a}_i^{\mathrm{T}}\boldsymbol{b}_j = (a_{i1}, a_{i2}, \cdots, a_{is})\begin{pmatrix} b_{1j} \\ b_{2j} \\ \vdots \\ b_{sj} \end{pmatrix} = \sum_{k=1}^{s} a_{ik}b_{kj}$.

例 2.12 证明矩阵 $\boldsymbol{A} = \boldsymbol{O}$ 的充分必要条件是方阵 $\boldsymbol{A}^{\mathrm{T}}\boldsymbol{A} = \boldsymbol{O}$.

证 条件的必要性是显然的，下面证明条件的充分性.

设 $\boldsymbol{A} = (a_{ij})_{m\times n}$，把 $\boldsymbol{A}$ 按列分块为 $\boldsymbol{A} = (\boldsymbol{a}_1, \boldsymbol{a}_2, \cdots, \boldsymbol{a}_n)$，则

$$\boldsymbol{A}^{\mathrm{T}}\boldsymbol{A} = \begin{pmatrix} \boldsymbol{a}_1^{\mathrm{T}} \\ \boldsymbol{a}_2^{\mathrm{T}} \\ \vdots \\ \boldsymbol{a}_n^{\mathrm{T}} \end{pmatrix}(\boldsymbol{a}_1, \boldsymbol{a}_2, \cdots, \boldsymbol{a}_n) = \begin{pmatrix} \boldsymbol{a}_1^{\mathrm{T}}\boldsymbol{a}_1 & \boldsymbol{a}_1^{\mathrm{T}}\boldsymbol{a}_2 & \cdots & \boldsymbol{a}_1^{\mathrm{T}}\boldsymbol{a}_n \\ \boldsymbol{a}_2^{\mathrm{T}}\boldsymbol{a}_1 & \boldsymbol{a}_2^{\mathrm{T}}\boldsymbol{a}_2 & \cdots & \boldsymbol{a}_2^{\mathrm{T}}\boldsymbol{a}_n \\ \vdots & \vdots & & \vdots \\ \boldsymbol{a}_n^{\mathrm{T}}\boldsymbol{a}_1 & \boldsymbol{a}_n^{\mathrm{T}}\boldsymbol{a}_2 & \cdots & \boldsymbol{a}_n^{\mathrm{T}}\boldsymbol{a}_n \end{pmatrix},$$

因 $\boldsymbol{A}^{\mathrm{T}}\boldsymbol{A} = \boldsymbol{O}$，故

$$\boldsymbol{a}_j^{\mathrm{T}}\boldsymbol{a}_j = 0 \quad (j = 1, 2, \cdots, n),$$

而
$$\boldsymbol{a}_j^{\mathrm{T}}\boldsymbol{a}_j = (a_{1j}, a_{2j}, \cdots, a_{mj})\begin{pmatrix} a_{1j} \\ a_{2j} \\ \vdots \\ a_{mj} \end{pmatrix} = \sum_{k=1}^{m} a_{kj}^2,$$

由 $\sum_{k=1}^{m} a_{kj}^2 = 0$ 及 a_{kj} 都是实数，得

$$a_{1j} = a_{2j} = \cdots = a_{mj} = 0 \quad (j = 1, 2, \cdots, n),$$

即 $\boldsymbol{a}_j = \boldsymbol{0}$. 因此，$\boldsymbol{A} = \boldsymbol{O}$.

（ⅱ）将第一个矩阵 $\boldsymbol{A}$ 按列分块，第二个矩阵 $\boldsymbol{B}$ 按行分块.

记 $\boldsymbol{A}$ 的第 i 列为 $\boldsymbol{a}_i$，$\boldsymbol{B}$ 的第 j 行为 $\boldsymbol{b}_j^{\mathrm{T}}$，即

$$\boldsymbol{A} = (\boldsymbol{a}_1, \boldsymbol{a}_2, \cdots, \boldsymbol{a}_s),$$

$$\boldsymbol{B} = \begin{pmatrix} \boldsymbol{b}_1^{\mathrm{T}} \\ \boldsymbol{b}_2^{\mathrm{T}} \\ \vdots \\ \boldsymbol{b}_s^{\mathrm{T}} \end{pmatrix}.$$

则乘积矩阵 $\boldsymbol{C} = \boldsymbol{AB} = (\boldsymbol{a}_1, \boldsymbol{a}_2, \cdots, \boldsymbol{a}_s)\begin{pmatrix} \boldsymbol{b}_1^{\mathrm{T}} \\ \boldsymbol{b}_2^{\mathrm{T}} \\ \vdots \\ \boldsymbol{b}_s^{\mathrm{T}} \end{pmatrix} = \boldsymbol{a}_1\boldsymbol{b}_1^{\mathrm{T}} + \boldsymbol{a}_2\boldsymbol{b}_2^{\mathrm{T}} + \cdots + \boldsymbol{a}_s\boldsymbol{b}_s^{\mathrm{T}}$.

例如，将线性方程组（2-3）的系数矩阵按列分块：$\boldsymbol{A} = (\boldsymbol{a}_1, \boldsymbol{a}_2, \cdots, \boldsymbol{a}_n)$，变量 $\boldsymbol{x}$ 按行分块，则方程组（2-3）可以表示成

$$x_1\boldsymbol{a}_1 + x_2\boldsymbol{a}_2 + \cdots + x_n\boldsymbol{a}_n = \boldsymbol{b}.$$

在第 4 章的讨论中用到方程组的这种形式.

分块矩阵的逆

下例说明分块矩阵的逆的求法.

例 2.13 形如 $\boldsymbol{A}=\begin{pmatrix}\boldsymbol{A}_{11} & \boldsymbol{A}_{12}\\ \boldsymbol{O} & \boldsymbol{A}_{22}\end{pmatrix}$ 的矩阵称为分块上三角矩阵，设 $\boldsymbol{A}_{11}$ 是 m 阶矩阵，$\boldsymbol{A}_{22}$ 是 n 阶矩阵，且 $\boldsymbol{A}$ 为可逆矩阵. 求 $\boldsymbol{A}^{-1}$ 的表达式.

解 设 $\boldsymbol{A}^{-1}=\boldsymbol{X}$ 且将 $\boldsymbol{X}$ 做与 $\boldsymbol{A}$ 相同的分块，记

$$\boldsymbol{X}=\begin{pmatrix}\boldsymbol{X}_{11} & \boldsymbol{X}_{12}\\ \boldsymbol{X}_{21} & \boldsymbol{X}_{22}\end{pmatrix}.$$

因 $\boldsymbol{A}$ 可逆，所以 $\boldsymbol{A}\boldsymbol{A}^{-1}=\boldsymbol{E}$，即

$$\begin{pmatrix}\boldsymbol{A}_{11} & \boldsymbol{A}_{12}\\ \boldsymbol{O} & \boldsymbol{A}_{22}\end{pmatrix}\begin{pmatrix}\boldsymbol{X}_{11} & \boldsymbol{X}_{12}\\ \boldsymbol{X}_{21} & \boldsymbol{X}_{22}\end{pmatrix}=\begin{pmatrix}\boldsymbol{E}_m & \boldsymbol{O}\\ \boldsymbol{O} & \boldsymbol{E}_n\end{pmatrix}.$$

由分块矩阵的乘法可得

$$\boldsymbol{A}_{11}\boldsymbol{X}_{11}+\boldsymbol{A}_{12}\boldsymbol{X}_{21}=\boldsymbol{E}_m, \tag{2-5}$$

$$\boldsymbol{A}_{11}\boldsymbol{X}_{12}+\boldsymbol{A}_{12}\boldsymbol{X}_{22}=\boldsymbol{O}, \tag{2-6}$$

$$\boldsymbol{A}_{22}\boldsymbol{X}_{21}=\boldsymbol{O}, \tag{2-7}$$

$$\boldsymbol{A}_{22}\boldsymbol{X}_{22}=\boldsymbol{E}_n. \tag{2-8}$$

由定理 2.5 及式（2-8）知 $\boldsymbol{A}_{22}$ 可逆且 $\boldsymbol{X}_{22}=\boldsymbol{A}_{22}^{-1}$. 利用式（2-7）求得

$$\boldsymbol{X}_{21}=\boldsymbol{O}.$$

因此式（2-5）化简为

$$\boldsymbol{A}_{11}\boldsymbol{X}_{11}+\boldsymbol{O}=\boldsymbol{E}_m,$$

这说明 $\boldsymbol{A}_{11}$ 可逆且 $\boldsymbol{X}_{11}=\boldsymbol{A}_{11}^{-1}$. 最后由式（2-6）可知 $\boldsymbol{A}_{11}\boldsymbol{X}_{12}=-\boldsymbol{A}_{12}\boldsymbol{X}_{22}=-\boldsymbol{A}_{12}\boldsymbol{A}_{22}^{-1}$，从而得

$$\boldsymbol{X}_{12}=-\boldsymbol{A}_{11}^{-1}\boldsymbol{A}_{12}\boldsymbol{A}_{22}^{-1}.$$

于是

$$\boldsymbol{A}^{-1}=\begin{pmatrix}\boldsymbol{A}_{11} & \boldsymbol{A}_{12}\\ \boldsymbol{O} & \boldsymbol{A}_{22}\end{pmatrix}^{-1}=\boldsymbol{X}=\begin{pmatrix}\boldsymbol{A}_{11}^{-1} & -\boldsymbol{A}_{11}^{-1}\boldsymbol{A}_{12}\boldsymbol{A}_{22}^{-1}\\ \boldsymbol{O} & \boldsymbol{A}_{22}^{-1}\end{pmatrix}.$$

在上例中，若 $\boldsymbol{A}_{12}=\boldsymbol{O}$，则 $\boldsymbol{A}$ 为分块对角矩阵. 一般地，设矩阵 $\boldsymbol{A}$ 是一个方阵，若 $\boldsymbol{A}$ 的分块矩阵在对角线上有非零子块，其余子块都为零矩阵，且在对角线上的子块都是方阵，即

$$\boldsymbol{A}=\begin{pmatrix}\boldsymbol{A}_1 & & & \boldsymbol{O}\\ & \boldsymbol{A}_2 & & \\ & & \ddots & \\ \boldsymbol{O} & & & \boldsymbol{A}_s\end{pmatrix},$$

其中 $\boldsymbol{A}_i\,(i=1,2,\cdots,s)$ 都是方阵，那么称 $\boldsymbol{A}$ 为分块对角矩阵. 分块

对角矩阵 $\boldsymbol{A}$ 可逆当且仅当所有的 $\boldsymbol{A}_i(i=1,2,\cdots,s)$ 都可逆，且

$$\boldsymbol{A}^{-1}=\begin{pmatrix}\boldsymbol{A}_1^{-1} & & & \boldsymbol{O}\\ & \boldsymbol{A}_2^{-1} & & \\ & & \ddots & \\ \boldsymbol{O} & & & \boldsymbol{A}_s^{-1}\end{pmatrix}.$$

习题 2.4

1. 计算 $\begin{pmatrix}1&2&1&0\\0&1&0&1\\0&0&2&1\\0&0&0&3\end{pmatrix}\begin{pmatrix}1&0&3&1\\0&1&2&-1\\0&0&-2&3\\0&0&0&-3\end{pmatrix}$.

2. 设

$$\boldsymbol{A}=\begin{pmatrix}1&0&0&0\\2&-1&0&0\\0&0&2&3\\0&0&1&2\end{pmatrix},$$

求 $\boldsymbol{A}^{-1}$，$\boldsymbol{A}^4$.

3. 设 m 阶矩阵 $\boldsymbol{A}$ 与 n 阶矩阵 $\boldsymbol{B}$ 都可逆，试证分块矩阵 $\begin{pmatrix}\boldsymbol{O}&\boldsymbol{A}\\\boldsymbol{B}&\boldsymbol{O}\end{pmatrix}$ 可逆并求其逆矩阵.

4. 求下列矩阵的逆矩阵：

(1) $\begin{pmatrix}8&3&0&0\\5&2&0&0\\0&0&5&2\\0&0&2&1\end{pmatrix}$；　(2) $\begin{pmatrix}0&2&1\\0&4&3\\2&0&0\end{pmatrix}$.

应用 2.1　信息检索

现代检索技术是基于矩阵理论与线性代数的. 一般情况下，一个数据库包含一组文档，并且我们希望通过搜索这些文档找到最符合特定搜索内容的文档. 搜索分简单匹配搜索、相对频率搜索、高级搜索等类型. 这里简要说明简单匹配搜索.

简单匹配搜索是确定每一个文档中有多少个搜索的关键字. 例如，假设数据库中包含下列书名：

B1. Applied Linear Algebra

B2. Elementary Linear Algebra

B3. Elementary Linear Algebra with Application

B4. Linear Algebra and Its Application

B5. Linear Algebra with Application

按照字母顺序给出关键字集合为

algebra, application, elementary, linear

在简单匹配搜索中，只需在数据库矩阵中使用 0 和 1. 若矩阵的 (i,j) 是 1，则表示第 i 个单词出现在第 j 个书名中；若矩阵的 (i,j) 是 0，则表示第 i 个单词不出现在第 j 个书名中. 假设搜索引擎可以将单词的不同形式认为是一个单词，例如，在上面给出的书名列表中，单词 applied 和 application 均被认为是单词 application. 书名列表对应的数据库矩阵由表 2-2 中的数据给出.

表 2-2　线性代数书籍数据库的阵列表示

关键字	书籍				
	B1	B2	B3	B4	B5
algebra	1	1	1	1	1
application	1	0	1	1	1
elementary	0	1	1	0	0
linear	1	1	1	1	1

如果搜索的关键字是 linear，algebra 和 application，则数据库矩阵和搜索向量为

$$A=\begin{pmatrix}1&1&1&1&1\\1&0&1&1&1\\0&1&1&0&0\\1&1&1&1&1\end{pmatrix},x=\begin{pmatrix}1\\1\\0\\1\end{pmatrix}.$$

如果令 $y=A^{\mathrm{T}}x$，那么

$$y=\begin{pmatrix}1&1&0&1\\1&0&1&1\\1&1&1&1\\1&1&0&1\\1&1&0&1\end{pmatrix}\begin{pmatrix}1\\1\\0\\1\end{pmatrix}=\begin{pmatrix}3\\2\\3\\3\\3\end{pmatrix},$$

y 的第 i 分量 y_i 的值就是搜索关键字在第 i 个书名中的数量. 因为

$$y_1=y_3=y_4=y_5=3,$$

故书名 B1，B3，B4 和 B5 必然包含所有三个搜索的单词. 如果搜索设置为匹配所有搜索单词，那么搜索引擎将返回除了第二本书外的其他四个书名.

应用 2.2　城乡人口流动问题

对某地区城乡人口流动情况实施年度调查，经调查发现该省每年大约有 20% 的农村居民向城镇移居，有 10% 的城镇居民流入农村. 目前城镇人口 45 万，农村人口 55 万. 假设城乡的总人口不变，并且人口流动的这种趋势持续下去，那么 1 年后该地区城镇与农村人口分别是多少？2 年后呢？

解　设调查时城镇人口为 x_0，农村人口为 y_0，即 $x_0=45$，$y_0=55$，则一年后有

城镇人口：$x_1=0.9x_0+0.2y_0$，

农村人口：$y_1=0.1x_0+0.8y_0$.

写成矩阵的形式为

$$\begin{pmatrix}x_1\\y_1\end{pmatrix}=\begin{pmatrix}0.9&0.2\\0.1&0.8\end{pmatrix}\begin{pmatrix}x_0\\y_0\end{pmatrix}=\begin{pmatrix}51.5\\48.5\end{pmatrix}.$$

一年之后，城镇与农村人口分别为 51.5 万，48.5 万.

两年之后，有

$$\begin{pmatrix} x_2 \\ y_2 \end{pmatrix} = \begin{pmatrix} 0.9 & 0.2 \\ 0.1 & 0.8 \end{pmatrix}^2 \begin{pmatrix} x_0 \\ y_0 \end{pmatrix} = \begin{pmatrix} 0.9 & 0.2 \\ 0.1 & 0.8 \end{pmatrix} \begin{pmatrix} x_1 \\ y_1 \end{pmatrix} = \begin{pmatrix} 56.05 \\ 43.95 \end{pmatrix}.$$

一般地，n 年后城镇与农村人口数量可由下式求得

$$\begin{pmatrix} x_n \\ y_n \end{pmatrix} = \begin{pmatrix} 0.9 & 0.2 \\ 0.1 & 0.8 \end{pmatrix}^n \begin{pmatrix} x_0 \\ y_0 \end{pmatrix}.$$

总习题 2

1. 设 $\boldsymbol{\alpha} = (1,2,3)^{\mathrm{T}}$，$\boldsymbol{\beta} = \left(1,\frac{1}{2},0\right)^{\mathrm{T}}$，$\boldsymbol{A} = \boldsymbol{\alpha}\boldsymbol{\beta}^{\mathrm{T}}$，求 $\boldsymbol{A}^3$.

2. 已知 $\boldsymbol{A} = \begin{pmatrix} a_1b_1 & a_1b_2 & a_1b_3 \\ a_2b_1 & a_2b_2 & a_2b_3 \\ a_3b_1 & a_3b_2 & a_3b_3 \end{pmatrix}$，证明 $\boldsymbol{A}^2 = l\boldsymbol{A}$，并求 l.

3. 已知 $\boldsymbol{A} = \begin{pmatrix} \lambda & 1 & 0 \\ 0 & \lambda & 1 \\ 0 & 0 & \lambda \end{pmatrix}$，求 $\boldsymbol{A}^n$.

4. 设 n 阶矩阵 $\boldsymbol{A}$ 和 $\boldsymbol{B}$ 满足 $\boldsymbol{A} = \frac{1}{2}(\boldsymbol{B} + \boldsymbol{E})$. 证明：$\boldsymbol{A}^2 = \boldsymbol{A}$ 的充分必要条件是 $\boldsymbol{B}^2 = \boldsymbol{B}$.

5. 已知 $\boldsymbol{A}$ 与 $\boldsymbol{B}$ 及 $\boldsymbol{A}$ 与 $\boldsymbol{C}$ 都可交换，证明 $\boldsymbol{A}$，$\boldsymbol{B}$，$\boldsymbol{C}$ 是同阶矩阵，且 $\boldsymbol{A}$ 与 $\boldsymbol{BC}$ 可交换.

6. 求与 $\boldsymbol{A} = \begin{pmatrix} 1 & 2 \\ 1 & -1 \end{pmatrix}$ 可交换的矩阵.

7. 设 $\boldsymbol{A}$，$\boldsymbol{P}$ 均为 3 阶矩阵，$\boldsymbol{P}^{\mathrm{T}}$ 为 $\boldsymbol{P}$ 的转置矩阵，且 $\boldsymbol{P}^{\mathrm{T}}\boldsymbol{AP} = \begin{pmatrix} 1 & 0 & 0 \\ 0 & 1 & 0 \\ 0 & 0 & 2 \end{pmatrix}$，若

$\boldsymbol{P} = (\boldsymbol{\alpha}_1, \boldsymbol{\alpha}_2, \boldsymbol{\alpha}_3)$，$\boldsymbol{Q} = (\boldsymbol{\alpha}_1 + \boldsymbol{\alpha}_2, \boldsymbol{\alpha}_2, \boldsymbol{\alpha}_3)$，则 $\boldsymbol{Q}^{\mathrm{T}}\boldsymbol{AQ} = (\quad)$.

A. $\begin{pmatrix} 2 & 1 & 0 \\ 1 & 1 & 0 \\ 0 & 0 & 2 \end{pmatrix}$　　B. $\begin{pmatrix} 1 & 1 & 0 \\ 1 & 2 & 0 \\ 0 & 0 & 2 \end{pmatrix}$

C. $\begin{pmatrix} 1 & 1 & 0 \\ 1 & 2 & 0 \\ 0 & 0 & 2 \end{pmatrix}$　　D. $\begin{pmatrix} 1 & 0 & 0 \\ 0 & 2 & 0 \\ 0 & 0 & 2 \end{pmatrix}$

8. 已知矩阵 $\boldsymbol{A} = \begin{pmatrix} 1 & 0 & 0 \\ 2 & 0 & 3 \end{pmatrix}$，$\boldsymbol{B} = \begin{pmatrix} 1 & 0 & 0 \\ 0 & 1 & 0 \end{pmatrix}$，求可逆矩阵 $\boldsymbol{P}$ 和 $\boldsymbol{Q}$，使 $\boldsymbol{PAQ} = \boldsymbol{B}$.

9. (1) 已知 $\boldsymbol{A} = \frac{1}{5}\begin{pmatrix} 0 & 0 & 1 & 0 \\ 0 & 2 & 0 & 0 \\ 3 & 0 & 0 & 0 \\ 0 & 0 & 0 & 4 \end{pmatrix}$，求 $\boldsymbol{A}^{-1}$.

(2) 设 $\boldsymbol{A} = \begin{pmatrix} 0 & 0 & 1 & 0 \\ 0 & 2 & 0 & 0 \\ 3 & 0 & 0 & 0 \\ 0 & 0 & 0 & 4 \end{pmatrix}$，$\boldsymbol{B} = (\boldsymbol{E} + \boldsymbol{A})^{-1}(\boldsymbol{E} - \boldsymbol{A})$，求 $(\boldsymbol{E} + \boldsymbol{B})^{-1}$.

(3) 已知矩阵 $\boldsymbol{A}$，且 $\boldsymbol{A}^3 = \boldsymbol{O}$，求 $(\boldsymbol{E} + \boldsymbol{A} + \boldsymbol{A}^2)^{-1}$.

10. 设 $\boldsymbol{A}$，$\boldsymbol{B}$，$\boldsymbol{C}$ 是 n 阶矩阵，且 $\boldsymbol{ABC} = \boldsymbol{E}$，则必有（　）

A. $\boldsymbol{CBA} = \boldsymbol{E}$　　B. $\boldsymbol{BCA} = \boldsymbol{E}$

C. $\boldsymbol{BAC} = \boldsymbol{E}$　　D. $\boldsymbol{ACB} = \boldsymbol{E}$

11. 求 $\boldsymbol{A} = \begin{pmatrix} 1 & 2 & 2 \\ 2 & 1 & -2 \\ 2 & -2 & 1 \end{pmatrix}$ 的逆矩阵.

12. 设 $\boldsymbol{A}$，$\boldsymbol{B}$ 均为 n 阶矩阵，且 $\boldsymbol{AB} = \boldsymbol{A} + \boldsymbol{B}$，证明 $\boldsymbol{A} - \boldsymbol{E}$ 可逆.

13. 设 $\boldsymbol{A}$，$\boldsymbol{B}$，$\boldsymbol{C}$ 均是 n 阶方阵，满足 $\boldsymbol{A} = \boldsymbol{BC}$. 将 $\boldsymbol{A}$，$\boldsymbol{B}$ 以列分块，设为 $\boldsymbol{A} = (\boldsymbol{\alpha}_1, \boldsymbol{\alpha}_2, \cdots, \boldsymbol{\alpha}_n)$，$\boldsymbol{B} = (\boldsymbol{\beta}_1, \boldsymbol{\beta}_2, \cdots, \boldsymbol{\beta}_n)$，则有 $(\boldsymbol{\alpha}_1, \boldsymbol{\alpha}_2, \cdots, \boldsymbol{\alpha}_n) = (\boldsymbol{\beta}_1, \boldsymbol{\beta}_2, \cdots, \boldsymbol{\beta}_n)\boldsymbol{C}$，将 $\boldsymbol{\beta}_1$，$\boldsymbol{\beta}_2$ 互换，只要保持上述等式成立，应（　）.

A. 将 $\boldsymbol{\alpha}_1$，$\boldsymbol{\alpha}_2$ 互换

B. 将 $\boldsymbol{C}$ 的 1，2 行互换

C. 将 $\boldsymbol{C}$ 的 1，2 列互换

D. 将 $\boldsymbol{A}$ 的 1，2 行互换

14. 设 $\boldsymbol{H} = \begin{pmatrix} \boldsymbol{A} & \boldsymbol{O} \\ \boldsymbol{C} & \boldsymbol{B} \end{pmatrix}$，其中 $\boldsymbol{A}$，$\boldsymbol{B}$ 分别是 m 阶和 n 阶可逆矩阵，证明：矩阵 $\boldsymbol{H}$ 可逆，并求其逆 $\boldsymbol{H}^{-1}$.

15. 已知$A\begin{pmatrix}1&1&1\\0&1&1\\1&0&1\end{pmatrix}=\begin{pmatrix}1&2&3\\4&5&6\end{pmatrix}$，求$\boldsymbol{A}$.

16. 设4阶矩阵

$$\boldsymbol{B}=\begin{pmatrix}1&-1&0&0\\0&1&-1&0\\0&0&1&-1\\0&0&0&1\end{pmatrix},\boldsymbol{C}=\begin{pmatrix}2&1&3&4\\0&2&1&3\\0&0&2&1\\0&0&0&2\end{pmatrix}$$

满足关系式$\boldsymbol{A}(\boldsymbol{E}-\boldsymbol{C}^{-1}\boldsymbol{B})^{\mathrm{T}}\boldsymbol{C}^{\mathrm{T}}=\boldsymbol{E}$，求$\boldsymbol{A}$.

17*. 令 B = [- 1, - 1;1,1] 和 A = [zeros(2),eye(2);eye(2),B],

验证$\boldsymbol{B}^2=\boldsymbol{O}$.

(1) 用 MATLAB 计算$\boldsymbol{A}^2$，$\boldsymbol{A}^4$，$\boldsymbol{A}^6$和$\boldsymbol{A}^8$. 猜想用单位矩阵$\boldsymbol{E}$，零矩阵$\boldsymbol{O}$和矩阵$\boldsymbol{B}$如何表示分块形式的$\boldsymbol{A}^{2k}$. 用数学归纳法证明你的猜想对任何正整数k都是成立的.

(2) 用 MATLAB 计算$\boldsymbol{A}^3$，$\boldsymbol{A}^5$，$\boldsymbol{A}^7$和$\boldsymbol{A}^9$. 猜想用单位矩阵$\boldsymbol{E}$，零矩阵$\boldsymbol{O}$和矩阵$\boldsymbol{B}$如何表示分块形式的$\boldsymbol{A}^{2k-1}$. 用数学归纳法证明你的猜想对任何正整数k都是成立的.

第3章 行列式

本章介绍行列式的概念. 行列式的值可以判断矩阵是否可逆. 3.1 节介绍行列式的定义; 3.2 节探讨行列式的性质及计算行列式的常用方法; 3.3 节给出计算逆矩阵的公式, 这在理论上是有用的.

3.1 行列式的定义

对于每一个 $n \times n$ 矩阵 $\boldsymbol{A}$, 都对应一个数, 记为 $|\boldsymbol{A}|$ 或 $\det(\boldsymbol{A})$, 方阵 $\boldsymbol{A}$ 是否可逆与该数有关. 下面, 我们用递归的方法定义 n 阶矩阵的行列式.

情形 1 1×1 矩阵

如果 $\boldsymbol{A} = (a)$ 是 1×1 矩阵, 即常数, 则当且仅当 $a \neq 0$ 时 $\boldsymbol{A}$ 可逆. 因此, 如果定义 $\boldsymbol{A}$ 的行列式

$$|\boldsymbol{A}| = a,$$

则当且仅当一阶行列式 $|\boldsymbol{A}| = a \neq 0$ 时 $\boldsymbol{A}$ 可逆. 注意, 不要把行列式的记号与绝对值的记号相混淆.

情形 2 2×2 矩阵

令
$$\boldsymbol{A} = \begin{pmatrix} a_{11} & a_{12} \\ a_{21} & a_{22} \end{pmatrix},$$

由第 2 章定理 2.3, $\boldsymbol{A}$ 可逆的充要条件是它与单位矩阵 $\boldsymbol{E}$ 行等价. 因此, 如果 $\boldsymbol{A}$ 可逆, 那么 $\boldsymbol{A}$ 的第 1 列的两个元素 a_{11}, a_{21} 不可能同时为零. 若 $a_{11} = 0$, 则交换第 1 行与第 2 行, 所得矩阵的可逆性不变且矩阵的 (1, 1) 元不为零. 所以, 不妨设 $a_{11} \neq 0$, 第 2 行减去第 1 行的 $\dfrac{a_{21}}{a_{11}}$ 倍, 则 $\boldsymbol{A} \xrightarrow{r} \begin{pmatrix} a_{11} & a_{12} \\ 0 & a_{22} - \dfrac{a_{21}}{a_{11}} a_{12} \end{pmatrix}$.

由此可见, $\boldsymbol{A}$ 可逆等价于 $a_{11}\left(a_{22} - \dfrac{a_{21}}{a_{11}} a_{12}\right) \neq 0$, 即 $a_{11}a_{22} - a_{12}a_{21} \neq 0$. 因此, 若 $\boldsymbol{A}$ 是任一 2×2 矩阵且定义 $\boldsymbol{A}$ 的行列式

$$|\boldsymbol{A}| = \begin{vmatrix} a_{11} & a_{12} \\ a_{21} & a_{22} \end{vmatrix} = a_{11}a_{22} - a_{12}a_{21},$$

则当且仅当二阶行列式 $|\boldsymbol{A}| \neq 0$ 时 $\boldsymbol{A}$ 可逆.

情形 3 3×3 矩阵

记
$$A=\begin{pmatrix}a_{11}&a_{12}&a_{13}\\a_{21}&a_{22}&a_{23}\\a_{31}&a_{32}&a_{33}\end{pmatrix}.$$

同样地，我们可以通过对 A 进行行运算，并观察它是否与单位矩阵 E 等价来判断其是否可逆. 显然，若 A 可逆，则 a_{11},a_{21},a_{31} 不全为零. 如果 $a_{11}=0$，那么适当交换两行的位置可使（1,1）元不等于零，故不妨设 $a_{11}\neq 0$. 第 2 行，第 3 行减去第 1 行的适当倍数可化为

$$A\xrightarrow{r}\begin{pmatrix}a_{11}&a_{12}&a_{13}\\0&\dfrac{a_{11}a_{22}-a_{12}a_{21}}{a_{11}}&\dfrac{a_{11}a_{23}-a_{13}a_{21}}{a_{11}}\\0&\dfrac{a_{11}a_{32}-a_{12}a_{31}}{a_{11}}&\dfrac{a_{11}a_{33}-a_{13}a_{31}}{a_{11}}\end{pmatrix},$$

上述矩阵行等价于 E 的充分必要条件为

$$a_{11}\begin{vmatrix}\dfrac{a_{11}a_{22}-a_{12}a_{21}}{a_{11}}&\dfrac{a_{11}a_{23}-a_{13}a_{21}}{a_{11}}\\\dfrac{a_{11}a_{32}-a_{12}a_{31}}{a_{11}}&\dfrac{a_{11}a_{33}-a_{13}a_{31}}{a_{11}}\end{vmatrix}\neq 0,$$

化简即为

$$a_{11}a_{22}a_{33}-a_{11}a_{23}a_{32}-a_{12}a_{21}a_{33}+a_{12}a_{23}a_{31}+a_{13}a_{21}a_{32}-a_{13}a_{22}a_{31}\neq 0.$$

因此，如果我们定义

$$|A|=\begin{vmatrix}a_{11}&a_{12}&a_{13}\\a_{21}&a_{22}&a_{23}\\a_{31}&a_{32}&a_{33}\end{vmatrix}=a_{11}a_{22}a_{33}-a_{11}a_{23}a_{32}-a_{12}a_{21}a_{33}+a_{12}a_{23}a_{31}+a_{13}a_{21}a_{32}-a_{13}a_{22}a_{31},$$

则当且仅当三阶行列式 $|A|\neq 0$ 时 A 可逆.

为了定义 $n\times n$ 矩阵的行列式（也称为 n 阶行列式），我们用二阶行列式重写上述三阶行列式：

$$\begin{aligned}\begin{vmatrix}a_{11}&a_{12}&a_{13}\\a_{21}&a_{22}&a_{23}\\a_{31}&a_{32}&a_{33}\end{vmatrix}&=(a_{11}a_{22}a_{33}-a_{11}a_{23}a_{32})-(a_{12}a_{21}a_{33}-a_{12}a_{23}a_{31})+\\&\quad(a_{13}a_{21}a_{32}-a_{13}a_{22}a_{31})\\&=a_{11}M_{11}-a_{12}M_{12}+a_{13}M_{13},\end{aligned}$$

其中 M_{11},M_{12},M_{13} 是由三阶行列式 $\begin{vmatrix}a_{11}&a_{12}&a_{13}\\a_{21}&a_{22}&a_{23}\\a_{31}&a_{32}&a_{33}\end{vmatrix}$ 中分别划去第 1 行和第 1，2，3 列后所形成的三个二阶行列式：

$$M_{11}=\begin{vmatrix}a_{22}&a_{23}\\a_{32}&a_{33}\end{vmatrix},M_{12}=\begin{vmatrix}a_{21}&a_{23}\\a_{31}&a_{33}\end{vmatrix},M_{13}=\begin{vmatrix}a_{21}&a_{22}\\a_{31}&a_{32}\end{vmatrix}.$$

一般地，我们引入如下的定义.

定义 3.1 **设 $\boldsymbol{A}=(a_{ij})$ 是 $n\times n$ 矩阵，则 $\boldsymbol{A}$ 的行列式定义为**

$$|\boldsymbol{A}|=\begin{cases}a_{11}, & \text{当 } n=1 \text{ 时},\\ a_{11}A_{11}+a_{12}A_{12}+\cdots+a_{1n}A_{1n}, & \text{当 } n\geqslant 2 \text{ 时},\end{cases}$$

其中

$$A_{1j}=(-1)^{1+j}M_{1j},\quad j=1,2,\cdots,n,$$

M_{1j} 是矩阵 $\boldsymbol{A}$ 中划去元素 a_{1j} 所在的行和列后所得 $n-1$ 阶矩阵的行列式，称 M_{1j} 为元素 a_{1j} 的余子式，称 A_{1j} 为元素 a_{1j} 的代数余子式.

矩阵 $\boldsymbol{A}$ 的行列式也记成 $\det(\boldsymbol{A})$，n 阶矩阵行列式也叫作 n 阶行列式.

例 3.1 计算三阶行列式 $|\boldsymbol{A}|$，这里

$$\boldsymbol{A}=\begin{pmatrix}1&2&-4\\-2&2&1\\-3&4&-2\end{pmatrix}.$$

解 计算

$$M_{11}=\begin{vmatrix}2&1\\4&-2\end{vmatrix}=-8,M_{12}=\begin{vmatrix}-2&1\\-3&-2\end{vmatrix}=7,M_{13}=\begin{vmatrix}-2&2\\-3&4\end{vmatrix}=-2,$$

所以

$$A_{11}=(-1)^{1+1}M_{11}=-8,$$
$$A_{12}=(-1)^{1+2}M_{12}=-7,$$
$$A_{13}=(-1)^{1+3}M_{13}=-2.$$

由行列式定义得 $|\boldsymbol{A}|=a_{11}A_{11}+a_{12}A_{12}+a_{13}A_{13}$

$$=1\times(-8)+2\times(-7)+(-4)\times(-2)=-14.$$

定义 3.1 给出了计算行列式的具体方法，当 $n\geqslant 2$ 时，表达式

$$|\boldsymbol{A}|=a_{11}A_{11}+a_{12}A_{12}+\cdots+a_{1n}A_{1n}$$

称为行列式 $|\boldsymbol{A}|$ 按第一行代数余子式的展开式. 为了避免复杂的陈述，我们省略下面基本定理的证明.

定理 3.1 **设 $\boldsymbol{A}=(a_{ij})$ 为任一 n 阶矩阵，其中 $n\geqslant 2$，则行列式 $|\boldsymbol{A}|$ 可按任意行或列的代数余子式展开. 即**

$$|\boldsymbol{A}|=a_{i1}A_{i1}+a_{i2}A_{i2}+\cdots+a_{in}A_{in}\quad(i=1,2,\cdots,n),$$

或

$$|\boldsymbol{A}|=a_{1j}A_{1j}+a_{2j}A_{2j}+\cdots+a_{nj}A_{nj}\quad(j=1,2,\cdots,n).$$

这个定理叫作行列式按行（列）展开法则.

例 3.2 设

$$\boldsymbol{A}=\begin{pmatrix}1&0&2&-4\\3&5&-1&2\\-2&0&2&1\\-3&0&4&-2\end{pmatrix},$$

求 $|\boldsymbol{A}|$.

解 行列式 $|\boldsymbol{A}|$ 的第 2 列元素中只有（2，2）元不等于零，其他元素都是零，从而

$$\begin{aligned}|\boldsymbol{A}| &= 0\cdot A_{12}+5\cdot A_{22}+0\cdot A_{32}+0\cdot A_{42}\\ &= 5\cdot(-1)^{2+2}\begin{vmatrix}1&2&-4\\-2&2&1\\-3&4&-2\end{vmatrix}=5\cdot\begin{vmatrix}1&2&-4\\-2&2&1\\-3&4&-2\end{vmatrix},\end{aligned}$$

最后一个行列式已在例 3.1 中算出结果为 -14，所以 $|\boldsymbol{A}|=-70$.

例 3.3 计算行列式

$$D_n=\begin{vmatrix}a_1&-1&0&\cdots&0&0\\a_2&x&-1&\cdots&0&0\\a_3&0&x&\cdots&0&0\\\vdots&\vdots&\vdots&&\vdots&\vdots\\a_{n-1}&0&0&\cdots&x&-1\\a_n&0&0&\cdots&0&x\end{vmatrix}.$$

解 按第 n 行展开，有

$$\begin{aligned}D_n&=x\begin{vmatrix}a_1&-1&0&\cdots&0\\a_2&x&-1&\cdots&0\\a_3&0&x&\cdots&0\\\vdots&\vdots&\vdots&&\vdots\\a_{n-1}&0&0&\cdots&x\end{vmatrix}\\&\quad+a_n(-1)^{n+1}\begin{vmatrix}-1&0&0&\cdots&0\\x&-1&0&\cdots&0\\0&x&-1&\cdots&0\\\vdots&\vdots&\vdots&&\vdots\\0&0&0&\cdots&-1\end{vmatrix}\\&=xD_{n-1}+a_n(-1)^{n+1}\cdot(-1)^{n-1}=xD_{n-1}+a_n.\end{aligned}$$

从而递推得到

$$\begin{aligned}&D_{n-1}=xD_{n-2}+a_{n-1}(-1)^n\cdot(-1)^{n-2}=xD_{n-2}+a_{n-1},\\&D_{n-2}=xD_{n-3}+a_{n-2},\\&\quad\vdots\\&D_2=a_1x+a_2.\end{aligned}$$

对这些等式分别用 $1,x,x^2,\cdots,x^{n-2}$ 相乘，然后相加，得到

$$D_n=a_1x^{n-1}+a_2x^{n-2}+\cdots+a_{n-1}x+a_n.$$

除对角线以及下（上）方的元素外，其他元素都是零的方阵称为下（上）三角形矩阵. 上三角形矩阵和下三角形矩阵统称为三角形矩阵.

例如，设

$$A = \begin{pmatrix} 1 & 2 & -1 \\ 0 & -2 & 1 \\ 0 & 0 & 3 \end{pmatrix}, B = \begin{pmatrix} -1 & 0 & 0 \\ 2 & 3 & 0 \\ -4 & 5 & 7 \end{pmatrix},$$

那么 $\boldsymbol{A}$ 是上三角形矩阵，$\boldsymbol{B}$ 是下三角形矩阵.

定理 3.2　三角形矩阵的行列式等于它对角元素的乘积.

此定理的证明留给读者.

习题 3.1

1. 利用按行（列）展开法则计算行列式：

(1) $\begin{vmatrix} 1 & 0 & 2 \\ 3 & 4 & 1 \\ 0 & -1 & 5 \end{vmatrix}$；　(2) $\begin{vmatrix} 3 & 4 & 2 \\ 1 & 0 & -1 \\ 5 & 2 & 6 \end{vmatrix}$；

(3) $\begin{vmatrix} 2 & 0 & 0 & 1 \\ 1 & 4 & -1 & 2 \\ 3 & 0 & 0 & 0 \\ 4 & 1 & 2 & 3 \end{vmatrix}$；　(4) $\begin{vmatrix} 2 & 0 & 0 & 0 \\ 1 & 2 & 0 & 0 \\ 0 & 1 & 2 & 0 \\ 0 & 0 & 1 & 2 \end{vmatrix}$.

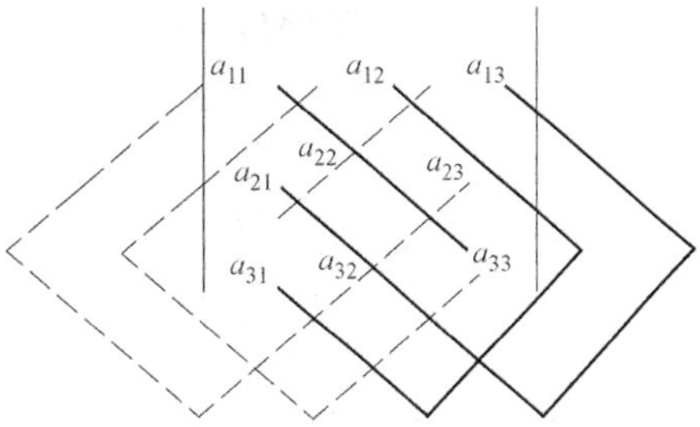

图 3-1

2. 一个 3 阶行列式的展开式可由下列方法记忆：3 阶行列式含 6 项，每项均为不同行不同列的三个元素的乘积再冠以正负号，其规律遵循图 3-1所示的对角线法则：图中有三条实线看成是平行于主对角线的连线，三条虚线看作是平行于副对角线的连线，实线上三元素的乘积冠以正号，虚线上三元素的乘积冠以负号.

试用此法计算第 1 题中的（1），（2）两小题. 特别注意的是，四阶及以上的行列式没有对角线法则.

3.2 行列式的性质

如果按照定义计算行列式，一般对 n 阶行列式而言，代数余子式展开需要计算超过 $n!$ 个乘法运算，计算量较大. 在实际问题中，25×25 矩阵算是一个小矩阵. 但是按代数余子式展开来计算这个矩阵的行列式是不可行的. 25！近似于 1.5×10^{25} . 若一个超级计算机每秒能够完成 1 万亿次乘法运算，用这种方法计算一个 25 阶行列式，它将需运行 50 万年！

本节我们研究行列式的性质. 利用行列式的性质计算行列式可以大大地减少计算量.

性质 3.1　矩阵的行列式与它的转置矩阵的行列式相等.

证　设 $\boldsymbol{A} = (a_{ij})$ 为 n 阶矩阵.

当 $n = 1$ 时，结论显然成立.

假设 $n = k$ 时该结论成立. 令 $n = k+1$ ，则 $|\boldsymbol{A}|$ 中 a_{1j} 的代数余子式与 $|\boldsymbol{A}^{\mathrm{T}}|$ 中 a_{j1} 的代数余子式都是 k 阶行列式，它们互为转置，由

假设它们是相等的. 所以 $|\boldsymbol{A}|$ 按第 1 行展开等于 $|\boldsymbol{A}^{\mathrm{T}}|$ 按第 1 列展开，即 $|\boldsymbol{A}| = |\boldsymbol{A}^{\mathrm{T}}|$. 于是，对 $n = k + 1$ 结论也成立.

因此，对任意的 $n \geqslant 1$ 结论成立.

由此性质可知行列式中的行与列具有同等的地位. 关于行列式的性质凡是对行成立的性质对列同样成立. 反之亦然.

性质 3.2

（ⅰ）互换行列式的两行（列），行列式变号；

（ⅱ）把行列式的某一行（列）的各元素乘以同一数然后加到另一行（列）对应元素上去，行列式不变；

（ⅲ）行列式的某一行（列）中所有的元素都乘以同一数 k，等于用数 k 乘此行列式.

上述（ⅱ）中的运算也叫作行（列）倍加运算.

证 这里只证（ⅰ）.（ⅱ）与（ⅲ）请读者自证. 设 $\boldsymbol{A} = (a_{ij})$ 为 n 阶矩阵.

当 $n = 2$ 时，

$$\begin{vmatrix} a_{21} & a_{22} \\ a_{11} & a_{12} \end{vmatrix} = a_{21}a_{12} - a_{11}a_{22} = -(a_{11}a_{22} - a_{12}a_{21}) = -\begin{vmatrix} a_{11} & a_{12} \\ a_{21} & a_{22} \end{vmatrix},$$

即 $n = 2$ 时结论成立.

假设结论对于 k 阶行列式成立，$k \geqslant 2$. 令 $n = k + 1$. 记交换 $|\boldsymbol{A}|$ 的两行所得行列式为 $|\boldsymbol{B}|$，且 $|\boldsymbol{A}|$ 的第 s 行没有变动. 现将 $|\boldsymbol{B}|$ 按 s 行展开，则 $|\boldsymbol{B}|$ 的 s 行元素的代数余子式与 $|\boldsymbol{A}|$ 的 s 行对应元素的代数余子式正好有两行处于交换的位置. 根据假设，这些对应元素的代数余子式相差一个符号. 所以，$|\boldsymbol{B}| = -|\boldsymbol{A}|$. 即结论对 $n = k + 1$ 亦成立.

因此，性质（ⅰ）成立.

利用性质 3.2 可以将一个行列式化为三角形行列式，从而达到快速计算行列式的目的.

例 3.4 计算行列式

$$\begin{vmatrix} 2 & 1 & 0 & -1 \\ -5 & 3 & 1 & -4 \\ 3 & -1 & 1 & 2 \\ 1 & 3 & -5 & -3 \end{vmatrix}.$$

解

$$\begin{vmatrix} 2 & 1 & 0 & -1 \\ -5 & 3 & 1 & -4 \\ 3 & -1 & 1 & 2 \\ 1 & 3 & -5 & -3 \end{vmatrix} \xlongequal{\mathrm{T}} \begin{vmatrix} 2 & -5 & 3 & 1 \\ 1 & 3 & -1 & 3 \\ 0 & 1 & 1 & -5 \\ -1 & -4 & 2 & -3 \end{vmatrix}$$

$$\xlongequal{r_1 \leftrightarrow r_2} -\begin{vmatrix} 1 & 3 & -1 & 3 \\ 2 & -5 & 3 & 1 \\ 0 & 1 & 1 & -5 \\ -1 & -4 & 2 & -3 \end{vmatrix} \xlongequal[r_4 + r_1]{r_2 - 2r_1} -\begin{vmatrix} 1 & 3 & -1 & 3 \\ 0 & -11 & 5 & -5 \\ 0 & 1 & 1 & -5 \\ 0 & -1 & 1 & 0 \end{vmatrix}$$

$$\xlongequal{r_2 \leftrightarrow r_3} \begin{vmatrix} 1 & 3 & -1 & 3 \\ 0 & 1 & 1 & -5 \\ 0 & -11 & 5 & -5 \\ 0 & -1 & 1 & 0 \end{vmatrix} \xlongequal[r_4 + r_2]{r_3 + 11r_2} \begin{vmatrix} 1 & 3 & -1 & 3 \\ 0 & 1 & 1 & -5 \\ 0 & 0 & 16 & -60 \\ 0 & 0 & 2 & -5 \end{vmatrix}$$

$$\xlongequal{r_3 \leftrightarrow r_4} -\begin{vmatrix} 1 & 3 & -1 & 3 \\ 0 & 1 & 1 & -5 \\ 0 & 0 & 2 & -5 \\ 0 & 0 & 16 & -60 \end{vmatrix} \xlongequal{r_4 - 8r_3} -\begin{vmatrix} 1 & 3 & -1 & 3 \\ 0 & 1 & 1 & -5 \\ 0 & 0 & 2 & -5 \\ 0 & 0 & 0 & -20 \end{vmatrix} = 40.$$

例 3.5 计算行列式

$$\begin{vmatrix} 3 & 1 & 1 & 1 \\ 1 & 3 & 1 & 1 \\ 1 & 1 & 3 & 1 \\ 1 & 1 & 1 & 3 \end{vmatrix}.$$

解 这个行列式的特点是各列 4 个数之和都是 6. 把第 2, 3, 4 行同时加到第 1 行，提出公因数 6，然后各行减去第 1 行：

$$\begin{vmatrix} 3 & 1 & 1 & 1 \\ 1 & 3 & 1 & 1 \\ 1 & 1 & 3 & 1 \\ 1 & 1 & 1 & 3 \end{vmatrix} \xlongequal{r_1 + r_2 + r_3 + r_4} \begin{vmatrix} 6 & 6 & 6 & 6 \\ 1 & 3 & 1 & 1 \\ 1 & 1 & 3 & 1 \\ 1 & 1 & 1 & 3 \end{vmatrix} \xlongequal{r_1 \div 6} 6\begin{vmatrix} 1 & 1 & 1 & 1 \\ 1 & 3 & 1 & 1 \\ 1 & 1 & 3 & 1 \\ 1 & 1 & 1 & 3 \end{vmatrix}$$

$$\xlongequal[r_4 - r_1]{\substack{r_2 - r_1 \\ r_3 - r_1}} 6\begin{vmatrix} 1 & 1 & 1 & 1 \\ 0 & 2 & 0 & 0 \\ 0 & 0 & 2 & 0 \\ 0 & 0 & 0 & 2 \end{vmatrix} = 48.$$

例 3.6 设 $\boldsymbol{A}$ 是 n 阶矩阵，$\boldsymbol{B}$ 是 m 阶矩阵，$\boldsymbol{C}$ 是 $m \times n$ 矩阵，证明：

$$\begin{vmatrix} \boldsymbol{A} & \boldsymbol{O} \\ \boldsymbol{C} & \boldsymbol{B} \end{vmatrix} = |\boldsymbol{A}||\boldsymbol{B}|.$$

证 对矩阵 $\boldsymbol{A}$ 只做行倍加运算，将矩阵 $\boldsymbol{A}$ 化为下三角形矩阵，设为

$$\boldsymbol{A} \xrightarrow{\text{行倍加}} \begin{pmatrix} p_{11} & & 0 \\ \vdots & \ddots & \\ p_{n1} & \cdots & p_{nn} \end{pmatrix},$$

则 $|\boldsymbol{A}| = p_{11} \cdots p_{nn}$. 对矩阵 $\boldsymbol{B}$ 也只做行倍加运算，将矩阵 $\boldsymbol{B}$ 化为下三

角形矩阵，记为

$$B \xrightarrow{\text{行倍加}} \begin{pmatrix} q_{11} & & 0 \\ \vdots & \ddots & \\ q_{m1} & \cdots & q_{mm} \end{pmatrix},$$

则 $|\boldsymbol{B}| = q_{11}\cdots q_{mm}$. 对矩阵 $\begin{pmatrix} \boldsymbol{A} & \boldsymbol{O} \\ \boldsymbol{C} & \boldsymbol{B} \end{pmatrix}$ 前 n 行和后 m 行做相应的行倍加运算，则矩阵 $\begin{pmatrix} \boldsymbol{A} & \boldsymbol{O} \\ \boldsymbol{C} & \boldsymbol{B} \end{pmatrix}$ 可化为

$$\begin{pmatrix} \boldsymbol{A} & \boldsymbol{O} \\ \boldsymbol{C} & \boldsymbol{B} \end{pmatrix} \xrightarrow{\text{行倍加}} \begin{pmatrix} p_{11} & & & & & \\ \vdots & \ddots & & & 0 & \\ p_{n1} & \cdots & p_{nn} & & & \\ & & & q_{11} & & \\ & * & & \vdots & \ddots & \\ & & & q_{m1} & \cdots & q_{mm} \end{pmatrix},$$

因此，$\begin{vmatrix} \boldsymbol{A} & \boldsymbol{O} \\ \boldsymbol{C} & \boldsymbol{B} \end{vmatrix} = p_{11}\cdots p_{nn}q_{11}\cdots q_{mm} = |\boldsymbol{A}||\boldsymbol{B}|$.

利用性质 3.2 可以得到下面的推论.

推论

（ⅰ）如果行列式有两行（列）完全相同，则此行列式等于零；

（ⅱ）行列式中如果有两行（列）元素成比例，则此行列式等于零；

（ⅲ）行列式中某一行（列）的所有元素的公因子可以提到行列式记号的外面.

在一些文字行列式的计算中有时用到下列性质.

性质 3.3　若行列式的某一行（列）的元素都是两数之和，例如

$$\begin{vmatrix} a_{11} & a_{12} & a_{13} \\ b_1 + c_1 & b_2 + c_2 & b_3 + c_3 \\ a_{31} & a_{32} & a_{33} \end{vmatrix},$$

则该行列式等于两个行列式的和.

$$\begin{vmatrix} a_{11} & a_{12} & a_{13} \\ b_1 + c_1 & b_2 + c_2 & b_3 + c_3 \\ a_{31} & a_{32} & a_{33} \end{vmatrix} = \begin{vmatrix} a_{11} & a_{12} & a_{13} \\ b_1 & b_2 & b_3 \\ a_{31} & a_{32} & a_{33} \end{vmatrix} + \begin{vmatrix} a_{11} & a_{12} & a_{13} \\ c_1 & c_2 & c_3 \\ a_{31} & a_{32} & a_{33} \end{vmatrix}.$$

现在用上述性质证明两个重要定理. 为叙述方便，我们将由单位矩阵经过一行加另一行的倍数所得的矩阵称为行倍加（矩阵）；交换单位矩阵两行的矩阵称为交换矩阵；将单位矩阵的某一行乘以一个非零常数 r 所得矩阵称为 r 倍乘矩阵.

因此，性质 3.2 可以重新叙述如下：

若 $\boldsymbol{A}$ 是一个方阵，$\boldsymbol{P}$ 是同阶的初等矩阵，则

$$|PA| = |P|\cdot|A| = \begin{cases} |A|, & \text{若 } P \text{ 是一个行倍加矩阵,} \\ -|A|, & \text{若 } P \text{ 是一个交换矩阵,} \\ r|A|, & \text{若 } P \text{ 是一个 } r \text{ 倍乘矩阵.} \end{cases} \quad (3\text{-}1)$$

定理 3.3 方阵 A 可逆当且仅当 $|A| \neq 0$.

证 因为一个方阵 A 总可以经过有限次行倍加运算化为行阶梯形矩阵 U. 所以 $|A| = |U|$，这里行阶梯形矩阵 U 也是上三角形矩阵. 因此，行列式 $|U|$ 是其对角线上元素的乘积.

如果 A 可逆，则 A 与单位矩阵 E 等价，所以 U 无零行，即 U 的对角线元素都不等于零，从而 $|A| \neq 0$.

反之，如果 A 不可逆，则 U 有零行，所以 $|A| = 0$.

例 3.7 设

$$A = \begin{pmatrix} 2 & 1 & 0 & -1 \\ -5 & 3 & 1 & -4 \\ 3 & -1 & 1 & 2 \\ 1 & 3 & -5 & -3 \end{pmatrix},$$

问矩阵 A 是否可逆?

解 由例 3.4 知 $|A| = 40 \neq 0$，所以 A 可逆. 可以用第 2 章的方法求出 A^{-1}.

定理 3.4 设 A,B 是同阶方阵，则 $|AB| = |A|\cdot|B|$.

证 若矩阵 A 不可逆，则 AB 也不可逆. 事实上，假设 AB 可逆，则存在矩阵 C 使得 $(AB)C = E$，即 $A(BC) = E$，由第 2 章定理 2.5 得 A 可逆，这与矩阵 A 不可逆相矛盾. 所以 AB 也不可逆. 根据定理 3.3，$|A| = 0$，$|AB| = 0$，因此结论成立.

若 A 可逆，根据第 2 章定理 2.3，A 与单位矩阵 E 行等价，故存在初等矩阵 P_1，P_2，…，P_s 使

$$A = P_s\cdots P_2P_1\cdot E = P_s\cdots P_2P_1,$$

反复使用式 (3-1)，得

$$\begin{aligned} |AB| &= |P_s\cdots P_2P_1B| = |P_s|\cdot|P_{s-1}\cdots P_2P_1B| = \cdots \\ &= |P_s|\cdots|P_1|\cdot|B| = |P_s\cdots P_2P_1|\cdot|B| = |A|\cdot|B|. \end{aligned}$$

总之，不论 A 是否可逆，结论都成立.

注意，对于 n 阶方阵 A，B，一般而言 $AB \neq BA$，但总是有 $|AB| = |BA| = |A|\cdot|B|$.

例 3.8 已知 α 是 n 维列向量，且 $\alpha^T\alpha = 1$. 设 $A = E - \alpha\alpha^T$，证明 $|A| = 0$.

证明 由 $\alpha^T\alpha = 1$ 知 α 是非零向量.

因为

$$\begin{aligned} A\alpha &= E\alpha - \alpha(\alpha^T\alpha) \\ &= \alpha - \alpha \\ &= 0, \end{aligned}$$

即方程 $A\boldsymbol{\alpha}=\mathbf{0}$ 有非零解，

由定理2.1推论知 A 不可逆，再由定理3.3得 $|A|=0$.

下面介绍下节需要的行列式另一性质.

性质3.4　设 $A=(a_{ij})$ 是 n 阶矩阵，则

$$a_{i1}A_{j1}+a_{i2}A_{j2}+\cdots+a_{in}A_{jn}=\begin{cases}|A|, & 当\ i=j\ 时,\\ 0, & 当\ i\neq j\ 时,\end{cases}\tag{3-2}$$

其中 A_{jk} 是 (j,k) 元的代数余子式.

该性质即行列式等于一行的元素与它们对应的代数余子式乘积之和，用行列式一行的元素与另一行元素的代数余子式乘积之和为零. 对于列也有相同的结论.

证　当 $i=j$ 时，式（3-2）的左边恰是行列式 $|A|$ 按第 i 行的展开式.

当 $i\neq j$ 时，记 B 为将 A 的第 j 行的元素替换为第 i 行元素所得到的矩阵

$$B=\begin{pmatrix} a_{11} & \cdots & a_{1n}\\ \vdots & & \vdots\\ a_{i1} & \cdots & a_{in}\\ a_{i1} & \cdots & a_{in}\\ \vdots & & \vdots\\ a_{n1} & \cdots & a_{nn}\end{pmatrix}（第 j 行）.$$

因为 B 两行相同，根据性质3.2的推论，$|B|=0$. 将 B 按第 j 行展开

$$|B|=a_{i1}A_{j1}+a_{i2}A_{j2}+\cdots+a_{in}A_{jn},$$

由此可见，当 $i\neq j$ 时，$a_{i1}A_{j1}+a_{i2}A_{j2}+\cdots+a_{in}A_{jn}=0$.

仿照上述方法，在 n 阶行列式 $|A|$ 按第 i 行展开的表达式中，用 b_1，b_2，…，b_n 依次代替 a_{i1}，a_{i2}，…，a_{in}，可得

$$\begin{vmatrix} a_{11} & \cdots & a_{1n}\\ \vdots & & \vdots\\ a_{i-1,1} & \cdots & a_{i-1,n}\\ b_1 & \cdots & b_n\\ a_{i+1,1} & \cdots & a_{i+1,n}\\ \vdots & & \vdots\\ a_{n1} & \cdots & a_{nn}\end{vmatrix}=b_1A_{i1}+b_2A_{i2}+\cdots+b_nA_{in}.\tag{3-3}$$

对于列也有类似的结果.

例3.9　设行列式

$$\begin{vmatrix} 2 & 1 & 0 & -1\\ -5 & 3 & 1 & -4\\ 3 & -1 & 1 & 2\\ 1 & 3 & -5 & -3\end{vmatrix}$$

的 (i,j) 元的余子式和代数余子式依次记作 M_{ij} 和 A_{ij}，求

$A_{11}+A_{12}+A_{13}+A_{14}$ 与 $M_{11}+M_{21}+M_{31}+M_{41}$.

解 按式（3-3）可知 $A_{11}+A_{12}+A_{13}+A_{14}$ 等于用 1，1，1，1 代替所给行列式的第 1 行所得到的行列式，即

$$A_{11}+A_{12}+A_{13}+A_{14}=\begin{vmatrix}1&1&1&1\\-5&3&1&-4\\3&-1&1&2\\1&3&-5&-3\end{vmatrix}\xlongequal[c_4-c_1]{c_2-c_1,c_3-c_1}\begin{vmatrix}1&0&0&0\\-5&8&6&1\\3&-4&-2&-1\\1&2&-6&-4\end{vmatrix}$$

$$=\begin{vmatrix}8&6&1\\-4&-2&-1\\2&-6&-4\end{vmatrix}\xlongequal[r_3+4r_1]{r_2+r_1,}\begin{vmatrix}8&6&1\\4&4&0\\34&18&0\end{vmatrix}$$

$$=\begin{vmatrix}4&4\\34&18\end{vmatrix}=-64.$$

类似地，可得

$$M_{11}+M_{21}+M_{31}+M_{41}=A_{11}-A_{21}+A_{31}-A_{41}$$

$$=\begin{vmatrix}1&1&0&-1\\-1&3&1&-4\\1&-1&1&2\\-1&3&-5&-3\end{vmatrix}\xlongequal[r_4+r_1]{r_2+r_1,r_3-r_1}\begin{vmatrix}1&1&0&-1\\0&4&1&-5\\0&-2&1&3\\0&4&-5&-4\end{vmatrix}$$

$$=\begin{vmatrix}4&1&-5\\-2&1&3\\4&-5&-4\end{vmatrix}\xlongequal[r_3+5r_1]{r_2-r_1,}\begin{vmatrix}4&1&-5\\-6&0&8\\24&0&-29\end{vmatrix}$$

$$=-\begin{vmatrix}-6&8\\24&-29\end{vmatrix}\xlongequal{r_2+4r_1}-\begin{vmatrix}-6&8\\0&3\end{vmatrix}=18.$$

在本节的最后，我们介绍一个重要的行列式——范德蒙德行列式.

例 3.10 证明范德蒙德（Vandermonde）行列式

$$D_n=\begin{vmatrix}1&1&\cdots&1\\x_1&x_2&\cdots&x_n\\x_1^2&x_2^2&\cdots&x_n^2\\\vdots&\vdots&&\vdots\\x_1^{n-1}&x_2^{n-1}&\cdots&x_n^{n-1}\end{vmatrix}=\prod_{n\geqslant i>j\geqslant 1}(x_i-x_j),$$

其中记号“Π”表示全体同类因子的乘积.

证 用数学归纳法. 因为

$$D_2=\begin{vmatrix}1&1\\x_1&x_2\end{vmatrix}=x_2-x_1=\prod_{2\geqslant i>j\geqslant 1}(x_i-x_j),$$

所以当 $n=2$ 时结论成立. 假设结论对于 $n-1$ 阶范德蒙德行列式成立，那么对于 D_n，我们从第 n 行开始，后行减去前行的 x_1 倍，有

$$D_n=\begin{vmatrix}1&1&1&\cdots&1\\0&x_2-x_1&x_3-x_1&\cdots&x_n-x_1\\0&x_2(x_2-x_1)&x_3(x_3-x_1)&\cdots&x_n(x_n-x_1)\\\vdots&\vdots&\vdots&&\vdots\\0&x_2^{n-2}(x_2-x_1)&x_3^{n-2}(x_3-x_1)&\cdots&x_n^{n-2}(x_n-x_1)\end{vmatrix},$$

按第一列展开，并把每列的公因子 (x_i-x_1) 提出，就有

$$D_n=(x_2-x_1)(x_3-x_1)\cdots(x_n-x_1)\begin{vmatrix}1&1&\cdots&1\\x_2&x_3&\cdots&x_n\\\vdots&\vdots&&\vdots\\x_2^{n-2}&x_3^{n-2}&\cdots&x_n^{n-2}\end{vmatrix},$$

上式右端的行列式是 $n-1$ 阶范德蒙德行列式，按归纳假设，它等于所有 (x_i-x_j) 因子的乘积，其中 $n\geqslant i>j\geqslant 2$. 所以

$$\begin{aligned}D_n&=(x_2-x_1)(x_3-x_1)\cdots(x_n-x_1)\prod_{n\geqslant i>j\geqslant 2}(x_i-x_j)\\&=\prod_{n\geqslant i>j\geqslant 1}(x_i-x_j).\end{aligned}$$

证毕.

习题 3.2

1. 已知行列式 $\begin{vmatrix}a&b&c\\d&e&f\\g&h&i\end{vmatrix}=5$，计算下列行列式：

(1) $\begin{vmatrix}a&b&c\\d&e&f\\3g&3h&3i\end{vmatrix}$；　(2) $\begin{vmatrix}g&h&i\\a&b&c\\d&e&f\end{vmatrix}$；

(3) $\begin{vmatrix}a+d&b+e&c+f\\d&e&f\\g&h&i\end{vmatrix}$；

(4) $\begin{vmatrix}a&2b+a&c\\d&2e+d&f\\g&2h+g&i\end{vmatrix}$.

2. 使用化阶梯形的方法求行列式：

(1) $\begin{vmatrix}1&3&-5\\-1&-2&4\\-2&3&9\end{vmatrix}$；

(2) $\begin{vmatrix}1&-2&-1&3\\0&1&5&2\\-1&3&7&6\\2&1&8&4\end{vmatrix}$.

3. 结合行化简和按行（列）展开法则计算行列式：

(1) $\begin{vmatrix}2&1&4&1\\3&-1&2&1\\1&2&3&2\\5&0&6&2\end{vmatrix}$；

(2) $\begin{vmatrix} -3 & -2 & 1 & -4 \\ 1 & 3 & 0 & -3 \\ -3 & 4 & -2 & 8 \\ 3 & -4 & 0 & 4 \end{vmatrix}$.

4. 利用行列式检验下列方阵是否可逆：

(1) $\begin{pmatrix} 1 & 3 & 4 \\ 2 & 3 & 0 \\ 1 & 2 & 1 \end{pmatrix}$； (2) $\begin{pmatrix} 0 & 7 & 5 & 4 \\ 1 & -7 & -5 & 0 \\ 2 & 0 & 0 & 8 \\ 3 & 8 & 6 & 0 \end{pmatrix}$.

5. 设 $\boldsymbol{A}$，$\boldsymbol{B}$ 均为 3 阶方阵且 $|\boldsymbol{A}|=2$，$|\boldsymbol{B}|=-3$. 计算：

(1) $|\boldsymbol{AB}|$； (2) $|4\boldsymbol{A}|$； (3) $|\boldsymbol{AB}^{\mathrm{T}}|$；

(4) $|\boldsymbol{A}^{-1}|$； (5) $|\boldsymbol{A}^{5}|$； (6) $|\boldsymbol{B}^{-1}\boldsymbol{AB}|$.

6. 求解方程：

$$\begin{vmatrix} 1 & 1 & 1 & 1 \\ x & a & b & c \\ x^2 & a^2 & b^2 & c^2 \\ x^3 & a^3 & b^3 & c^3 \end{vmatrix} = 0,$$

其中 a，b，c 互不相等.

3.3 克拉默法则

本节推导矩阵逆的公式，在此基础上介绍理论上有用的克拉默法则.

设 $\boldsymbol{A}=(a_{ij})$ 是 n 阶矩阵，以 $\boldsymbol{A}$ 的元素的代数余子式 A_{ij} 所构成的矩阵

$$\boldsymbol{A}^* = \begin{pmatrix} A_{11} & A_{21} & \cdots & A_{n1} \\ A_{12} & A_{22} & \cdots & A_{n2} \\ \vdots & \vdots & & \vdots \\ A_{1n} & A_{2n} & \cdots & A_{nn} \end{pmatrix}$$

称为 $\boldsymbol{A}$ 的伴随矩阵.

由性质 3.4 可以得到

$$\boldsymbol{AA}^* = \boldsymbol{A}^*\boldsymbol{A} = |\boldsymbol{A}|\boldsymbol{E}, \tag{3-4}$$

因此，若 $\boldsymbol{A}$ 可逆，则 $|\boldsymbol{A}|\neq 0$，且 $\boldsymbol{A}\left(\frac{1}{|\boldsymbol{A}|}\boldsymbol{A}^*\right)=\left(\frac{1}{|\boldsymbol{A}|}\boldsymbol{A}^*\right)\boldsymbol{A}=\boldsymbol{E}$，即

$$\boldsymbol{A}^{-1} = \frac{1}{|\boldsymbol{A}|}\boldsymbol{A}^*. \tag{3-5}$$

例 3.11 求二阶矩阵 $\boldsymbol{A}=\begin{pmatrix} a & b \\ c & d \end{pmatrix}$ 的逆矩阵.

解 $|\boldsymbol{A}| = ad-bc, \boldsymbol{A}^* = \begin{pmatrix} d & -b \\ -c & a \end{pmatrix}$,

利用逆矩阵公式（3-5），当 $|\boldsymbol{A}|\neq 0$ 时，有

$$\boldsymbol{A}^{-1} = \frac{1}{|\boldsymbol{A}|}\boldsymbol{A}^* = \frac{1}{ad-bc}\begin{pmatrix} d & -b \\ -c & a \end{pmatrix}.$$

例 3.12 求三阶矩阵 $\boldsymbol{A}=\begin{pmatrix} 1 & 2 & 3 \\ 2 & 1 & 2 \\ 3 & 2 & 2 \end{pmatrix}$ 的逆矩阵.

解 求得 $|\boldsymbol{A}|=5\neq 0$，知 $\boldsymbol{A}^{-1}$ 存在. 再计算 $|\boldsymbol{A}|$ 的余子式.

$$M_{11}=-2,\quad M_{12}=-2,\quad M_{13}=1,$$
$$M_{21}=-2,\quad M_{22}=-7,\quad M_{23}=-4,$$
$$M_{31}=1,\quad M_{32}=-4,\quad M_{33}=-3,$$

得
$$A^*=\begin{pmatrix} M_{11} & -M_{21} & M_{31} \\ -M_{12} & M_{22} & -M_{32} \\ M_{13} & -M_{23} & M_{33} \end{pmatrix}=\begin{pmatrix} -2 & 2 & 1 \\ 2 & -7 & 4 \\ 1 & 4 & -3 \end{pmatrix},$$

所以
$$A^{-1}=\frac{1}{|A|}A^*=\begin{pmatrix} -\frac{2}{5} & \frac{2}{5} & \frac{1}{5} \\ \frac{2}{5} & -\frac{7}{5} & \frac{4}{5} \\ \frac{1}{5} & \frac{4}{5} & -\frac{3}{5} \end{pmatrix}.$$

利用公式（3-5）可以得到用行列式表示的方程组 $\boldsymbol{Ax}=\boldsymbol{b}$ 的解.

定理 3.5　（克拉默法则）

对于 n 个变量 n 个方程的线性方程组

$$\begin{cases} a_{11}x_1+a_{12}x_2+\cdots+a_{1n}x_n=b_1, \\ a_{21}x_1+a_{22}x_2+\cdots+a_{2n}x_n=b_2, \\ \quad\vdots \\ a_{n1}x_1+a_{n2}x_2+\cdots+a_{nn}x_n=b_n, \end{cases} \tag{3-6}$$

如果它的系数行列式 $|\boldsymbol{A}|\neq 0$，则它有唯一解

$$x_j=\frac{1}{|A|}A_j=\frac{1}{|A|}(b_1A_{1j}+b_2A_{2j}+\cdots+b_nA_{nj})\quad (j=1,2,\cdots,n).$$

其中 A_j 是系数行列式 $|\boldsymbol{A}|$ 中的第 j 列用 $b_1,b_2,\cdots,b_n$ 替换得到的行列式.

证　把方程组（3-6）写成矩阵方程

$$\boldsymbol{Ax}=\boldsymbol{b}.$$

这里 $\boldsymbol{A}=(a_{ij})$ 为 n 阶矩阵，因 $|\boldsymbol{A}|\neq 0$，由定理3.3知 $\boldsymbol{A}$ 可逆，再由定理2.1可得到方程 $\boldsymbol{Ax}=\boldsymbol{b}$ 有唯一解 $\boldsymbol{x}=\boldsymbol{A}^{-1}\boldsymbol{b}$.

由逆矩阵公式 $\boldsymbol{A}^{-1}=\frac{1}{|\boldsymbol{A}|}\boldsymbol{A}^*$，有 $\boldsymbol{x}=\boldsymbol{A}^{-1}\boldsymbol{b}=\frac{1}{|\boldsymbol{A}|}\boldsymbol{A}^*\boldsymbol{b}$，即

$$\begin{pmatrix} x_1 \\ x_2 \\ \vdots \\ x_n \end{pmatrix}=\frac{1}{|A|}\begin{pmatrix} A_{11} & A_{21} & \cdots & A_{n1} \\ A_{12} & A_{22} & \cdots & A_{n2} \\ \vdots & \vdots & & \vdots \\ A_{1n} & A_{2n} & \cdots & A_{nn} \end{pmatrix}\begin{pmatrix} b_1 \\ b_2 \\ \vdots \\ b_n \end{pmatrix}$$

$$=\frac{1}{|A|}\begin{pmatrix} b_1A_{11}+b_2A_{21}+\cdots+b_nA_{n1} \\ b_1A_{12}+b_2A_{22}+\cdots+b_nA_{n2} \\ \vdots \\ b_1A_{1n}+b_2A_{2n}+\cdots+b_nA_{nn} \end{pmatrix},$$

亦即 $x_j = \frac{1}{|\boldsymbol{A}|}(b_1A_{1j} + b_2A_{2j} + \cdots + b_nA_{nj}) = \frac{1}{|\boldsymbol{A}|}A_j \quad (j = 1,2,\cdots,n).$

例 3.13 用克拉默法则求解方程组

$$\begin{cases} x_1 + 2x_2 + 3x_3 = 9, \\ 2x_1 + 2x_2 + x_3 = 6, \\ x_1 + 2x_2 + x_3 = 5. \end{cases}$$

解 利用上面的记号

$$|\boldsymbol{A}| = \begin{vmatrix} 1 & 2 & 3 \\ 2 & 2 & 1 \\ 1 & 2 & 1 \end{vmatrix} = 4, \quad A_1 = \begin{vmatrix} 9 & 2 & 3 \\ 6 & 2 & 1 \\ 5 & 2 & 1 \end{vmatrix} = 4,$$

$$A_2 = \begin{vmatrix} 1 & 9 & 3 \\ 2 & 6 & 1 \\ 1 & 5 & 1 \end{vmatrix} = 4, \quad A_3 = \begin{vmatrix} 1 & 2 & 9 \\ 2 & 2 & 6 \\ 1 & 2 & 5 \end{vmatrix} = 8.$$

由克拉默法则得

$$x_1 = \frac{A_1}{|\boldsymbol{A}|} = 1, \quad x_2 = \frac{A_2}{|\boldsymbol{A}|} = 1, \quad x_3 = \frac{A_3}{|\boldsymbol{A}|} = 2.$$

需要指出的是，求逆矩阵和解线性方程组一般情况下用初等行变换的方法比较容易.

习题 3.3

1. 用克拉默法则解方程组：

(1) $\begin{cases} x_1 + x_2 + x_3 + x_4 = 5, \\ x_1 + 2x_2 - x_3 + 4x_4 = -2, \\ 2x_1 - 3x_2 - x_3 - 5x_4 = -2, \\ 3x_1 + x_2 + 2x_3 + 11x_4 = 0; \end{cases}$

(2) $\begin{cases} 5x_1 + 6x_2 = 1, \\ x_1 + 5x_2 + 6x_3 = 0, \\ x_2 + 5x_3 + 6x_4 = 0, \\ x_3 + 5x_4 = 1. \end{cases}$

2. 求矩阵的伴随矩阵，且求出矩阵的逆矩阵：

(1) $\begin{pmatrix} 1 & 2 & 3 \\ 2 & 2 & 1 \\ 3 & 4 & 3 \end{pmatrix}$;

(2) $\begin{pmatrix} 1 & 2 & 4 \\ 0 & -3 & 1 \\ 0 & 0 & 3 \end{pmatrix}$.

3. 设 $\boldsymbol{A}$ 为 3 阶矩阵，$|\boldsymbol{A}| = 2$，求 $|(2\boldsymbol{A})^{-1} - 4\boldsymbol{A}^*|$.

4. 已知矩阵 $\boldsymbol{A}$ 的伴随矩阵 $\boldsymbol{A}^* = \mathrm{diag}(1,1,1,8)$ 且 $\boldsymbol{ABA}^{-1} = \boldsymbol{BA}^{-1} + 3\boldsymbol{E}$，求 $\boldsymbol{B}$.

应用 3.1 信息编码

消息称为明文，用某种方法伪装消息以隐藏它的内容的过程称为加密，加密的消息称为密文，而把密文转变为明文的过程称为解密.

可逆方阵可以用来对需要传输的信息加密. 方法是将每一个字母与一个码子相对应，如表 3-1 所示.

表 3-1

字母	a	b	c	d	e	f	g	h	i	j	k	l	m	n
码子	1	2	3	4	5	6	7	8	9	10	11	12	13	14
字母	o	p	q	r	s	t	u	v	w	x	y	z	空格	
码子	15	16	17	18	19	20	21	22	23	24	25	26	0	

例如，为了传输信息

battle on Monday

把对应的码子写成 4×4 矩阵（按列）

$$\boldsymbol{B}=\begin{pmatrix}2&12&14&14\\1&5&0&4\\20&0&13&1\\20&15&15&25\end{pmatrix}.$$

如果直接发送矩阵 $\boldsymbol{B}$，这是不加密的信息，容易被破译，无论军事还是商业上均不可行，因此必须对信息进行加密，使得只有知道密钥的接收者才能准确、快速破译．为此，我们用矩阵乘法对信息进行加密．取4阶可逆矩阵 $\boldsymbol{A}$，满足两个条件：一是 $\boldsymbol{A}$ 的元素都是整数，二是行列式 $|\boldsymbol{A}|=\pm 1$．由于 $\boldsymbol{A}^{-1}=\pm\boldsymbol{A}^*$，所以 $\boldsymbol{A}^{-1}$ 的元素也是整数．令

$$\boldsymbol{C}=\boldsymbol{A}\boldsymbol{B},$$

则 $\boldsymbol{C}$ 是 4×4 矩阵，其元素也均为整数．现发送加密后的信息矩阵 $\boldsymbol{C}$，己方接收者只需用 $\boldsymbol{A}^{-1}$ 进行解密，就得到发送者的信息：

$$\boldsymbol{B}=\boldsymbol{A}^{-1}\boldsymbol{C}.$$

例如，取

$$\boldsymbol{A}=\begin{pmatrix}0&1&2&1\\-1&1&0&0\\0&0&1&1\\0&0&1&0\end{pmatrix},$$

则 $|\boldsymbol{A}|=-1$，且

$$\boldsymbol{A}^{-1}=\begin{pmatrix}1&-1&-1&-1\\1&0&-1&-1\\0&0&0&1\\0&0&1&-1\end{pmatrix}.$$

现发送矩阵

$$\boldsymbol{C}=\boldsymbol{A}\boldsymbol{B}=\begin{pmatrix}0&1&2&1\\-1&1&0&0\\0&0&1&1\\0&0&1&0\end{pmatrix}\begin{pmatrix}2&12&14&14\\1&5&0&4\\20&0&13&1\\20&15&15&25\end{pmatrix}$$

$$=\begin{pmatrix}61&20&41&31\\-1&-7&-14&-10\\40&15&28&26\\20&0&13&1\end{pmatrix}.$$

接收者收到矩阵 $\boldsymbol{C}$ 后，用 $\boldsymbol{A}^{-1}$ 解密：

$$\boldsymbol{B}=\boldsymbol{A}^{-1}\boldsymbol{C}=\begin{pmatrix}1&-1&-1&-1\\1&0&-1&-1\\0&0&0&1\\0&0&1&-1\end{pmatrix}\begin{pmatrix}61&20&41&31\\-1&-7&-14&-10\\40&15&28&26\\20&0&13&1\end{pmatrix}$$

$$=\begin{pmatrix}2&12&14&14\\1&5&0&4\\20&0&13&1\\20&15&15&25\end{pmatrix}.$$

即　　　　　　　　　　battle on Monday.

为构造编码矩阵 $\boldsymbol{A}$，我们可以对单位矩阵 $\boldsymbol{E}$ 施行行变换：将某一行的整数倍加到另一行上或交换两行. 结果矩阵 $\boldsymbol{A}$ 将仅有整数元，且 $|\boldsymbol{A}|=\pm 1$.

应用 3.2　用行列式表示面积或体积

命题 3.1　**设二阶矩阵** $\boldsymbol{A}=\begin{pmatrix}a_{11}&a_{12}\\a_{21}&a_{22}\end{pmatrix}$，**记** $\boldsymbol{A}$ **的列向量** $\boldsymbol{\alpha}=\begin{pmatrix}a_{11}\\a_{21}\end{pmatrix}$，$\boldsymbol{\beta}=\begin{pmatrix}a_{12}\\a_{22}\end{pmatrix}$，**那么以** $\boldsymbol{\alpha},\boldsymbol{\beta}$ **确定的平行四边形的面积等于** $|\det(\boldsymbol{A})|$.

证　若 $\boldsymbol{A}$ 是对角矩阵，则命题显然成立（见图 3-2）.

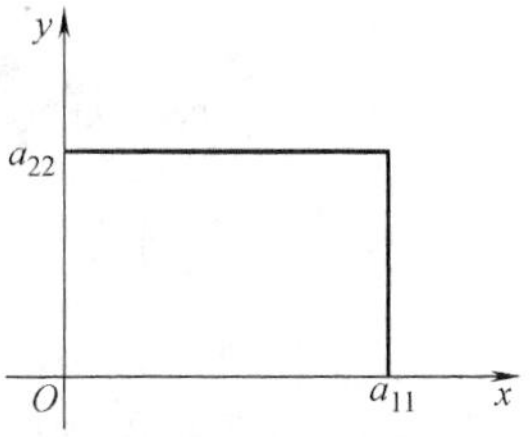

图 3-2

若 $\boldsymbol{A}$ 不是对角矩阵，则对 $\boldsymbol{A}$ 施行列倍加或列交换运算总能把 $\boldsymbol{A}$ 变换成对角矩阵且行列式的绝对值不变. 由于列交换不改变对应的平行四边形，所以只需证明对于任意的常数 k，由 $\boldsymbol{\alpha},\boldsymbol{\beta}$ 确定的平行四边形的面积等于由 $\boldsymbol{\alpha},\boldsymbol{\beta}+k\boldsymbol{\alpha}$ 确定的平行四边形的面积（见图 3-3）.

事实上，如果 $\boldsymbol{\alpha},\boldsymbol{\beta}$ 共线，那么结论显然成立. 若 $\boldsymbol{\alpha},\boldsymbol{\beta}$ 不共线，则由 $\boldsymbol{\alpha},\boldsymbol{\beta}$ 确定的平行四边形与由 $\boldsymbol{\alpha},\boldsymbol{\beta}+k\boldsymbol{\alpha}$ 确定的平行四边形有共同的底边 $\boldsymbol{\alpha}$，而它们与 $\boldsymbol{\alpha}$ 平行的对边在同一直线上，从而它们的公共底边上的高相等，所以这两个平行四边形的面积相等.

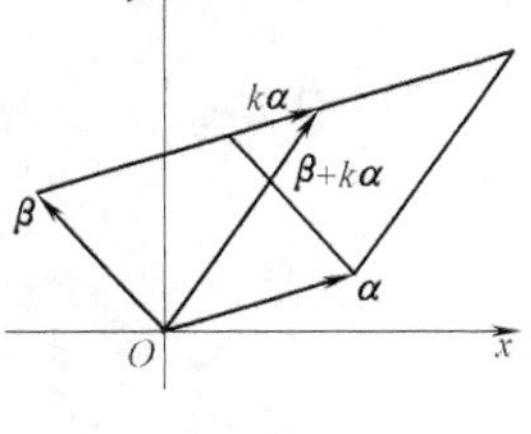

图 3-3

命题 3.2　**设三阶矩阵** $\boldsymbol{A}=\begin{pmatrix}a_{11}&a_{12}&a_{13}\\a_{21}&a_{22}&a_{23}\\a_{31}&a_{32}&a_{33}\end{pmatrix}$，**记** $\boldsymbol{A}$ **的列向量** $\boldsymbol{\alpha}=\begin{pmatrix}a_{11}\\a_{21}\\a_{31}\end{pmatrix}$，$\boldsymbol{\beta}=\begin{pmatrix}a_{12}\\a_{22}\\a_{32}\end{pmatrix}$，$\boldsymbol{\gamma}=\begin{pmatrix}a_{13}\\a_{23}\\a_{33}\end{pmatrix}$，**那么以** $\boldsymbol{\alpha},\boldsymbol{\beta},\boldsymbol{\gamma}$ **为相邻三条边的平行六**

面体的体积等于 $|\det(\boldsymbol{A})|$.

证 若 $\boldsymbol{A}$ 是对角矩阵，则命题显然成立.

若 $\boldsymbol{A}$ 不是对角矩阵，则与命题 3.1 的证明类似，只需证明矩阵经过列倍加运算后不改变平行六面体的体积即可. 下面证明分别由 $\boldsymbol{\alpha},\boldsymbol{\beta},\boldsymbol{\gamma}$ 和由 $\boldsymbol{\alpha},\boldsymbol{\beta},\boldsymbol{\gamma}+k\boldsymbol{\alpha}$ 确定的平行六面体的体积相等，其中 k 为常数.

事实上，两个平行六面体有共同的底面，即由向量 $\boldsymbol{\alpha},\boldsymbol{\beta}$ 确定的平行四边形，而向量 $\boldsymbol{\gamma},\boldsymbol{\gamma}+k\boldsymbol{\alpha}$ 起点相同，终点都在平行于 $\boldsymbol{\alpha},\boldsymbol{\beta}$ 确定的平行四边形的直线上，所以这两个平行六面体相同底面上的高也相等，因此它们的体积相等.

例 3.14 求顶点为 $A(1,1,1)$，$B(1,0,2)$，$C(-2,1,1)$ 和 $D(1,3,2)$ 的四面体的体积.

解 该四面体的体积 V 等于以 AB,AC,AD 为相邻三条边的平行六面体的体积的 $\frac{1}{3}$.

因为 $\overrightarrow{AB}=\begin{pmatrix}0\\-1\\1\end{pmatrix},\overrightarrow{AC}=\begin{pmatrix}-3\\0\\0\end{pmatrix},\overrightarrow{AD}=\begin{pmatrix}0\\2\\1\end{pmatrix}$，所以由命题 3.2 知平行六面体的体积为行列式 $\begin{vmatrix}0&-3&0\\-1&0&2\\1&0&1\end{vmatrix}=-9$ 的绝对值. 因此，四面体的体积 $V=\frac{1}{3}\times|-9|=3$.

总习题 3

1. 计算行列式：

(1) $\begin{vmatrix}1&2&3&4\\2&3&4&1\\3&4&1&2\\4&1&2&3\end{vmatrix}$； (2) $\begin{vmatrix}0&0&0&a&b\\0&0&a&b&0\\0&a&b&0&0\\a&b&0&0&0\\b&0&0&0&a\end{vmatrix}$.

2. 解方程：

(1) $\begin{vmatrix}1&3&9\\1&x&x^2\\1&-2&4\end{vmatrix}=0$；

(2) $\begin{vmatrix}x-5&-6&3\\1&x&-1\\-1&-2&x-1\end{vmatrix}=0$.

3. 已知 a_i，b_j 均不为 $0(i, j=1, 2, 3, 4)$，求

$$\begin{vmatrix}a_1^3&a_1^2b_1&a_1b_1^2&b_1^3\\a_2^3&a_2^2b_2&a_2b_2^2&b_2^3\\a_3^3&a_3^2b_3&a_3b_3^2&b_3^3\\a_4^3&a_4^2b_4&a_4b_4^2&b_4^3\end{vmatrix}.$$

4. 计算行列式：

$$\begin{vmatrix}1&1&1&1\\a&b&c&d\\a^2&b^2&c^2&d^2\\a^4&b^4&c^4&d^4\end{vmatrix}.$$

5. 已知 $\begin{vmatrix}a_1&a_2&a_3\\b_1&b_2&b_3\\c_1&c_2&c_3\end{vmatrix}=m$，求

$$\begin{vmatrix} a_2 & b_2 & c_2 \\ 3a_1 & 3b_1 & 3c_1 \\ a_3-2a_1 & b_3-2b_1 & c_3-2c_1 \end{vmatrix}.$$

6. 设 $\boldsymbol{\alpha}_1, \boldsymbol{\alpha}_2, \boldsymbol{\alpha}_3, \boldsymbol{\beta}_1, \boldsymbol{\beta}_2$ 都是4维列向量，已知4阶行列式 $|\boldsymbol{\alpha}_1, \boldsymbol{\alpha}_2, \boldsymbol{\alpha}_3, \boldsymbol{\beta}_1| = m$，$|\boldsymbol{\alpha}_1, \boldsymbol{\alpha}_2, \boldsymbol{\beta}_2, \boldsymbol{\alpha}_3| = n$，求4阶行列式 $|\boldsymbol{\alpha}_3, \boldsymbol{\alpha}_2, \boldsymbol{\alpha}_1, \boldsymbol{\beta}_1+\boldsymbol{\beta}_2|$.

7. 已知 $|\boldsymbol{A}_{n\times n}| = a$，$|\boldsymbol{B}_{m\times m}| = b$，求 $\begin{vmatrix} \boldsymbol{O} & 3\boldsymbol{B} \\ -\boldsymbol{A} & \boldsymbol{O} \end{vmatrix}$.

8. 计算行列式（D_k 表示 k 阶行列式）：

$$(1)\ D_n = \begin{vmatrix} a & b & b & \cdots & b \\ b & a & b & \cdots & b \\ b & b & a & \cdots & b \\ \vdots & \vdots & \vdots & & \vdots \\ b & b & b & \cdots & a \end{vmatrix};$$

$$(2)\ D_n = \begin{vmatrix} 1+a_1 & 1 & 1 & \cdots & 1 \\ 1 & 1+a_2 & 1 & \cdots & 1 \\ 1 & 1 & 1+a_3 & \cdots & 1 \\ \vdots & \vdots & \vdots & & \vdots \\ 1 & 1 & 1 & \cdots & 1+a_n \end{vmatrix},$$

其中 $a_1a_2\cdots a_n \neq 0$.

9. 计算 $2n$ 阶行列式

$$D_{2n} = \begin{vmatrix} a & & & & & b \\ & \ddots & & & \iddots & \\ & & a & b & & \\ & & c & d & & \\ & \iddots & & & \ddots & \\ c & & & & & d \end{vmatrix},$$

其中未写的元素为0.

10. 若 $|\boldsymbol{A}| = \begin{vmatrix} 1 & -5 & 1 & 3 \\ 1 & 1 & 3 & 4 \\ 1 & 1 & 2 & 3 \\ 2 & 2 & 0 & 4 \end{vmatrix}$，求 $\boldsymbol{A}_{41}+\boldsymbol{A}_{42}+\boldsymbol{A}_{43}+A_{44}$.

11. 已知 $\boldsymbol{\alpha}_1, \boldsymbol{\alpha}_2, \boldsymbol{\alpha}_3, \boldsymbol{\alpha}_4$ 是4维列向量，证明 $|\boldsymbol{\alpha}_1+\boldsymbol{\alpha}_2, \boldsymbol{\alpha}_2+\boldsymbol{\alpha}_3, \boldsymbol{\alpha}_3+\boldsymbol{\alpha}_4, \boldsymbol{\alpha}_4+\boldsymbol{\alpha}_1| = 0$.

12. 已知 $\boldsymbol{A} = \begin{pmatrix} 1 & 2 & 3 \\ 0 & 1 & 0 \\ 2 & 4 & 8 \end{pmatrix}$，求 $|-2\boldsymbol{A}^{-1}|$.

13. 设 $\boldsymbol{A}$ 是 n 阶矩阵，且存在非零的 n 阶矩阵 $\boldsymbol{B}$ 使 $\boldsymbol{AB} = \boldsymbol{O}$，证明 $|\boldsymbol{A}| = 0$.

14. 设矩阵 $\boldsymbol{A}$ 可逆，证明其伴随矩阵 $\boldsymbol{A}^*$ 也可逆，且 $(\boldsymbol{A}^*)^{-1} = (\boldsymbol{A}^{-1})^*$.

15. 设 $n(n \geqslant 2)$ 阶矩阵 $\boldsymbol{A}$ 的伴随矩阵为 $\boldsymbol{A}^*$，证明：

（1）若 $|\boldsymbol{A}| = 0$，则 $|\boldsymbol{A}^*| = 0$；

（2）$|\boldsymbol{A}^*| = |\boldsymbol{A}|^{n-1}$.

16. 已知 $\boldsymbol{A}$ 是3阶非零矩阵，且 $a_{ij} = A_{ij}(i, j = 1, 2, 3)$，证明 $\boldsymbol{A}$ 可逆，并求 $|\boldsymbol{A}|$.

17. 已知矩阵 $\boldsymbol{A} = \begin{pmatrix} 2 & 1 \\ -1 & 2 \end{pmatrix}$，$\boldsymbol{E}$ 为2阶单位矩阵，矩阵 $\boldsymbol{B}$ 满足 $\boldsymbol{BA} = \boldsymbol{B}+2\boldsymbol{E}$，$\boldsymbol{B}^*$ 是 $\boldsymbol{B}$ 的伴随矩阵，求 $|\boldsymbol{B}^*|$.

18. 设 $\boldsymbol{A} = \begin{pmatrix} 1 & 1 & 1 \\ 0 & 2 & 2 \\ 0 & 0 & 3 \end{pmatrix}$，$(\boldsymbol{A}^{-1})^*$ 是 $\boldsymbol{A}^{-1}$ 的伴随矩阵，求 $(\boldsymbol{A}^{-1})^*$.

19. 已知 $\boldsymbol{A} = \begin{pmatrix} 0 & 1 & 0 & \cdots & 0 \\ 0 & 0 & 2 & \cdots & 0 \\ \vdots & \vdots & \vdots & & \vdots \\ 0 & 0 & 0 & \cdots & n-1 \\ n & 0 & 0 & \cdots & 0 \end{pmatrix}$，求 $(\boldsymbol{A}^*)^{-1}$.

20. 设 $\boldsymbol{A}$，$\boldsymbol{B}$ 是 n 阶矩阵，则 $\boldsymbol{C} = \begin{pmatrix} \boldsymbol{A} & \boldsymbol{O} \\ \boldsymbol{O} & \boldsymbol{B} \end{pmatrix}$ 的伴随矩阵是（　　）.

（A）$\begin{pmatrix} |\boldsymbol{A}|\boldsymbol{A}^* & \boldsymbol{O} \\ \boldsymbol{O} & |\boldsymbol{B}|\boldsymbol{B}^* \end{pmatrix}$

（B）$\begin{pmatrix} |\boldsymbol{B}|\boldsymbol{B}^* & \boldsymbol{O} \\ \boldsymbol{O} & |\boldsymbol{A}|\boldsymbol{A}^* \end{pmatrix}$

（C）$\begin{pmatrix} |\boldsymbol{A}|\boldsymbol{B}^* & \boldsymbol{O} \\ \boldsymbol{O} & |\boldsymbol{B}|\boldsymbol{A}^* \end{pmatrix}$

（D）$\begin{pmatrix} |\boldsymbol{B}|\boldsymbol{A}^* & \boldsymbol{O} \\ \boldsymbol{O} & |\boldsymbol{A}|\boldsymbol{B}^* \end{pmatrix}$

21. 设矩阵 $\boldsymbol{A}$ 的伴随矩阵 $\boldsymbol{A}^* = \begin{pmatrix} 1 & 0 & 0 & 0 \\ 0 & 1 & 0 & 0 \\ 1 & 0 & 1 & 0 \\ 0 & -3 & 0 & 8 \end{pmatrix}$，且 $\boldsymbol{ABA}^{-1} = \boldsymbol{BA}^{-1}+3\boldsymbol{E}$. 求矩阵 $\boldsymbol{B}$.

22. 已知 $\boldsymbol{A} = \begin{pmatrix} 1 & 1 & -1 \\ -1 & 1 & 1 \\ 1 & -1 & 1 \end{pmatrix}$，若 $\boldsymbol{A}^*\boldsymbol{B}\left(\frac{1}{2}\boldsymbol{A}^*\right)^* = 8\boldsymbol{A}^{-1}\boldsymbol{B}+12\boldsymbol{E}$，求矩阵 $\boldsymbol{B}$.

23*. 使用 MATLAB 求下列矩阵的行列式

$$\begin{pmatrix} 1 & 1 & 1 \\ 1 & 2 & 2 \\ 1 & 2 & 3 \end{pmatrix};\quad \begin{pmatrix} 1 & 1 & 1 & 1 \\ 1 & 2 & 2 & 2 \\ 1 & 2 & 3 & 3 \\ 1 & 2 & 3 & 4 \end{pmatrix};$$

$$\begin{pmatrix} 1 & 1 & 1 & 1 & 1 \\ 1 & 2 & 2 & 2 & 2 \\ 1 & 2 & 3 & 3 & 3 \\ 1 & 2 & 3 & 4 & 4 \\ 1 & 2 & 3 & 4 & 5 \end{pmatrix}.$$

使用上面计算结果猜测下面矩阵的行列式，用行变换计算其行列式来验证你的猜测：

$$\begin{pmatrix} 1 & 1 & 1 & \cdots & 1 \\ 1 & 2 & 2 & \cdots & 2 \\ 1 & 2 & 3 & \cdots & 3 \\ \vdots & \vdots & \vdots & & \vdots \\ 1 & 2 & 3 & \cdots & n \end{pmatrix}.$$

24*. 使用上题的方法猜测下面矩阵的行列式的值，验证你的猜测.

$$\begin{pmatrix} 1 & 1 & 1 & \cdots & 1 \\ 1 & 3 & 3 & \cdots & 3 \\ 1 & 3 & 6 & \cdots & 6 \\ \vdots & \vdots & \vdots & & \vdots \\ 1 & 3 & 6 & \cdots & 3n-3 \end{pmatrix}.$$

4 第4章 矩阵的秩与线性方程组的解

由前面的知识可以看出解方程组的过程与矩阵做初等行变换相对应，求方程组的解对应于将其增广矩阵化为行阶梯形直至化为行最简形。因为初等行变换不改变方程组的解集，所以方程组的解集不会因变换次序不同而改变。那么，行等价的那些矩阵是否存在一个在变换过程中保持不变的量呢？答案是肯定的。为此，本章引入矩阵秩的概念；然后利用矩阵的秩重新叙述线性方程组有解、有唯一解或无穷多个解的充分必要条件。

4.1 矩阵的秩

我们知道解方程组的过程实际上就是化方程组的增广矩阵为行最简形矩阵的过程. 在方程组有解的情况下，由行最简形的非零行数可以确定方程组基本变量的个数，这个非零行数就是基本变量的个数. 现在的问题是每一个与给定方程组的增广矩阵行等价的行阶梯形矩阵是否都有相同的非零行数？为阐明这一问题先引入矩阵子式的概念.

定义 4.1　在 $m\times n$ 矩阵 A 中，任取 k 行 k 列（$k\leqslant m$，$k\leqslant n$），位于这些行列交叉处的 k^2 个元素按其本来的相对位置构成的 k 阶行列式称为矩阵 A 的一个 k 阶子式.

易知，$m\times n$ 矩阵 A 的 k 阶子式共有 $C_m^k\cdot C_n^k$ 个.

例如，$A=\begin{pmatrix}2&3&0&1\\-3&2&4&5\\0&4&-5&-7\end{pmatrix}$，则由第1、3两行，2、4两列构成的二阶子式为 $\begin{vmatrix}3&1\\4&-7\end{vmatrix}$.

定义 4.2　设矩阵 A 至少有一个 r 阶子式 D 不等于0，且所有 $r+1$ 阶子式（如果存在的话）全等于0，那么 D 称为矩阵 A 的一个最高阶非零子式，数 r 称为矩阵 A 的秩，记作 $R(A)$，并规定零矩阵的秩等于0.

因为行列式可按任意一行展开，故当 A 的所有 $r+1$ 阶子式全等于0时，所有高于 $r+1$ 阶的子式（如果存在的话）也全等于0，因此把 r 阶非零子式称为 A 的最高阶非零子式. 从而，矩阵 A 的秩就是 A 的非零子式的最高阶数.

显然，若 A 为 $m\times n$ 矩阵，则 $0\leqslant R(A)\leqslant\min\{m,n\}$.

由于行列式与其转置行列式相等，因此 $A^{\mathrm T}$ 的子式与 A 的子式对应相等，从而 $R(A^{T}) = R(A)$.

对于 n 阶方阵 A，当 $|A| \neq 0$ 时，$R(A) = n$，此时 A 可逆. 当 $|A| = 0$ 时，$R(A) < n$，此时 A 不可逆. 因此可逆矩阵又称为满秩矩阵，不可逆矩阵又称为降秩矩阵.

例 4.1 求矩阵 $A = \begin{pmatrix} 1 & 2 & 3 \\ 2 & 3 & -5 \\ 4 & 7 & 1 \end{pmatrix}$ 的秩.

解 $R(A) \leqslant 3$，又 $|A| = \begin{vmatrix} 1 & 2 & 3 \\ 2 & 3 & -5 \\ 4 & 7 & 1 \end{vmatrix} = \begin{vmatrix} 1 & 2 & 3 \\ 0 & -1 & -11 \\ 0 & -1 & -11 \end{vmatrix} = 0$，

故 $R(A) < 3$，而 A 的 2 阶子式 $\begin{vmatrix} 1 & 2 \\ 2 & 3 \end{vmatrix} = -1 \neq 0$，故 $R(A) = 2$.

例 4.2 求矩阵 $A = \begin{pmatrix} 1 & -1 & 0 & 2 & 3 \\ 0 & 2 & 1 & -1 & 0 \\ 0 & 0 & 0 & 2 & -1 \\ 0 & 0 & 0 & 0 & 0 \end{pmatrix}$ 的秩.

解 A 为行阶梯形矩阵，其非零行的行数为 3，从而 $R(A) \leqslant 3$. 以三个非零行的第一个非零元为主对角线的 3 阶子式 $\begin{vmatrix} 1 & -1 & 2 \\ 0 & 2 & -1 \\ 0 & 0 & 2 \end{vmatrix}$ 是一个上三角行列式，其值必不为零，因此 $R(A) = 3$.

由例 4.1 的计算知道对于一般的矩阵，当行数与列数较高时，按定义求秩计算量是很大的. 然而对于像例 4.2 中矩阵，其秩等于该矩阵的非零行数，即行阶梯形矩阵的秩等于其非零行的行数.

由于任何非零矩阵 A，总可以经过有限次初等行变换把 A 化为行阶梯形. 因此，计算矩阵的秩自然会想到用初等行变换化矩阵为行阶梯形. 那么，矩阵经过初等行变换后它的秩是否保持不变呢? 矩阵的初等变换作为一种运算，其深刻意义在于它不改变矩阵的秩，即有:

定理 4.1　初等变换不改变矩阵的秩.

事实上对矩阵做初等行变换时，如果交换 A 的两行，那么与这两行有关的子式的值只改变符号. 如果用 k $(k \neq 0)$ 乘以 A 的某一行，那么与该行有关的子式的值必乘以 k. 如果 A 的某一行加上另一行的 k 倍，那么含有这两行的子式的值不变. 从而对 A 做初等行变换时，对于 A 的任一非零子式，在其行等价矩阵中必有一个对应的同阶非零子式，因此初等行变换不会改变矩阵 A 的秩. 类似可证初等列变换也不会改变矩阵的秩，从而初等变换不改变矩阵的秩.

至此，我们已经知道每一个与给定方程组的增广矩阵行等价的行阶梯形矩阵都有相同的非零行数，这个数就是增广矩阵的秩.

例 4.3 设 $A=\begin{pmatrix}3&2&0&5&0\\3&-2&3&6&-1\\2&0&1&5&-3\\1&6&-4&-1&4\end{pmatrix}$，

（1）求 $R(A)$；（2）求出 A 的一个最高阶非零子式.

解 （1）对 A 进行一系列初等行变换后，

A 的行阶梯形为 $B=\begin{pmatrix}1&6&-4&-1&4\\0&-4&3&1&-1\\0&0&0&4&-8\\0&0&0&0&0\end{pmatrix}$，所以 $R(A)=R(B)=3$.

（2）记 $A=(a_1,a_2,a_3,a_4,a_5)$，$B=(b_1,b_2,b_3,b_4,b_5)$.

B 的主元所在的列构成的矩阵为 $B_1=(b_1,b_2,b_4)$，相应地取 A 的第1、2、4列构成矩阵 $A_1=(a_1,a_2,a_4)$，于是 A_1 与 B_1 行等价，从而 $R(A_1)=R(B_1)=3$，于是 A_1 中必有不为0的3阶子式.

计算 A_1 中前3行构成的3阶子式：

$$\begin{vmatrix}3&2&5\\3&-2&6\\2&0&5\end{vmatrix}=-16\neq 0,$$

则这个子式便是 A 的一个最高阶非零子式.

矩阵的秩有如下常用的性质：

1）$0\leqslant R(A_{m\times n})\leqslant \min\{m,n\}$；

2）$R(A^{T})=R(A)$；

3）若矩阵 A 与 B 等价，则 $R(A)=R(B)$；

4）若矩阵 P、Q 可逆，则 $R(PA)=R(A)$，$R(AQ)=R(A)$，$R(PAQ)=R(A)$.

证 用可逆矩阵 P 左乘矩阵 A 相当于对 A 进行初等行变换，因初等变换不改变矩阵的秩，从而 $R(PA)=R(A)$；类似可证 $R(AQ)=R(A)$，$R(PAQ)=R(A)$.

5）$R(A,B)\geqslant R(A)$，$R(A,B)\geqslant R(B)$.

证 因为 A 的最高阶非零子式必然是 (A,B) 的非零子式，所以 $R(A,B)\geqslant R(A)$，同理有 $R(A,B)\geqslant R(B)$.

6）$R(A,B)\leqslant R(A)+R(B)$.

证 设 $R(A)=r$，$R(B)=s$，又设 A^{T} 的行最简形是 $\tilde{A}$，B^{T} 的行最简形是 $\tilde{B}$，则 $R(A,B)=R(A,B)^{T}=R\begin{pmatrix}A^{T}\\B^{T}\end{pmatrix}=R\begin{pmatrix}\tilde{A}\\\tilde{B}\end{pmatrix}$. 而 $\tilde{A}$

中非零行的行数为 r，$\tilde{\boldsymbol{B}}$ 中非零行的行数为 s，故 $\begin{pmatrix}\tilde{\boldsymbol{A}}\\ \tilde{\boldsymbol{B}}\end{pmatrix}$ 的行最简形至多含有 $r+s$ 个非零行，所以 $R\begin{pmatrix}\tilde{\boldsymbol{A}}\\ \tilde{\boldsymbol{B}}\end{pmatrix}\leqslant r+s$. 于是 $R(\boldsymbol{A},\boldsymbol{B})\leqslant r+s=R(\boldsymbol{A})+R(\boldsymbol{B})$.

7) $R(\boldsymbol{A}+\boldsymbol{B})\leqslant R(\boldsymbol{A})+R(\boldsymbol{B})$.

证 因 $\begin{pmatrix}\boldsymbol{A}+\boldsymbol{B}\\ \boldsymbol{B}\end{pmatrix}$ 与 $\begin{pmatrix}\boldsymbol{A}\\ \boldsymbol{B}\end{pmatrix}$ 行等价，从而 $R\begin{pmatrix}\boldsymbol{A}+\boldsymbol{B}\\ \boldsymbol{B}\end{pmatrix}=R\begin{pmatrix}\boldsymbol{A}\\ \boldsymbol{B}\end{pmatrix}$.

于是

$$\begin{aligned}R(\boldsymbol{A}+\boldsymbol{B})&\leqslant R\begin{pmatrix}\boldsymbol{A}+\boldsymbol{B}\\ \boldsymbol{B}\end{pmatrix}=R\begin{pmatrix}\boldsymbol{A}\\ \boldsymbol{B}\end{pmatrix}\\&=R\begin{pmatrix}\boldsymbol{A}\\ \boldsymbol{B}\end{pmatrix}^{\mathrm{T}}=R(\boldsymbol{A}^{\mathrm{T}},\boldsymbol{B}^{\mathrm{T}})\leqslant R(\boldsymbol{A}^{\mathrm{T}})+R(\boldsymbol{B}^{\mathrm{T}})\\&=R(\boldsymbol{A})+R(\boldsymbol{B}).\end{aligned}$$

8) $R(\boldsymbol{AB})\leqslant R(\boldsymbol{A})$，$R(\boldsymbol{AB})\leqslant R(\boldsymbol{B})$（证明见下节定理4.6）.

9) 若 $\boldsymbol{A}_{m\times n}\boldsymbol{B}_{n\times l}=\boldsymbol{O}$，则 $R(\boldsymbol{A})+R(\boldsymbol{B})\leqslant n$（证明见下章例5.10）.

性质9）的含义是如果两个矩阵乘积等于零矩阵，则这两个矩阵秩的和不超过两相乘矩阵中左边矩阵的列数.

当一个矩阵的秩等于它的行数时，这样的矩阵称为行满秩矩阵. 同样地，当一个矩阵的秩等于它的列数时，这样的矩阵称为列满秩矩阵.

定理 4.2　若 $\boldsymbol{A}$ 为列满秩矩阵，则 $R(\boldsymbol{AB})=R(\boldsymbol{B})$.

证 设 $R(\boldsymbol{A}_{m\times n})=n$，则 $\boldsymbol{A}$ 的行最简形必为 $\begin{pmatrix}\boldsymbol{E}_n\\ \boldsymbol{O}\end{pmatrix}_{m\times n}$，于是存在可逆矩阵 $\boldsymbol{P}$，使 $\boldsymbol{PA}=\begin{pmatrix}\boldsymbol{E}_n\\ \boldsymbol{O}\end{pmatrix}$. 从而 $\boldsymbol{A}=\boldsymbol{P}^{-1}\begin{pmatrix}\boldsymbol{E}_n\\ \boldsymbol{O}\end{pmatrix}$，

于是

$$R(\boldsymbol{AB})=R\left[\boldsymbol{P}^{-1}\begin{pmatrix}\boldsymbol{E}_n\\ \boldsymbol{O}\end{pmatrix}\boldsymbol{B}\right]=R\left[\begin{pmatrix}\boldsymbol{E}_n\\ \boldsymbol{O}\end{pmatrix}\boldsymbol{B}\right]=R\begin{pmatrix}\boldsymbol{B}\\ \boldsymbol{O}\end{pmatrix}=R(\boldsymbol{B}).$$

当矩阵为方阵时，列满秩矩阵就是满秩矩阵，也就是可逆矩阵. 因此，定理4.2是上述性质4）的一个一般情形.

推论　若 $\boldsymbol{AB}=\boldsymbol{O}$，且 $\boldsymbol{A}$ 为列满秩矩阵，则 $\boldsymbol{B}=\boldsymbol{O}$.

证 因 $R(\boldsymbol{B})=R(\boldsymbol{AB})=R(\boldsymbol{O})=0$，所以 $\boldsymbol{B}=\boldsymbol{O}$.

这一结论通常称为矩阵乘法的消去律.

习题 4.1

1. 求下列矩阵的秩，并求一个最高阶非零子式：

(1) $\begin{pmatrix} 3 & 1 & 0 & 2 \\ 1 & -1 & 2 & -1 \\ 1 & 3 & -4 & 4 \end{pmatrix}$;

(2) $\begin{pmatrix} 3 & 2 & -1 & -3 & -1 \\ 2 & -1 & 3 & 1 & -3 \\ 7 & 0 & 5 & -1 & -7 \end{pmatrix}$;

(3) $\begin{pmatrix} 2 & 1 & 8 & 3 & 7 \\ 2 & -3 & 0 & 7 & -5 \\ 3 & -2 & 5 & 8 & 0 \\ 1 & 0 & 3 & 2 & 0 \end{pmatrix}$.

2. $\boldsymbol{A} = \begin{pmatrix} 1 & -1 & 1 & 2 \\ 3 & \lambda & -1 & 2 \\ 5 & 3 & \mu & 6 \end{pmatrix}$，已知 $R(\boldsymbol{A}) = 2$，求 λ 与 μ 的值.

3. 讨论矩阵 $\boldsymbol{A} = \begin{pmatrix} 1 & 1 & 1 & 1 \\ 0 & 1 & -1 & b \\ 2 & 3 & a & 4 \\ 3 & 5 & 1 & 7 \end{pmatrix}$ 的秩.

4. 设 $\boldsymbol{A} = \begin{pmatrix} 1 & -2 & 3k \\ -1 & 2k & -3 \\ k & -2 & 3 \end{pmatrix}$，问 k 为何值，可使

(1) $R(\boldsymbol{A}) = 1$；　(2) $R(\boldsymbol{A}) = 2$；

(3) $R(\boldsymbol{A}) = 3$.

5. 在秩是 r 的矩阵中，有没有等于 0 的 $r-1$ 阶子式？有没有等于 0 的 r 阶子式？

6. 设 $\boldsymbol{A}$ 为 n 阶矩阵，证明 $R(\boldsymbol{A}+\boldsymbol{E}) + R(\boldsymbol{A}-\boldsymbol{E}) \geqslant n$.

7. 设 n 阶矩阵 $\boldsymbol{A}$ 满足 $\boldsymbol{A}^2 = \boldsymbol{A}$，$\boldsymbol{E}$ 为 n 阶单位矩阵，证明：$R(\boldsymbol{A}) + R(\boldsymbol{A}-\boldsymbol{E}) = n$.

4.2 线性方程组的解

线性方程组

$$\begin{cases} a_{11}x_1 + a_{12}x_2 + \cdots + a_{1n}x_n = b_1, \\ a_{21}x_1 + a_{22}x_2 + \cdots + a_{2n}x_n = b_2, \\ \qquad\vdots \\ a_{m1}x_1 + a_{m2}x_2 + \cdots + a_{mn}x_n = b_m \end{cases}$$

的矩阵形式为 $\boldsymbol{Ax} = \boldsymbol{b}$，其中

$$\boldsymbol{A} = \begin{pmatrix} a_{11} & a_{12} & \cdots & a_{1n} \\ a_{21} & a_{22} & \cdots & a_{2n} \\ \vdots & \vdots & & \vdots \\ a_{m1} & a_{m2} & \cdots & a_{mn} \end{pmatrix}, \boldsymbol{x} = \begin{pmatrix} x_1 \\ x_2 \\ \vdots \\ x_n \end{pmatrix}, \boldsymbol{b} = \begin{pmatrix} b_1 \\ b_2 \\ \vdots \\ b_m \end{pmatrix}.$$

线性方程组与其增广矩阵 $(\boldsymbol{A},\boldsymbol{b})$ 是一一对应的，利用系数矩阵 $\boldsymbol{A}$ 和增广矩阵 $(\boldsymbol{A},\boldsymbol{b})$ 的秩可以方便地分析线性方程组解的情况.

定理 4.3 设有 n 元线性方程组 $\boldsymbol{Ax} = \boldsymbol{b}$，则

1) $\boldsymbol{Ax} = \boldsymbol{b}$ 无解的充分必要条件是 $R(\boldsymbol{A}) < R(\boldsymbol{A},\boldsymbol{b})$；

2) $\boldsymbol{Ax} = \boldsymbol{b}$ 有解的充分必要条件是 $R(\boldsymbol{A}) = R(\boldsymbol{A},\boldsymbol{b})$；

且 $\boldsymbol{Ax} = \boldsymbol{b}$ 有唯一解的充分必要条件是 $R(\boldsymbol{A}) = R(\boldsymbol{A},\boldsymbol{b}) = n$；

$\boldsymbol{Ax} = \boldsymbol{b}$ 有无穷多个解的充分必要条件是 $R(\boldsymbol{A}) = R(\boldsymbol{A},\boldsymbol{b}) < n$.

证 设 $R(\boldsymbol{A})=r$，则 $R(\boldsymbol{A},\boldsymbol{b})\leqslant R(\boldsymbol{A})+R(\boldsymbol{b})\leqslant r+1$.
因此不妨设增广矩阵 $(\boldsymbol{A},\boldsymbol{b})$ 的行最简形为

$$\begin{pmatrix} 1 & 0 & \cdots & 0 & b_{11} & \cdots & b_{1,n-r} & d_1 \\ 0 & 1 & \cdots & 0 & b_{21} & \cdots & b_{2,n-r} & d_2 \\ \vdots & \vdots & & \vdots & \vdots & & \vdots & \vdots \\ 0 & 0 & \cdots & 1 & b_{r1} & \cdots & b_{r,n-r} & d_r \\ 0 & 0 & \cdots & 0 & 0 & \cdots & 0 & d_{r+1} \\ \vdots & \vdots & & \vdots & \vdots & & \vdots & \vdots \\ 0 & 0 & \cdots & 0 & 0 & \cdots & 0 & 0 \end{pmatrix}.$$

根据 $(\boldsymbol{A},\boldsymbol{b})$ 的行最简形，可得 $\boldsymbol{Ax}=\boldsymbol{b}$ 的等价方程组

$$\begin{cases} x_1=-b_{11}x_{r+1}-\cdots-b_{1,n-r}x_n+d_1, \\ x_2=-b_{21}x_{r+1}-\cdots-b_{2,n-r}x_n+d_2, \\ \qquad\vdots \\ x_r=-b_{r1}x_{r+1}-\cdots-b_{r,n-r}x_n+d_r, \\ 0=d_{r+1}. \end{cases}$$

从而 $\boldsymbol{Ax}=\boldsymbol{b}$ 无解 $\Leftrightarrow d_{r+1}\neq 0\Leftrightarrow R(\boldsymbol{A})<R(\boldsymbol{A},\boldsymbol{b})$；

$\boldsymbol{Ax}=\boldsymbol{b}$ 有解 $\Leftrightarrow d_{r+1}=0\Leftrightarrow R(\boldsymbol{A})=R(\boldsymbol{A},\boldsymbol{b})$；

$\boldsymbol{Ax}=\boldsymbol{b}$ 有唯一解 $\Leftrightarrow R(\boldsymbol{A})=R(\boldsymbol{A},\boldsymbol{b})=n$；

$\boldsymbol{Ax}=\boldsymbol{b}$ 有无穷多个解 $\Leftrightarrow R(\boldsymbol{A})=R(\boldsymbol{A},\boldsymbol{b})<n$.

例 4.4 求解齐次线性方程组：

$$\begin{cases} x_1+2x_2+2x_3+x_4=0, \\ 2x_1+x_2-2x_3-2x_4=0, \\ x_1-x_2-4x_3-3x_4=0. \end{cases}$$

解 对系数矩阵 $\boldsymbol{A}$ 做初等行变换，得到 $\boldsymbol{A}$ 的行最简形：

$$\boldsymbol{A}=\begin{pmatrix} 1 & 2 & 2 & 1 \\ 2 & 1 & -2 & -2 \\ 1 & -1 & -4 & -3 \end{pmatrix}\xrightarrow[r_3-r_1]{r_2-2r_1}\begin{pmatrix} 1 & 2 & 2 & 1 \\ 0 & -3 & -6 & -4 \\ 0 & -3 & -6 & -4 \end{pmatrix}$$

$$\xrightarrow[r_2\div(-3)]{r_3-r_2}\begin{pmatrix} 1 & 2 & 2 & 1 \\ 0 & 1 & 2 & \frac{4}{3} \\ 0 & 0 & 0 & 0 \end{pmatrix}\xrightarrow{r_1-2r_2}\begin{pmatrix} 1 & 0 & -2 & -\frac{5}{3} \\ 0 & 1 & 2 & \frac{4}{3} \\ 0 & 0 & 0 & 0 \end{pmatrix}.$$

根据行最简形，得到同解方程组：

$$\begin{cases} x_1-2x_3-\frac{5}{3}x_4=0, \\ x_2+2x_3+\frac{4}{3}x_4=0, \end{cases} \text{即} \begin{cases} x_1=2x_3+\frac{5}{3}x_4, \\ x_2=-2x_3-\frac{4}{3}x_4. \end{cases}$$

令自由未知量 $x_3=c_1,x_4=c_2$（c_1,c_2 为任意常数），

得方程组的通解为

$$\begin{pmatrix} x_1 \\ x_2 \\ x_3 \\ x_4 \end{pmatrix} = \begin{pmatrix} 2c_1 + \frac{5}{3}c_2 \\ -2c_1 - \frac{4}{3}c_2 \\ c_1 \\ c_2 \end{pmatrix} = c_1\begin{pmatrix} 2 \\ -2 \\ 1 \\ 0 \end{pmatrix} + c_2\begin{pmatrix} \frac{5}{3} \\ -\frac{4}{3} \\ 0 \\ 1 \end{pmatrix}.$$

例 4.5 求解非齐次线性方程组：

$$\begin{cases} x_1 - 2x_2 + 3x_3 - x_4 = 1, \\ 3x_1 - x_2 + 5x_3 - 3x_4 = 2, \\ 2x_1 + x_2 + 2x_3 - 2x_4 = 3. \end{cases}$$

解 写出增广矩阵并经初等行变换至行阶梯形：

$$(\boldsymbol{A}, \boldsymbol{b}) = \begin{pmatrix} 1 & -2 & 3 & -1 & 1 \\ 3 & -1 & 5 & -3 & 2 \\ 2 & 1 & 2 & -2 & 3 \end{pmatrix} \xrightarrow{r} \begin{pmatrix} 1 & -2 & 3 & -1 & 1 \\ 0 & 5 & -4 & 0 & -1 \\ 0 & 0 & 0 & 0 & 2 \end{pmatrix}.$$

可见 $R(\boldsymbol{A}) = 2$，$R(\boldsymbol{A}, \boldsymbol{b}) = 3$，从而 $R(\boldsymbol{A}) < R(\boldsymbol{A}, \boldsymbol{b})$，故方程组无解.

例 4.6 求解线性方程组：

$$\begin{cases} x_1 - x_2 - x_3 + x_4 = 0, \\ x_1 - x_2 + x_3 - 3x_4 = 2, \\ x_1 - x_2 - 2x_3 + 3x_4 = -1. \end{cases}$$

解 写出增广矩阵并进行初等行变换至行阶梯形得

$$(\boldsymbol{A}, \boldsymbol{b}) = \begin{pmatrix} 1 & -1 & -1 & 1 & 0 \\ 1 & -1 & 1 & -3 & 2 \\ 1 & -1 & -2 & 3 & -1 \end{pmatrix} \xrightarrow{r} \begin{pmatrix} 1 & -1 & 0 & -1 & 1 \\ 0 & 0 & 1 & -2 & 1 \\ 0 & 0 & 0 & 0 & 0 \end{pmatrix}.$$

可见 $R(\boldsymbol{A}) = R(\boldsymbol{A}, \boldsymbol{b}) = 2 < n \quad (n = 4)$.

故方程组有无穷多个解. 根据行最简形写出等价方程组：

$$\begin{cases} x_1 - x_2 - x_4 = 1, \\ x_3 - 2x_4 = 1, \end{cases} \text{即} \begin{cases} x_1 = x_2 + x_4 + 1, \\ x_3 = 2x_4 + 1. \end{cases}$$

令自由未知量 $x_2 = c_1$，$x_4 = c_2$（c_1、c_2 为任意常数），

得通解并写成结构解的形式：

$$\begin{pmatrix} x_1 \\ x_2 \\ x_3 \\ x_4 \end{pmatrix} = \begin{pmatrix} c_1 + c_2 + 1 \\ c_1 \\ 2c_2 + 1 \\ c_2 \end{pmatrix} = c_1\begin{pmatrix} 1 \\ 1 \\ 0 \\ 0 \end{pmatrix} + c_2\begin{pmatrix} 1 \\ 0 \\ 2 \\ 1 \end{pmatrix} + \begin{pmatrix} 1 \\ 0 \\ 1 \\ 0 \end{pmatrix}.$$

例 4.7 设有线性方程组：

$$\begin{cases}\lambda x_1+x_2+x_3=1,\\ x_1+\lambda x_2+x_3=\lambda,\\ x_1+x_2+\lambda x_3=\lambda^2.\end{cases}$$

问 λ 取何值时（1）方程组有唯一解；（2）无解；（3）有无限多个解？并在有无限多个解时求其通解.

解法 1 利用克拉默法则.

$$D=\begin{vmatrix}\lambda & 1 & 1\\ 1 & \lambda & 1\\ 1 & 1 & \lambda\end{vmatrix}=\begin{vmatrix}\lambda+2 & 1 & 1\\ \lambda+2 & \lambda & 1\\ \lambda+2 & 1 & \lambda\end{vmatrix}=(\lambda+2)\begin{vmatrix}1 & 1 & 1\\ 1 & \lambda & 1\\ 1 & 1 & \lambda\end{vmatrix}$$

$$=(\lambda+2)\begin{vmatrix}1 & 1 & 1\\ 0 & \lambda-1 & 0\\ 0 & 0 & \lambda-1\end{vmatrix}=(\lambda+2)(\lambda-1)^2.$$

当 $D\neq 0$，即 $\lambda\neq -2$ 且 $\lambda\neq 1$ 时方程组有唯一解.

当 $\lambda=-2$ 时，

$$(\boldsymbol{A},\boldsymbol{b})=\begin{pmatrix}-2 & 1 & 1 & 1\\ 1 & -2 & 1 & -2\\ 1 & 1 & -2 & 4\end{pmatrix}\xrightarrow{r}\begin{pmatrix}1 & 1 & -2 & 4\\ 0 & -3 & 3 & -6\\ 0 & 0 & 0 & 3\end{pmatrix}.$$

从而 $\left.\begin{matrix}R(\boldsymbol{A})=2\\ R(\boldsymbol{A},\boldsymbol{b})=3\end{matrix}\right\}\Rightarrow R(\boldsymbol{A})<R(\boldsymbol{A},\boldsymbol{b})\Rightarrow$ 方程组无解.

当 $\lambda=1$ 时，

$$(\boldsymbol{A},\boldsymbol{b})=\begin{pmatrix}1 & 1 & 1 & 1\\ 1 & 1 & 1 & 1\\ 1 & 1 & 1 & 1\end{pmatrix}\xrightarrow{r}\begin{pmatrix}1 & 1 & 1 & 1\\ 0 & 0 & 0 & 0\\ 0 & 0 & 0 & 0\end{pmatrix}.$$

得等价方程组：$x_1+x_2+x_3=1$，即 $x_1=-x_2-x_3+1$

从而得方程组通解：

$$\begin{pmatrix}x_1\\ x_2\\ x_3\end{pmatrix}=\begin{pmatrix}-c_1-c_2+1\\ c_1\\ c_2\end{pmatrix}=c_1\begin{pmatrix}-1\\ 1\\ 0\end{pmatrix}+c_2\begin{pmatrix}-1\\ 0\\ 1\end{pmatrix}+\begin{pmatrix}1\\ 0\\ 0\end{pmatrix}.$$

解法 2 直接对增广矩阵进行初等行变换.

$$(\boldsymbol{A},\boldsymbol{b})=\begin{pmatrix}\lambda & 1 & 1 & 1\\ 1 & \lambda & 1 & \lambda\\ 1 & 1 & \lambda & \lambda^2\end{pmatrix}\xrightarrow{r_1\leftrightarrow r_3}\begin{pmatrix}1 & 1 & \lambda & \lambda^2\\ 1 & \lambda & 1 & \lambda\\ \lambda & 1 & 1 & 1\end{pmatrix}\xrightarrow[r_3-\lambda r_1]{r_2-r_1}$$

$$\begin{pmatrix}1 & 1 & \lambda & \lambda^2\\ 0 & \lambda-1 & 1-\lambda & \lambda(1-\lambda)\\ 0 & 1-\lambda & 1-\lambda^2 & 1-\lambda^3\end{pmatrix}\xrightarrow{r_3+r_2}$$

$$\begin{pmatrix}1 & 1 & \lambda & \lambda^2\\0 & \lambda-1 & 1-\lambda & \lambda(1-\lambda)\\0 & 0 & -(\lambda+2)(\lambda-1) & -(\lambda+1)^2(\lambda-1)\end{pmatrix}\xrightarrow{-r_3}$$

$$\begin{pmatrix}1 & 1 & \lambda & \lambda^2\\0 & \lambda-1 & 1-\lambda & \lambda(1-\lambda)\\0 & 0 & (\lambda+2)(\lambda-1) & (\lambda+1)^2(\lambda-1)\end{pmatrix}$$

当 $\begin{cases}\lambda-1\neq 0,\\(\lambda+2)(\lambda-1)\neq 0,\end{cases}$ 即 $\lambda\neq-2$ 且 $\lambda\neq 1$ 时，

$\left.\begin{array}{r}R(\boldsymbol{A})=3,\\R(\boldsymbol{A},\boldsymbol{b})=3\end{array}\right\}\Rightarrow R(\boldsymbol{A})=R(\boldsymbol{A},\boldsymbol{b})=3\Rightarrow$ 方程组有唯一解.

当 $\lambda=-2$ 时，

$$(\boldsymbol{A},\boldsymbol{b})\xrightarrow{r}\begin{pmatrix}1 & 1 & -2 & 4\\0 & -3 & 3 & -6\\0 & 0 & 0 & -3\end{pmatrix},$$

$\left.\begin{array}{r}R(\boldsymbol{A})=2,\\R(\boldsymbol{A},\boldsymbol{b})=3\end{array}\right\}\Rightarrow R(\boldsymbol{A})\neq R(\boldsymbol{A},\boldsymbol{b})\Rightarrow$ 方程组无解.

当 $\lambda=1$ 时，

$$(\boldsymbol{A},\boldsymbol{b})\xrightarrow{r}\begin{pmatrix}1 & 1 & 1 & 1\\0 & 0 & 0 & 0\\0 & 0 & 0 & 0\end{pmatrix},$$

$\left.\begin{array}{r}R(\boldsymbol{A})=1,\\R(\boldsymbol{A},\boldsymbol{b})=1\end{array}\right\}\Rightarrow R(\boldsymbol{A})=R(\boldsymbol{A},\boldsymbol{b})=1<3\Rightarrow$ 方程组有无穷多个解.

这时方程组的等价方程组为 $x_1+x_2+x_3=1$，

即 $x_1=-x_2-x_3+1$，

通解为 $\begin{pmatrix}x_1\\x_2\\x_3\end{pmatrix}=\begin{pmatrix}-c_1-c_2+1\\c_1\\c_2\end{pmatrix}=c_1\begin{pmatrix}-1\\1\\0\end{pmatrix}+c_2\begin{pmatrix}-1\\0\\1\end{pmatrix}+\begin{pmatrix}1\\0\\0\end{pmatrix}$.

比较解法1与解法2，易见解法1较简单，但解法1的方法只适用于系数矩阵为方阵的情形.

由定理4.3容易得出下列三条定理，这些定理在线性方程组理论和下一章向量组理论中有重要应用.

定理4.4 n **元齐次线性方程组** $\boldsymbol{Ax}=\boldsymbol{0}$ **有非零解的充分必要条件是** $R(\boldsymbol{A})<n$.

证 $\boldsymbol{Ax}=\boldsymbol{0}$ 有非零解 $\Leftrightarrow\boldsymbol{Ax}=\boldsymbol{0}$ 有解且解不唯一

$$\Leftrightarrow R(\boldsymbol{A})=R(\boldsymbol{A},\boldsymbol{0})<n,$$

但 $R(\boldsymbol{A})=R(\boldsymbol{A},\boldsymbol{0})$ 对任一矩阵 $\boldsymbol{A}$ 都成立，

从而 $\boldsymbol{Ax}=\boldsymbol{0}$ 有非零解 $\Leftrightarrow R(\boldsymbol{A})<n$.

定理 4.5 矩阵方程 $AX=B$ 有解的充分必要条件是 $R(A)=R(A,B)$.

证 设 $A=(a_{ij})_{m\times n}$,

$$X=(x_{ij})_{n\times l}\xlongequal{\text{按列分块}}(x_1,x_2,\cdots,x_l),$$

$$B=(b_{ij})_{m\times l}\xlongequal{\text{按列分块}}(b_1,b_2,\cdots,b_l),$$

则矩阵方程 $AX=B$ 等价于 l 个线性方程组：

$$Ax_i=b_i(i=1,2,\cdots,l).$$

又设 $R(A)=r$，且 A 的行最简形为 $\tilde{A}$，则 $\tilde{A}$ 有 r 个非零行.

再设 $(A,B)=(A,b_1,b_2,\cdots,b_l)\xrightarrow{r}(\tilde{A},\tilde{b}_1,\tilde{b}_2,\cdots,\tilde{b}_l)$,

从而 $(A,b_i)\xrightarrow{r}(\tilde{A},\tilde{b}_i)(i=1,2,\cdots,l)$,

于是

$AX=B$ 有解 $\Leftrightarrow Ax_i=b_i$ 有解 $(i=1,2,\cdots,l)$

$\Leftrightarrow R(A)=R(A,b_i)(i=1,2,\cdots,l)$

$\Leftrightarrow R(\tilde{A})=R(\tilde{A},\tilde{b}_i)\ (i=1,2,\cdots,l)$

$\Leftrightarrow \tilde{b}_i$ 的后 $m-r$ 个元素全为零 $(i=1,2,\cdots,l)$

$\Leftrightarrow(\tilde{b}_1,\tilde{b}_2,\cdots,\tilde{b}_l)$ 的后 $m-r$ 行全为零行

$\Leftrightarrow R(\tilde{A})=R(\tilde{A},\tilde{b}_1,\tilde{b}_2,\cdots,\tilde{b}_l)$

$\Leftrightarrow R(A)=R(A,B)$.

应用定理 4.6，可以得到矩阵秩的性质 8，即

定理 4.6 $R(AB)\leqslant R(A)$ 且 $R(AB)\leqslant R(B)$.

证 设 $AB=C$，则矩阵方程 $AX=C$ 有解为 $X=B$，故 $R(A)=R(A,C)$，从而 $R(AB)=R(C)\leqslant R(A,C)=R(A)$，并且

$$R(AB)=R[(AB)^{\mathrm{T}}]=R(B^{\mathrm{T}}A^{\mathrm{T}})\leqslant R(B^{\mathrm{T}})=R(B).$$

习题 4.2

1. 求解下列齐次线性方程组：

(1) $\begin{cases}x_1+x_2+2x_3-x_4=0,\\2x_1+x_2+x_3-x_4=0,\\2x_1+2x_2+x_3+2x_4=0.\end{cases}$

(2) $\begin{cases}x_1+x_2-x_3+2x_4+x_5=0,\\x_3+3x_4-x_5=0,\\2x_3+x_4-2x_5=0.\end{cases}$

2. 求解下列非齐次线性方程组：

(1) $\begin{cases}4x_1+x_2-x_3=2,\\3x_1-x_2+2x_3=10,\\11x_1+3x_2=8.\end{cases}$

(2) $\begin{cases}2x+y-z+w=1,\\4x+2y-2z+w=2,\\2x+y-z-w=1.\end{cases}$

3. 设有线性方程组：

$$\begin{pmatrix}1 & \lambda-1 & -2\\ 0 & \lambda-2 & \lambda+1\\ 0 & 0 & 2\lambda+1\end{pmatrix}\begin{pmatrix}x_1\\ x_2\\ x_3\end{pmatrix}=\begin{pmatrix}1\\ 3\\ 5\end{pmatrix},$$

问 λ 为何值时线性方程组（1）有唯一解；（2）无解；（3）有无限多个解？并在有无限多个解时求其通解.

4. 非齐次线性方程组：

$$\begin{cases}-2x_1+x_2+x_3=-2,\\ x_1-2x_2+x_3=\lambda,\\ x_1+x_2-2x_3=\lambda^2.\end{cases}$$

当 λ 取何值时有解？并求出它的通解.

5. 非齐次线性方程组：

$$\begin{cases}(2-\lambda)x_1+2x_2-2x_3=1,\\ 2x_1+(5-\lambda)x_2-4x_3=2,\\ -2x_1-4x_2+(5-\lambda)x_3=-\lambda-1.\end{cases}$$

问 λ 为何值时，此方程组有唯一解、无解或有无穷多个解？并在有无限多个解时求其通解.

6. 设 $\boldsymbol{A}$ 为列满秩矩阵，$\boldsymbol{AB}=\boldsymbol{C}$，证明线性方程组 $\boldsymbol{Bx}=\boldsymbol{0}$ 与 $\boldsymbol{Cx}=\boldsymbol{0}$ 同解.

7. 设 $\boldsymbol{A}$ 为 $m\times n$ 矩阵，证明方程 $\boldsymbol{AX}=\boldsymbol{E}_m$ 有解的充分必要条件是 $R(\boldsymbol{A})=m$.

应用 4.1　电网络计算

在电网络计算中需要用到欧姆定律、基尔霍夫电流定律和基尔霍夫电压定律. 直流电桥中最常用的是单臂直流电桥，也称惠斯通电桥，是用来测量中值电阻的，其电路如图 4-1 所示，中间的支路是一检流计，其电阻为 R_G. 假设 $E,R_i(i=1,2,3,4),R_G$ 的值都已知. 下面来说明它的工作原理.

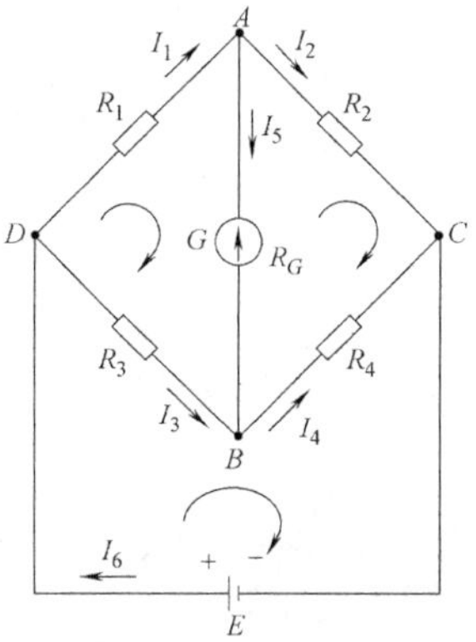

图　4-1

将基尔霍夫电流定律分别用于节点 A,B,C,D 可得方程组：

$$\begin{cases}I_1-I_2-I_5=0,\\ I_3-I_4+I_5=0,\\ I_2+I_4-I_6=0,\\ -I_1-I_3+I_6=0.\end{cases}\tag{4-1}$$

由于方程组（4-1）的系数矩阵的秩为 3，又第 4 个方程可由前三个方程相加得到，因此在求解时删去方程组（4-1）中的第 4 个方程.

再将基尔霍夫电压定律分别用于回路 $ABDA,ACBA,DBCD$ 可得方程组：

$$\begin{cases}I_1R_1+I_5R_G-I_3R_3=0,\\ I_2R_2-I_4R_4-I_5R_G=0,\\ I_3R_3+I_4R_4=E.\end{cases}\tag{4-2}$$

将方程组（4-1）和（4-2）联立，得到一个关于 $I_j(j=1,2,\cdots,6)$ 的 6 元线性方程组，求解得

$$I_5=\frac{E(R_2R_3-R_1R_4)}{R_G(R_1+R_2)(R_3+R_4)+R_1R_2(R_3+R_4)+R_3R_4(R_1+R_2)}.\tag{4-3}$$

将已知的数据代入就可以得到 I_5 的值. 当检流计 G 中没有电流通过，即 $I_5=0$ 时，电桥达到平衡. 由式（4-3）知电桥平衡的条件为

$$R_1R_4=R_2R_3.\tag{4-4}$$

设 R_1 为被测电阻，由上式得 $R_1=\frac{R_2}{R_4}R_3$. 式中的 $\frac{R_2}{R_4}$ 称为电桥的比臂，R_3 称为电桥的较臂. 测量时，先将比臂 $\frac{R_2}{R_4}$ 调到一定比值，然后再调节较臂 R_3 直到电桥平衡为止. 当电桥平衡时，由 $R_1=\frac{R_2}{R_4}R_3$ 就可以求出 R_1 的值.

应用 4.2 运用矩阵的秩判断空间中两条直线的位置关系

命题 设有两条空间直线:

$$L_1:\begin{cases}A_1x+B_1y+C_1z+D_1=0,\\A_2x+B_2y+C_2z+D_2=0,\end{cases}\quad L_2:\begin{cases}A_3x+B_3y+C_3z+D_3=0,\\A_4x+B_4y+C_4z+D_4=0.\end{cases}$$

记矩阵 $\boldsymbol{A}=\begin{pmatrix}A_1&B_1&C_1\\A_2&B_2&C_2\\A_3&B_3&C_3\\A_4&B_4&C_4\end{pmatrix}$,矩阵 $\overline{\boldsymbol{A}}=\begin{pmatrix}A_1&B_1&C_1&D_1\\A_2&B_2&C_2&D_2\\A_3&B_3&C_3&D_3\\A_4&B_4&C_4&D_4\end{pmatrix}$.

那么(1) 若 $R(\overline{\boldsymbol{A}})=4$,则两直线异面;

(2) 若 $R(\overline{\boldsymbol{A}})=R(\boldsymbol{A})=3$,则两直线相交.

证 (1) 若 $R(\overline{\boldsymbol{A}})=4$,

设两直线的平面束方程分别为

$$\lambda_1(A_1x+B_1y+C_1z+D_1)+\lambda_2(A_2x+B_2y+C_2z+D_2)=0,$$
$$\mu_1(A_3x+B_3y+C_3z+D_3)+\mu_2(A_4x+B_4y+C_4z+D_4)=0.$$

即

$$(\lambda_1A_1+\lambda_2A_2)x+(\lambda_1B_1+\lambda_2B_2)y+$$
$$(\lambda_1C_1+\lambda_2C_2)z+(\lambda_1D_1+\lambda_2D_2)=0,$$
$$(\mu_1A_3+\mu_2A_4)x+(\mu_1B_3+\mu_2B_4)y+$$
$$(\mu_1C_3+\mu_2C_4)z+(\mu_1D_3+\mu_2D_4)=0.$$

因 $R(\overline{\boldsymbol{A}})=4$，故线性方程组:

$$\begin{cases}\lambda_1A_1+\lambda_2A_2=\mu_1A_3+\mu_2A_4,\\\lambda_1B_1+\lambda_2B_2=\mu_1B_3+\mu_2B_4,\\\lambda_1C_1+\lambda_2C_2=\mu_1C_3+\mu_2C_4,\\\lambda_1D_1+\lambda_2D_2=\mu_1D_3+\mu_2D_4,\end{cases}\text{即}\begin{cases}\lambda_1A_1+\lambda_2A_2-\mu_1A_3-\mu_2A_4=0,\\\lambda_1B_1+\lambda_2B_2-\mu_1B_3-\mu_2B_4=0,\\\lambda_1C_1+\lambda_2C_2-\mu_1C_3-\mu_2C_4=0,\\\lambda_1D_1+\lambda_2D_2-\mu_1D_3-\mu_2D_4=0.\end{cases}$$

无非零解，从而两平面束方程不能表示同一个平面，即两直线异面.

(2) 若 $R(\overline{\boldsymbol{A}})=R(\boldsymbol{A})=3$,

考虑由四个平面方程组成的线性方程组:

$$\begin{cases}A_1x+B_1y+C_1z+D_1=0,\\A_2x+B_2y+C_2z+D_2=0,\\A_3x+B_3y+C_3z+D_3=0,\\A_4x+B_4y+C_4z+D_4=0,\end{cases}\text{即}\begin{cases}A_1x+B_1y+C_1z=-D_1,\\A_2x+B_2y+C_2z=-D_2,\\A_3x+B_3y+C_3z=-D_3,\\A_4x+B_4y+C_4z=-D_4.\end{cases}$$

显然这时方程组有唯一解，即四个平面有唯一交点，从而两直线相交.

例 4.8 设有两条空间直线：

$$L_1:\begin{cases}x-y+1=0,\\x-z+2=0,\end{cases}\qquad L_2:\begin{cases}2x-y+4=0,\\x-z-2=0,\end{cases}$$

试判定它们的空间位置关系.

解

$$\overline{A}=\begin{pmatrix}1&-1&0&1\\1&0&-1&2\\2&-1&0&4\\1&0&-1&-2\end{pmatrix}\xrightarrow{r}\begin{pmatrix}1&-1&0&1\\0&1&-1&1\\0&1&0&2\\0&1&-1&-3\end{pmatrix}\xrightarrow{r}$$

$$\begin{pmatrix}1&-1&0&1\\0&1&-1&1\\0&0&1&1\\0&0&0&-4\end{pmatrix}.$$

可见，$R(\overline{A})=4$，由上述命题得知这两条直线异面.

总习题 4

1. 填空

(1) 矩阵 $A=\begin{pmatrix}1&1&1&1\\3&3&3&3\\5&5&5&5\end{pmatrix}$ 的秩 $=$ ________.

(2) 设 $\boldsymbol{\alpha}=(a_1,a_2,\cdots,a_n)$，$\boldsymbol{\beta}=(b_1,b_2,\cdots,b_n)$，$\boldsymbol{A}=\boldsymbol{\alpha}^{\mathrm{T}}\boldsymbol{\beta}(a_i\neq 0,b_i\neq 0)$，则 $R(\boldsymbol{A})=$ ________.

(3) 设矩阵 $\boldsymbol{A}=\begin{pmatrix}k&1&1&1\\1&k&1&1\\1&1&k&1\\1&1&1&k\end{pmatrix}$，若 $R(\boldsymbol{A})=1$，则 $k=$ ________.

(4) 设 $\boldsymbol{A}$ 是 4×3 矩阵，且 $R(\boldsymbol{A})=2$ 而 $\boldsymbol{B}=\begin{pmatrix}1&0&2\\0&2&0\\-1&0&3\end{pmatrix}$，则 $R(\boldsymbol{AB})=$ ________.

(5) 设矩阵 $\boldsymbol{A}=\begin{pmatrix}1&2&2\\2&t&3\\3&4&5\end{pmatrix}$，若齐次线性方程组 $\boldsymbol{Ax}=\boldsymbol{0}$ 有非零解，则数 $t=$ ________.

(6) 已知方程组 $\begin{pmatrix}1&2&1\\2&3&a+2\\1&a&-2\end{pmatrix}\begin{pmatrix}x_1\\x_2\\x_3\end{pmatrix}=\begin{pmatrix}1\\3\\0\end{pmatrix}$ 无解，则 $a=$ ________.

(7) 方程组 $x_1+x_2-x_3=0$ 的通解是________.

2. 选择题

(1) 设 $\boldsymbol{A}$ 为 $m\times n$ 矩阵，则与线性方程组 $\boldsymbol{Ax}=\boldsymbol{b}$ 同解的方程组是（　　）.

A. 当 $m=n$ 时，$\boldsymbol{A}^{\mathrm{T}}\boldsymbol{x}=\boldsymbol{b}$.

B. $R(\boldsymbol{A})=R(\boldsymbol{A},\boldsymbol{b})$ 时，$\boldsymbol{Ax}=\boldsymbol{b}$ 的前 r 个方程的方程组.

C. $\boldsymbol{QAx}=\boldsymbol{Qb}$，$\boldsymbol{Q}$ 为初等矩阵.

D. $\boldsymbol{Bx}=\boldsymbol{b}$，其中 $\boldsymbol{B}$ 为 $m\times n$ 矩阵，$R(\boldsymbol{A})=R(\boldsymbol{B})$.

(2) 设 $\boldsymbol{A}$ 是 $m\times n$ 矩阵，$\boldsymbol{Ax}=\boldsymbol{0}$ 是非齐次线性方程组 $\boldsymbol{Ax}=\boldsymbol{b}$ 所对应的齐次线性方程组，则下列结论正确的是（　　）.

A. 若 $\boldsymbol{Ax}=\boldsymbol{0}$ 仅有零解，则 $\boldsymbol{Ax}=\boldsymbol{b}$ 有唯一解.

B. 若 $\boldsymbol{Ax}=\boldsymbol{0}$ 有非零解，则 $\boldsymbol{Ax}=\boldsymbol{b}$ 有无穷多解.

C. 若 $\boldsymbol{Ax}=\boldsymbol{b}$ 有无穷多解，则 $\boldsymbol{Ax}=\boldsymbol{0}$ 仅有零解.

D. 若 $\boldsymbol{Ax}=\boldsymbol{b}$ 有无穷多解，则 $\boldsymbol{Ax}=\boldsymbol{0}$ 有非零解.

(3) 设 $\boldsymbol{A}=\begin{pmatrix} a_{11} & a_{12} & a_{13} \\ a_{21} & a_{22} & a_{23} \\ a_{31} & a_{32} & a_{33} \end{pmatrix}$ 为 3 阶非奇异矩阵，

则齐次线性方程组 $\begin{cases} a_{11}x_1+a_{12}x_2+a_{13}x_3=0, \\ a_{21}x_1+a_{22}x_2+a_{23}x_3=0, \\ a_{31}x_1+a_{32}x_2+a_{33}x_3=0. \end{cases}$ 的解为（　　）.

A. $(1,1,1)^{\mathrm{T}}$　　B. $(0,0,0)^{\mathrm{T}}$

C. $(a_{11},a_{12},a_{13})^{\mathrm{T}}$　　D. $(0,1,0)^{\mathrm{T}}$

3. $\boldsymbol{A}=\begin{pmatrix} a & 1 & 1 & 1 \\ 1 & a & 1 & 1 \\ 1 & 1 & a & 1 \\ 1 & 1 & 1 & a \end{pmatrix}$，求 $R(\boldsymbol{A})$.

4. 已知 $\boldsymbol{A}=\begin{pmatrix} 1 \\ 3 \\ 2 \end{pmatrix}(1\ -1\ 0)$，$\boldsymbol{B}=\begin{pmatrix} 1 & 2 & -1 \\ 2 & a & 2 \\ -1 & 2 & 3 \end{pmatrix}$，

若秩 $R(\boldsymbol{AB}+\boldsymbol{B})=2$，求 a.

5. 设齐次线性方程组

$$\begin{cases} ax_1+bx_2+bx_3+\cdots+bx_n=0, \\ bx_1+ax_2+bx_3+\cdots+bx_n=0, \\ \qquad\vdots \\ bx_1+bx_2+bx_3+\cdots+ax_n=0. \end{cases}$$

其中 $a\neq 0, b\neq 0, n\geqslant 2$. 试讨论 a,b 为何值时，方程组仅有零解、有无穷多个解？在有无穷多个解时，求出通解.

6. 设 $\boldsymbol{\alpha}=\begin{pmatrix} 1 \\ 2 \\ 1 \end{pmatrix}$，$\boldsymbol{\beta}=\begin{pmatrix} 1 \\ \frac{1}{2} \\ 0 \end{pmatrix}$，$\boldsymbol{\gamma}=\begin{pmatrix} 0 \\ 0 \\ 8 \end{pmatrix}$，$\boldsymbol{A}=\boldsymbol{\alpha\beta}^{\mathrm{T}}$，$\boldsymbol{B}=\boldsymbol{\beta}^{\mathrm{T}}\boldsymbol{\alpha}$，其中 $\boldsymbol{\beta}^{\mathrm{T}}$ 是 $\boldsymbol{\beta}$ 的转置，求解方程：$2\boldsymbol{B}^2\boldsymbol{A}^2\boldsymbol{x}=\boldsymbol{A}^4\boldsymbol{x}+\boldsymbol{B}^4\boldsymbol{x}+\boldsymbol{\gamma}$.

7. 已知线性方程组 $\begin{cases} x_1+x_2-2x_3+3x_4=0, \\ 2x_1+x_2-6x_3+4x_4=-1, \\ 3x_1+2x_2+px_3+7x_4=-1, \\ x_1-x_2-6x_3-x_4=t. \end{cases}$

讨论参数 p,t 取何值时，方程组有解，无解；当有解时，求出通解.

8. 已知下列非齐次线性方程组（Ⅰ），（Ⅱ）

$$(\text{Ⅰ})\begin{cases} x_1+x_2-2x_4=-6, \\ 4x_1-x_2-x_3-x_4=1, \\ 3x_1-x_2-x_3=3; \end{cases}$$

$$(\text{Ⅱ})\begin{cases} x_1+mx_2-x_3-x_4=-5, \\ nx_2-x_3-2x_4=-11, \\ x_3-2x_4=-t+1. \end{cases}$$

(1) 求解方程组（Ⅰ）的通解.

(2) 当方程组（Ⅱ）中的参数 m,n,t 为何值时，方程组（Ⅰ）与（Ⅱ）同解？

9. 设线性方程组

$$\begin{cases} x_1+\lambda x_2+\mu x_3+x_4=0, \\ 2x_1+x_2+x_3+2x_4=0, \\ 3x_1+(2+\lambda)x_2+(4+\mu)x_3+4x_4=1, \end{cases}$$

已知 $(1,-1,1,-1)^{\mathrm{T}}$ 是该方程组的一个解. 试求：(1) 方程组的全部解；(2) 该方程组满足 $x_2=x_3$ 的全部解.

10. 已知平面上三条不同直线的方程分别为：

$l_1: ax+2by+3c=0$，

$l_2: bx+2cy+3a=0$，

$l_3: cx+2ay+3b=0$.

试证这三条直线交于一点的充分必要条件为 $a+b+c=0$.

11*. 在实际工作中，我们常会遇到“接近奇异的”矩阵或病态矩阵，即一个可逆矩阵，但当它的某些元素稍微改变就变成奇异矩阵. 在这种情况下，行变换可能由于舍入误差使可逆矩阵变成奇异矩阵，也有可能将奇异矩阵变成可逆矩阵.

一个矩阵的条件数越大，矩阵越接近奇异. 单位矩阵的条件数是 1，奇异矩阵的条件数为无穷大. 在极端情况下，MATLAB 可能无法区别奇异矩阵与病态矩阵.

设某一实验得出下列方程组：

$$\begin{cases}4.5x_1 + 3.1x_2 = 19.249, \\ 1.6x_1 + 1.1x_2 = 6.843.\end{cases} \tag{4-5}$$

a. 解方程组（4-5），同时解下列方程组（4-6），它是由方程组（4-5）的右边四舍五入到 2 位小数所得，在每种情形下，求出准确解.

$$\begin{cases}4.5x_1 + 3.1x_2 = 19.25, \\ 1.6x_1 + 1.1x_2 = 6.84.\end{cases} \tag{4-6}$$

b. 方程组（4-6）的各元素与方程组（4-5）的对应元素的误差不超过 0.05%，求把方程组（4-6）的解作为方程组（4-5）的解的近似值时的相对误差.

c. 用 MATLAB 求出方程组（4-5）中系数矩阵的条件数.

第5章 向量组的线性相关性

上一章利用矩阵的秩讨论了线性方程组有解、有唯一解或有无穷多个解的充分必要条件. 当方程组有无穷多解时，这些解之间有什么关系呢？线性方程组的解是一列有序数组，这样的有序数组称为向量. 因此，方程组解之间的关系就是向量之间的关系. 本章先研究向量组之间的关系，然后用这些关系讨论方程组解集的结构.

5.1 向量组及其线性组合

一个 $1\times n$ 矩阵 $(a_1,a_2,\cdots,a_n)$ 称为一个 n 维行向量；一个 $n\times 1$ 矩阵 $(b_1,b_2,\cdots,b_n)^{\mathrm{T}}$ 称为一个 n 维列向量. 向量 $\boldsymbol{a}=(a_1,a_2,\cdots,a_n)$（或 $(a_1,a_2,\cdots,a_n)^{\mathrm{T}}$）中 a_i 称为向量 $\boldsymbol{a}$ 的第 i 个分量. 分量全为实数的向量称为实向量，分量为复数的向量称为复向量. 这里需要指出的是向量 $\boldsymbol{a}=(a_1,a_2,\cdots,a_n)^{\mathrm{T}}$ 与向量 $\boldsymbol{a}=(a_1,a_2,\cdots,a_n)$ 是两个不同的向量. 如无特殊说明，本书中讨论的向量都是列向量.

若干个（有限或无限个）同维数的列向量（或同维数的行向量）组成向量组. 例如，将矩阵 $\boldsymbol{A}$ 按列分块 $\boldsymbol{A}=(a_{ij})_{m\times n}=(\boldsymbol{a}_1,\boldsymbol{a}_2,\cdots,\boldsymbol{a}_n)$，它的全体列向量是一个含 n 个 m 维列向量的向量组. 矩阵 $\boldsymbol{A}$ 与向量组 $\boldsymbol{a}_1,\boldsymbol{a}_2,\cdots,\boldsymbol{a}_n$ 一一对应，从而矩阵 $\boldsymbol{A}=(\boldsymbol{a}_1,\boldsymbol{a}_2,\cdots,\boldsymbol{a}_n)$ 也可说成是向量组 $\boldsymbol{A}=(\boldsymbol{a}_1,\boldsymbol{a}_2,\cdots,\boldsymbol{a}_n)$. 又如，齐次线性方程组 $\boldsymbol{A}_{m\times n}\boldsymbol{x}=\boldsymbol{0}$ 的全部解当 $R(\boldsymbol{A}_{m\times n})<n$ 时是一个含无穷多个 n 维列向量的向量组.

这里先讨论只含有限个向量的向量组.

设有线性方程组：

$$\begin{cases} a_{11}x_1+a_{12}x_2+\cdots+a_{1n}x_n=b_1, \\ a_{21}x_1+a_{22}x_2+\cdots+a_{2n}x_n=b_2, \\ \qquad\vdots \\ a_{m1}x_1+a_{m2}x_2+\cdots+a_{mn}x_n=b_m, \end{cases} \tag{5-1}$$

由第2章2.4节知道该方程组可以表示成

$$x_1\boldsymbol{a}_1+x_2\boldsymbol{a}_2+\cdots+x_n\boldsymbol{a}_n=\boldsymbol{b}, \tag{5-2}$$

$\boldsymbol{a}_1,\boldsymbol{a}_2,\cdots,\boldsymbol{a}_n$ 是系数矩阵 $\boldsymbol{A}$ 的列向量，$\boldsymbol{b}$ 是列向量 $(b_1,b_2,\cdots,b_m)^{\mathrm{T}}$. 方程组（5-2）有解即存在常数 $x_1,x_2,\cdots,x_n$，使得向量 $\boldsymbol{b}$ 可以写成常数 $x_1,x_2,\cdots,x_n$ 分别与向量 $\boldsymbol{a}_1,\boldsymbol{a}_2,\cdots,\boldsymbol{a}_n$ 的乘积之和，这表现为一个向量与一个向量组之间的关系.

定义 5.1 **给定向量组** $\boldsymbol{A}=(\boldsymbol{a}_1,\boldsymbol{a}_2,\cdots,\boldsymbol{a}_m)$**，对于任何一组数** k_1，

$k_2, \cdots, k_m$，表达式 $k_1\boldsymbol{a}_1 + k_2\boldsymbol{a}_2 + \cdots + k_m\boldsymbol{a}_m$ 称为向量组 $\boldsymbol{A}$ 的一个线性组合，$k_1, k_2, \cdots, k_m$ 称为这个线性组合的系数.

定义 5.2 给定向量组 $\boldsymbol{A} = (\boldsymbol{a}_1, \boldsymbol{a}_2, \cdots, \boldsymbol{a}_m)$ 和向量 $\boldsymbol{b}$，如果存在一组数 $\lambda_1, \lambda_2, \cdots, \lambda_m$，使 $\boldsymbol{b} = \lambda_1\boldsymbol{a}_1 + \lambda_2\boldsymbol{a}_2 + \cdots + \lambda_m\boldsymbol{a}_m$，则称向量 $\boldsymbol{b}$ 能由向量组 $\boldsymbol{A}$ 线性表示.

所以，方程组（5-2）有解即向量 $\boldsymbol{b}$ 能由向量组 $\boldsymbol{a}_1, \boldsymbol{a}_2, \cdots, \boldsymbol{a}_n$ 线性表示.

定理 5.1 向量 $\boldsymbol{b}$ 能由向量组 $\boldsymbol{A} = (\boldsymbol{a}_1, \boldsymbol{a}_2, \cdots, \boldsymbol{a}_m)$ 线性表示的充分必要条件是 $R(\boldsymbol{A}) = R(\boldsymbol{A}, \boldsymbol{b})$.

证 $\boldsymbol{b}$ 能由 $\boldsymbol{a}_1, \boldsymbol{a}_2, \cdots, \boldsymbol{a}_m$ 线性表示

$\Leftrightarrow$ 存在一组数 $x_1, x_2, \cdots, x_m$ 使 $x_1\boldsymbol{a}_1 + x_2\boldsymbol{a}_2 + \cdots + x_m\boldsymbol{a}_m = \boldsymbol{b}$

$$\Leftrightarrow \text{矩阵方程}(\boldsymbol{a}_1 \quad \boldsymbol{a}_2 \quad \cdots \quad \boldsymbol{a}_m)\begin{pmatrix} x_1 \\ x_2 \\ \vdots \\ x_m \end{pmatrix} = \boldsymbol{b} \text{ 有解}$$

$\Leftrightarrow$ 线性方程组 $\boldsymbol{Ax} = \boldsymbol{b}$ 有解

$\Leftrightarrow R(\boldsymbol{A}) = R(\boldsymbol{A}, \boldsymbol{b})$.

定义 5.3 设有两个向量组 $\boldsymbol{A} = (\boldsymbol{a}_1, \boldsymbol{a}_2, \cdots, \boldsymbol{a}_m)$ 及 $\boldsymbol{B} = (\boldsymbol{b}_1, \boldsymbol{b}_2, \cdots, \boldsymbol{b}_l)$，若向量组 $\boldsymbol{B}$ 中每个向量都能由向量组 $\boldsymbol{A}$ 线性表示，则称向量组 $\boldsymbol{B}$ 能由向量组 $\boldsymbol{A}$ 线性表示. 若向量组 $\boldsymbol{B}$ 能由向量组 $\boldsymbol{A}$ 线性表示，且向量组 $\boldsymbol{A}$ 也能由向量组 $\boldsymbol{B}$ 线性表示，则称向量组 $\boldsymbol{A}$ 与向量组 $\boldsymbol{B}$ 等价.

定理 5.2 向量组 $\boldsymbol{B} = (\boldsymbol{b}_1, \boldsymbol{b}_2, \cdots, \boldsymbol{b}_l)$ 能由向量组 $\boldsymbol{A} = (\boldsymbol{a}_1, \boldsymbol{a}_2, \cdots, \boldsymbol{a}_m)$ 线性表示的充分必要条件是 $R(\boldsymbol{A}) = R(\boldsymbol{A}, \boldsymbol{B})$.

证 向量组 $\boldsymbol{b}_1, \boldsymbol{b}_2, \cdots, \boldsymbol{b}_l$ 能由向量组 $\boldsymbol{a}_1, \boldsymbol{a}_2, \cdots, \boldsymbol{a}_m$ 线性表示

$$\Leftrightarrow \text{矩阵方程}(\boldsymbol{a}_1, \boldsymbol{a}_2, \cdots, \boldsymbol{a}_m)\begin{pmatrix} x_{11} & x_{12} & \cdots & x_{1l} \\ x_{21} & x_{22} & \cdots & x_{2l} \\ \vdots & \vdots & & \vdots \\ x_{m1} & x_{m2} & \cdots & x_{ml} \end{pmatrix} =$$

$(\boldsymbol{b}_1, \boldsymbol{b}_2, \cdots, \boldsymbol{b}_l)$ 有解

$\Leftrightarrow$ 矩阵方程 $\boldsymbol{AX} = \boldsymbol{B}$ 有解 （这里 $\boldsymbol{X} = (x_{ij})_{m \times l}$）

$\Leftrightarrow R(\boldsymbol{A}) = R(\boldsymbol{A}, \boldsymbol{B})$.

定理 5.3 向量组 $\boldsymbol{A} = (\boldsymbol{a}_1, \boldsymbol{a}_2, \cdots, \boldsymbol{a}_m)$ 与向量组 $\boldsymbol{B} = (\boldsymbol{b}_1, \boldsymbol{b}_2, \cdots, \boldsymbol{b}_l)$ 等价的充分必要条件是 $R(\boldsymbol{A}) = R(\boldsymbol{B}) = R(\boldsymbol{A}, \boldsymbol{B})$.

证 必要性. 因向量组 $\boldsymbol{A} = (\boldsymbol{a}_1, \boldsymbol{a}_2, \cdots, \boldsymbol{a}_m)$ 与向量组 $\boldsymbol{B} = (\boldsymbol{b}_1, \boldsymbol{b}_2, \cdots, \boldsymbol{b}_l)$ 等价，从而 $R(\boldsymbol{A}) = R(\boldsymbol{A}, \boldsymbol{B})$ 且 $R(\boldsymbol{B}) = R(\boldsymbol{B}, \boldsymbol{A})$，又 $R(\boldsymbol{A}, \boldsymbol{B}) = R(\boldsymbol{B}, \boldsymbol{A})$，于是 $R(\boldsymbol{A}) = R(\boldsymbol{B}) = R(\boldsymbol{A}, \boldsymbol{B})$.

充分性. 因 $R(\boldsymbol{A}) = R(\boldsymbol{B}) = R(\boldsymbol{A}, \boldsymbol{B})$，由 $R(\boldsymbol{A}) = R(\boldsymbol{A}, \boldsymbol{B})$ 知

向量组 B 能由向量组 A 线性表示. 由 $R(B)=R(A,B)$ 即 $R(B)=R(B,A)$ 知向量组 A 能由向量组 B 线性表示.

由上面讨论可见，可以用矩阵的秩来判断一个向量 b 可否由一个向量组 A 线性表示，也可以讨论对应的方程组是否有解来判断. 前者是定性的，后者是定量的. 也就是在向量 b 能由向量组 A 线性表示的情况下，方程组 $Ax=b$ 的解就是组合系数.

例 5.1 设 $a_1=\begin{pmatrix}1\\1\\2\\2\end{pmatrix}, a_2=\begin{pmatrix}1\\2\\1\\3\end{pmatrix}, a_3=\begin{pmatrix}1\\-1\\4\\0\end{pmatrix}, b=\begin{pmatrix}1\\0\\3\\1\end{pmatrix}$,

证明：b 能由 a_1,a_2,a_3 线性表示并求表达式.

证 $(A,b)=(a_1,a_2,a_3,b)=\begin{pmatrix}1&1&1&1\\1&2&-1&0\\2&1&4&3\\2&3&0&1\end{pmatrix}\xrightarrow{r}$
$\begin{pmatrix}1&0&3&2\\0&1&-2&-1\\0&0&0&0\\0&0&0&0\end{pmatrix}$,

$$\left.\begin{aligned}R(A)&=2,\\R(A,b)&=2\end{aligned}\right\}\Rightarrow R(A)=R(A,b)\Rightarrow \text{向量 } b \text{ 能由向量组 } A \text{ 线性表示.}$$

设 $(a_1,a_2,a_3)\begin{pmatrix}x_1\\x_2\\x_3\end{pmatrix}=b$, 即 $Ax=b$,

由 $(A,b)\xrightarrow{r}\begin{pmatrix}1&0&3&2\\0&1&-2&-1\\0&0&0&0\\0&0&0&0\end{pmatrix}$ 得 $Ax=b$ 的等价方程组

$$\begin{cases}x_1=-3x_3+2,\\x_2=2x_3-1,\end{cases}$$

于是 $Ax=b$ 的通解为 $\begin{pmatrix}x_1\\x_2\\x_3\end{pmatrix}=\begin{pmatrix}-3c+2\\2c-1\\c\end{pmatrix}$（$c$ 为任意常数），

从而得表达式：$b=(a_1,a_2,a_3)\begin{pmatrix}x_1\\x_2\\x_3\end{pmatrix}=(-3c+2)a_1+(2c-1)a_2+ca_3$
（c 为任意常数）.

例 5.2 设有向量组

$$A=(\boldsymbol{a}_1,\boldsymbol{a}_2)=\begin{pmatrix}1&3\\-1&1\\1&1\\-1&3\end{pmatrix}\text{及 }B=(\boldsymbol{b}_1,\boldsymbol{b}_2,\boldsymbol{b}_3)=\begin{pmatrix}2&1&3\\0&1&-1\\1&0&2\\1&2&0\end{pmatrix},$$

证明：向量组 $\boldsymbol{a}_1,\boldsymbol{a}_2$ 与向量组 $\boldsymbol{b}_1,\boldsymbol{b}_2,\boldsymbol{b}_3$ 等价.

证 $$(\boldsymbol{A},\boldsymbol{B})=\begin{pmatrix}1&3&2&1&3\\-1&1&0&1&-1\\1&1&1&0&2\\-1&3&1&2&0\end{pmatrix}\xrightarrow{r}\begin{pmatrix}1&3&2&1&3\\0&2&1&1&1\\0&0&0&0&0\\0&0&0&0&0\end{pmatrix},$$

可见 $R(\boldsymbol{A})=2,R(\boldsymbol{A},\boldsymbol{B})=2$.

$$\text{又 }\boldsymbol{B}\xrightarrow{r}\begin{pmatrix}2&1&3\\1&1&1\\0&0&0\\0&0&0\end{pmatrix}\xrightarrow{r}\begin{pmatrix}1&1&1\\2&1&3\\0&0&0\\0&0&0\end{pmatrix}\xrightarrow{r}\begin{pmatrix}1&1&1\\0&-1&1\\0&0&0\\0&0&0\end{pmatrix},$$

从而 $R(\boldsymbol{B})=2$，因此 $R(\boldsymbol{A})=R(\boldsymbol{B})=R(\boldsymbol{A},\boldsymbol{B})$，从而向量组 $\boldsymbol{a}_1$，$\boldsymbol{a}_2$ 与向量组 $\boldsymbol{b}_1,\boldsymbol{b}_2,\boldsymbol{b}_3$ 等价.

定理 5.4 若向量组 $B=(\boldsymbol{b}_1,\boldsymbol{b}_2,\cdots,\boldsymbol{b}_l)$ 能由向量组 $A=(\boldsymbol{a}_1,\boldsymbol{a}_2,\cdots,\boldsymbol{a}_m)$ 线性表示，则 $R(\boldsymbol{B})\leqslant R(\boldsymbol{A})$.

证 因向量组 $\boldsymbol{B}$ 能由向量组 $\boldsymbol{A}$ 线性表示，故 $R(\boldsymbol{A})=R(\boldsymbol{A},\boldsymbol{B})$，又 $R(\boldsymbol{B})\leqslant R(\boldsymbol{A},\boldsymbol{B})$，从而 $R(\boldsymbol{B})\leqslant R(\boldsymbol{A})$.

习题 5.1

1. 证明：向量 $\boldsymbol{\beta}=(-1,1,5)^{\mathrm{T}}$ 是向量 $\boldsymbol{\alpha}_1=(1,2,3)^{\mathrm{T}},\boldsymbol{\alpha}_2=(0,1,4)^{\mathrm{T}},\boldsymbol{\alpha}_3=(2,3,6)^{\mathrm{T}}$ 的线性组合并具体将 $\boldsymbol{\beta}$ 用 $\boldsymbol{\alpha}_1,\boldsymbol{\alpha}_2,\boldsymbol{\alpha}_3$ 表示出来.

2. 已知 $(\boldsymbol{a}_1,\boldsymbol{a}_2)=\begin{pmatrix}2&3\\0&-2\\-1&1\\3&-1\end{pmatrix}$，$(\boldsymbol{\beta}_1,\boldsymbol{\beta}_2)=\begin{pmatrix}-5&4\\6&-4\\-5&3\\9&-5\end{pmatrix}$，证明向量组 $(\boldsymbol{a}_1,\boldsymbol{a}_2)$ 与 $(\boldsymbol{\beta}_1,\boldsymbol{\beta}_2)$ 等价.

5.2 向量组的线性相关性

从上节可以看出方程组（5-2）有解等价于向量 $\boldsymbol{b}$ 可以用系数矩阵的列向量线性表示. 对于齐次线性方程组

$$x_1\boldsymbol{a}_1+x_2\boldsymbol{a}_2+\cdots+x_n\boldsymbol{a}_n=\boldsymbol{0},\tag{5-3}$$

我们关注的是它是否有非零解，即是否存在不全为零的数 x_1，$x_2,\cdots,x_n$ 使得向量 $x_1\boldsymbol{a}_1+x_2\boldsymbol{a}_2+\cdots+x_n\boldsymbol{a}_n$ 为零向量.

定义 5.4 给定向量组 $A=(\boldsymbol{a}_1,\boldsymbol{a}_2,\cdots,\boldsymbol{a}_m)$，如果存在不全为零

的数 $k_1,k_2,\cdots,k_m$ 使 $k_1\boldsymbol{a}_1+k_2\boldsymbol{a}_2+\cdots+k_m\boldsymbol{a}_m=\mathbf{0}$，则称向量组 $\boldsymbol{A}$ 线性相关. 否则，称向量组 $\boldsymbol{A}$ 线性无关.

根据该定义，对于由一个向量 $\boldsymbol{a}$ 构成的向量组，向量组 $\boldsymbol{A}$ 线性相关的充分必要条件是 $\boldsymbol{a}$ 为零向量，向量组 $\boldsymbol{A}$ 线性无关的充分必要条件是 $\boldsymbol{a}$ 为非零向量.

除了上述定义外，还可以用其他方法判断向量组的线性相关性.

定理 5.5　向量组 $\boldsymbol{A}=(\boldsymbol{a}_1,\boldsymbol{a}_2,\cdots,\boldsymbol{a}_m)\ (m\geqslant 2)$ 线性相关的充分必要条件是向量组 $\boldsymbol{A}$ 中至少有一个向量能由其余 $m-1$ 个向量线性表示.

证　必要性.

因 $\boldsymbol{a}_1,\boldsymbol{a}_2,\cdots,\boldsymbol{a}_m$ 线性相关，故存在不全为 0 的数 $k_1,k_2,\cdots,k_m$，使 $k_1\boldsymbol{a}_1+k_2\boldsymbol{a}_2+\cdots+k_m\boldsymbol{a}_m=\mathbf{0}$.

不妨设 $k_1\neq 0$，于是 $\boldsymbol{a}_1=-\dfrac{k_2}{k_1}\boldsymbol{a}_2-\dfrac{k_3}{k_1}\boldsymbol{a}_3-\cdots-\dfrac{k_m}{k_1}\boldsymbol{a}_m$，即向量 $\boldsymbol{a}_1$ 可由 $\boldsymbol{a}_2,\cdots,\boldsymbol{a}_m$ 线性表示.

充分性.

不妨设 $\boldsymbol{a}_1$ 可由 $\boldsymbol{a}_2,\boldsymbol{a}_3,\cdots,\boldsymbol{a}_m$ 线性表示：$\boldsymbol{a}_1=l_2\boldsymbol{a}_2+l_3\boldsymbol{a}_3+\cdots+l_m\boldsymbol{a}_m$，从而 $-\boldsymbol{a}_1+l_2\boldsymbol{a}_2+l_3\boldsymbol{a}_3+\cdots+l_m\boldsymbol{a}_m=\mathbf{0}$，显然数 $-1,l_2,l_3,\cdots,l_m$ 不全为零，从而向量组 $\boldsymbol{a}_1,\boldsymbol{a}_2,\cdots,\boldsymbol{a}_m$ 线性相关.

我们还可以用矩阵的秩来判断向量组的线性相关性.

定理 5.6

1）向量组 $\boldsymbol{A}=(\boldsymbol{a}_1,\boldsymbol{a}_2,\cdots,\boldsymbol{a}_m)$ 线性相关的充分必要条件是 $R(\boldsymbol{A})<m$；

2）向量组 $\boldsymbol{A}=(\boldsymbol{a}_1,\boldsymbol{a}_2,\cdots,\boldsymbol{a}_m)$ 线性无关的充分必要条件是 $R(\boldsymbol{A})=m$.

证　因 $R(\boldsymbol{A})\leqslant m$，故 1）与 2）等价，从而只需证 1）即可.

向量组 $\boldsymbol{A}=(\boldsymbol{a}_1,\boldsymbol{a}_2,\cdots,\boldsymbol{a}_m)$ 线性相关

$\Leftrightarrow$ 存在不全为零的数 $x_1,x_2,\cdots,x_m$ 使 $x_1\boldsymbol{a}_1+x_2\boldsymbol{a}_2+\cdots+x_m\boldsymbol{a}_m=\mathbf{0}$

$\Leftrightarrow$ 齐次线性方程组 $(\boldsymbol{a}_1,\boldsymbol{a}_2,\cdots,\boldsymbol{a}_m)\begin{pmatrix}x_1\\x_2\\\vdots\\x_m\end{pmatrix}=\mathbf{0}$ 有非零解

$\Leftrightarrow R(\boldsymbol{A})<m$.

例 5.3　讨论 n 维单位坐标向量组 $\boldsymbol{E}_n=(\boldsymbol{e}_1,\boldsymbol{e}_2,\cdots,\boldsymbol{e}_n)=\begin{pmatrix}1&0&\cdots&0\\0&1&\cdots&0\\\vdots&\vdots&&\vdots\\0&0&\cdots&1\end{pmatrix}$ 的线性相关性.

解　$R(\boldsymbol{E}_n)=n\Rightarrow\boldsymbol{e}_1,\ \boldsymbol{e}_2,\ \cdots,\ \boldsymbol{e}_n$ 线性无关.

例 5.4 已知$\boldsymbol{a}_1=\begin{pmatrix}1\\1\\1\end{pmatrix}$, $\boldsymbol{a}_2=\begin{pmatrix}0\\2\\5\end{pmatrix}$, $\boldsymbol{a}_3=\begin{pmatrix}2\\4\\7\end{pmatrix}$, 讨论向量组$\boldsymbol{a}_1,\boldsymbol{a}_2,\boldsymbol{a}_3$及向量组$\boldsymbol{a}_1,\boldsymbol{a}_2$的线性相关性.

解 $$(\boldsymbol{a}_1,\boldsymbol{a}_2,\boldsymbol{a}_3)=\begin{pmatrix}1&0&2\\1&2&4\\1&5&7\end{pmatrix}\xrightarrow{r}\begin{pmatrix}1&0&2\\0&2&2\\0&5&5\end{pmatrix}\xrightarrow{r}\begin{pmatrix}1&0&2\\0&2&2\\0&0&0\end{pmatrix},$$

从而, $R(\boldsymbol{a}_1,\boldsymbol{a}_2,\boldsymbol{a}_3)=2<3\Rightarrow\boldsymbol{a}_1,\boldsymbol{a}_2,\boldsymbol{a}_3$线性相关,

$R(\boldsymbol{a}_1,\boldsymbol{a}_2)=2\Rightarrow\boldsymbol{a}_1,\boldsymbol{a}_2$线性无关.

例 5.5 已知向量组$\boldsymbol{a}_1,\boldsymbol{a}_2,\boldsymbol{a}_3$线性无关, $\boldsymbol{b}_1=\boldsymbol{a}_1+\boldsymbol{a}_2,\boldsymbol{b}_2=\boldsymbol{a}_2+\boldsymbol{a}_3,\boldsymbol{b}_3=\boldsymbol{a}_3+\boldsymbol{a}_1$, 证明向量组$\boldsymbol{b}_1,\boldsymbol{b}_2,\boldsymbol{b}_3$线性无关.

证 由$$(\boldsymbol{b}_1,\boldsymbol{b}_2,\boldsymbol{b}_3)=(\boldsymbol{a}_1,\boldsymbol{a}_2,\boldsymbol{a}_3)\begin{pmatrix}1&0&1\\1&1&0\\0&1&1\end{pmatrix},$$

又 $$|\boldsymbol{K}|=\begin{vmatrix}1&0&1\\1&1&0\\0&1&1\end{vmatrix}=2\neq0\Rightarrow 矩阵\boldsymbol{K}可逆,$$

从而$$R(\boldsymbol{b}_1,\boldsymbol{b}_2,\boldsymbol{b}_3)=R\left[(\boldsymbol{a}_1,\boldsymbol{a}_2,\boldsymbol{a}_3)\begin{pmatrix}1&0&1\\1&1&0\\0&1&1\end{pmatrix}\right]=R(\boldsymbol{a}_1,\boldsymbol{a}_2,\boldsymbol{a}_3)=3,$$

故$\boldsymbol{b}_1,\boldsymbol{b}_2,\boldsymbol{b}_3$线性无关.

定理 5.7

1) 若向量组$\boldsymbol{A}=(\boldsymbol{a}_1,\boldsymbol{a}_2,\cdots,\boldsymbol{a}_m)$线性相关, 则向量组$\boldsymbol{B}=(\boldsymbol{a}_1,\boldsymbol{a}_2,\cdots,\boldsymbol{a}_m,\boldsymbol{a}_{m+1})$也线性相关;

2) 若向量组$\boldsymbol{B}=(\boldsymbol{a}_1,\boldsymbol{a}_2,\cdots,\boldsymbol{a}_m,\boldsymbol{a}_{m+1})$线性无关, 则向量组$\boldsymbol{A}=(\boldsymbol{a}_1,\boldsymbol{a}_2,\cdots,\boldsymbol{a}_m)$也线性无关.

证 因2) 是1) 的逆否命题, 故只需证明1).

$\boldsymbol{a}_1,\boldsymbol{a}_2,\cdots,\boldsymbol{a}_m$线性相关$\Rightarrow R(\boldsymbol{a}_1,\boldsymbol{a}_2,\cdots,\boldsymbol{a}_m)<m$. 又$R(\boldsymbol{a}_{m+1})\leqslant1$,

从而$R(\boldsymbol{a}_1,\boldsymbol{a}_2,\cdots,\boldsymbol{a}_m,\boldsymbol{a}_{m+1})\leqslant R(\boldsymbol{a}_1,\boldsymbol{a}_2,\cdots,\boldsymbol{a}_m)+R(\boldsymbol{a}_{m+1})<m+1$.

所以向量组$\boldsymbol{a}_1,\boldsymbol{a}_2,\cdots,\boldsymbol{a}_m,\boldsymbol{a}_{m+1}$线性相关.

据此可得: 部分组线性相关$\Rightarrow$全组线性相关;

全组线性无关$\Rightarrow$任一部分组线性无关.

定理 5.8 **m个n维向量组成的向量组, 当维数n小于向量个数m时, 一定线性相关.**

证 设有m个n维向量组成的向量组: $\boldsymbol{A}=(\boldsymbol{a}_1, \boldsymbol{a}_2, \cdots, \boldsymbol{a}_m)$, 则$\boldsymbol{A}$为一个$n\times m$矩阵, 从而$R(\boldsymbol{A})\leqslant n<m$, 于是向量组$\boldsymbol{a}_1$,

$\boldsymbol{a}_2$，…，$\boldsymbol{a}_m$ 线性相关.

由此可见，$n+1$ 个 n 维向量一定线性相关，从而任何4个及4个以上的3维向量一定是线性相关的.

定理5.9 **设向量组 $\boldsymbol{A}=(\boldsymbol{a}_1,\boldsymbol{a}_2,\cdots,\boldsymbol{a}_m)$ 线性无关，而向量组 $\boldsymbol{B}=(\boldsymbol{a}_1,\boldsymbol{a}_2,\cdots,\boldsymbol{a}_m,\boldsymbol{b})$ 线性相关，则 $\boldsymbol{b}$ 必能由向量组 $\boldsymbol{A}$ 线性表示，且表示式唯一.**

证 因 $\boldsymbol{a}_1,\boldsymbol{a}_2,\cdots,\boldsymbol{a}_m,\boldsymbol{b}$ 线性相关，

故有不全为0的数 $k_1,k_2,\cdots,k_m,k$ 使

$$k_1\boldsymbol{a}_1+k_2\boldsymbol{a}_2+\cdots+k_m\boldsymbol{a}_m+k\boldsymbol{b}=\boldsymbol{0}, \tag{5-4}$$

若 $k=0$，则有 $k_1\boldsymbol{a}_1+k_2\boldsymbol{a}_2+\cdots+k_m\boldsymbol{a}_m=\boldsymbol{0}$，因 $\boldsymbol{a}_1$，$\boldsymbol{a}_2$，…，$\boldsymbol{a}_m$ 线性无关，从而 $k_1=k_2=\cdots=k_m=0$. 于是 k_1，k_2，…，k_m，k 全为0，这与 k_1，k_2，…，k_m，k 不全为0矛盾，

从而 $k\neq 0$，于是由式（5-4）得

$$\boldsymbol{b}=-\frac{k_1}{k}\boldsymbol{a}_1-\frac{k_2}{k}\boldsymbol{a}_2-\cdots-\frac{k_m}{k}\boldsymbol{a}_m,$$

即 $\boldsymbol{b}$ 可由向量组 $\boldsymbol{a}_1$，$\boldsymbol{a}_2$，…，$\boldsymbol{a}_m$ 线性表示.

下证表示式唯一，用同一法证明.

设 $$\boldsymbol{b}=h_1\boldsymbol{a}_1+h_2\boldsymbol{a}_2+\cdots+h_m\boldsymbol{a}_m, \tag{5-5}$$

又设 $$\boldsymbol{b}=l_1\boldsymbol{a}_1+l_2\boldsymbol{a}_2+\cdots+l_m\boldsymbol{a}_m, \tag{5-6}$$

式（5-5）－式（5-6）得 $(h_1-l_1)\boldsymbol{a}_1+(h_2-l_2)\boldsymbol{a}_2+\cdots+(h_m-l_m)\boldsymbol{a}_m=\boldsymbol{0}$.

因 $\boldsymbol{a}_1$，$\boldsymbol{a}_2$，…，$\boldsymbol{a}_m$ 线性无关，故 $h_1-l_1=0$，$h_2-l_2=0$，…，$h_m-l_m=0$，

即 $h_1=l_1,h_2=l_2,\cdots,h_m=l_m$，从而表示式唯一.

定理5.10 1）**若向量组** $\tilde{\boldsymbol{A}}=\begin{pmatrix} a_{11} & a_{12} & \cdots & a_{1m} \\ a_{21} & a_{22} & \cdots & a_{2m} \\ \vdots & \vdots & & \vdots \\ a_{n1} & a_{n2} & & a_{nm} \\ a_{(n+1)1} & a_{(n+1)2} & \cdots & a_{(n+1)m} \end{pmatrix}$ **线性相关，则向量组** $\boldsymbol{A}=\begin{pmatrix} a_{11} & a_{12} & \cdots & a_{1m} \\ a_{21} & a_{22} & \cdots & a_{2m} \\ \vdots & \vdots & & \vdots \\ a_{n1} & a_{n2} & \cdots & a_{nm} \end{pmatrix}$ **也线性相关；**

2）**若向量组** $\boldsymbol{A}=\begin{pmatrix} a_{11} & a_{12} & \cdots & a_{1m} \\ a_{21} & a_{22} & \cdots & a_{2m} \\ \vdots & \vdots & & \vdots \\ a_{n1} & a_{n2} & \cdots & a_{nm} \end{pmatrix}$ **线性无关，则向量组**

$$\widetilde{A}=\begin{pmatrix} a_{11} & a_{12} & \cdots & a_{1m} \\ a_{21} & a_{22} & \cdots & a_{2m} \\ \vdots & \vdots & & \vdots \\ a_{n1} & a_{n2} & & a_{nm} \\ a_{(n+1)1} & a_{(n+1)2} & \cdots & a_{(n+1)m} \end{pmatrix}$$ **也线性无关.**

证　2）是1）的逆否命题，故只需证1).

因向量组 $\widetilde{A}$ 线性相关，所以 $R(\widetilde{A})<m$.

又 $\boldsymbol{A}$ 是 $\widetilde{A}$ 的子块，从而 $R(\boldsymbol{A})\leqslant R(\widetilde{A})<m$，于是向量组 $\boldsymbol{A}$ 线性相关.

例 5.6 设向量组 $\boldsymbol{a}_1,\boldsymbol{a}_2,\boldsymbol{a}_3$ 线性相关，向量组 $\boldsymbol{a}_2,\boldsymbol{a}_3,\boldsymbol{a}_4$ 线性无关，

证明：(1) $\boldsymbol{a}_1$ 能由 $\boldsymbol{a}_2,\boldsymbol{a}_3$ 线性表示；(2) $\boldsymbol{a}_4$ 不能由 $\boldsymbol{a}_1,\boldsymbol{a}_2,\boldsymbol{a}_3$ 线性表示 .

证　(1) $\boldsymbol{a}_2,\boldsymbol{a}_3,\boldsymbol{a}_4$ 线性无关 $\Rightarrow\boldsymbol{a}_2,\boldsymbol{a}_3$ 线性无关，又 $\boldsymbol{a}_1,\boldsymbol{a}_2,\boldsymbol{a}_3$ 线性相关，从而 $\boldsymbol{a}_1$ 能由 $\boldsymbol{a}_2,\boldsymbol{a}_3$ 唯一地线性表示.

(2) 用反证法.

若 $\boldsymbol{a}_4$ 能由 $\boldsymbol{a}_1,\boldsymbol{a}_2,\boldsymbol{a}_3$ 线性表示，又 $\boldsymbol{a}_1$ 能由 $\boldsymbol{a}_2,\boldsymbol{a}_3$ 线性表示，因此，$\boldsymbol{a}_4$ 能由 $\boldsymbol{a}_2,\boldsymbol{a}_3$ 线性表示，从而 $\boldsymbol{a}_2,\boldsymbol{a}_3,\boldsymbol{a}_4$ 线性相关，矛盾.

故 $\boldsymbol{a}_4$ 不能由 $\boldsymbol{a}_1,\boldsymbol{a}_2,\boldsymbol{a}_3$ 线性表示.

习题 5.2

1. 判定下列向量组是线性相关还是线性无关：

$$\boldsymbol{\alpha}_1=\begin{pmatrix}1\\2\\-1\\5\end{pmatrix},\boldsymbol{\alpha}_2=\begin{pmatrix}2\\-1\\1\\1\end{pmatrix},\boldsymbol{\alpha}_3=\begin{pmatrix}4\\3\\-1\\11\end{pmatrix}.$$

2. 问 a 取什么值时下列向量组线性相关?

$$\boldsymbol{a}_1=\begin{pmatrix}a\\1\\1\end{pmatrix},\boldsymbol{a}_2=\begin{pmatrix}1\\a\\-1\end{pmatrix},\boldsymbol{a}_3=\begin{pmatrix}1\\-1\\a\end{pmatrix}.$$

3. 证明：若向量组 $\boldsymbol{\alpha},\boldsymbol{\beta},\boldsymbol{\gamma}$ 线性无关，则向量组 $\boldsymbol{\alpha}+\boldsymbol{\beta},\boldsymbol{\beta}+\boldsymbol{\gamma},\boldsymbol{\gamma}+\boldsymbol{\alpha}$ 亦线性无关.

4. 设 $\boldsymbol{b}_1=\boldsymbol{a}_1+\boldsymbol{a}_2,\boldsymbol{b}_2=\boldsymbol{a}_2+\boldsymbol{a}_3,\boldsymbol{b}_3=\boldsymbol{a}_3+\boldsymbol{a}_4,\boldsymbol{b}_4=\boldsymbol{a}_4+\boldsymbol{a}_1$，证明向量组 $\boldsymbol{b}_1,\boldsymbol{b}_2,\boldsymbol{b}_3,\boldsymbol{b}_4$ 线性相关.

5. 设 $\boldsymbol{b}_1=\boldsymbol{a}_1,\boldsymbol{b}_2=\boldsymbol{a}_1+\boldsymbol{a}_2,\cdots,\boldsymbol{b}_r=\boldsymbol{a}_1+\boldsymbol{a}_2+\cdots+\boldsymbol{a}_r$，且向量组 $\boldsymbol{a}_1,\boldsymbol{a}_2,\cdots,\boldsymbol{a}_r$ 线性无关，证明向量组 $\boldsymbol{b}_1,\boldsymbol{b}_2,\cdots,\boldsymbol{b}_r$ 线性无关.

6. 设向量组 $\boldsymbol{a}_1,\boldsymbol{a}_2,\boldsymbol{a}_3$ 线性无关，判断向量组 $\boldsymbol{b}_1,\boldsymbol{b}_2,\boldsymbol{b}_3$ 的线性相关性：

(1) $\boldsymbol{b}_1=\boldsymbol{a}_1+\boldsymbol{a}_2,\boldsymbol{b}_2=2\boldsymbol{a}_2+3\boldsymbol{a}_3,\boldsymbol{b}_3=5\boldsymbol{a}_1+3\boldsymbol{a}_2$；

(2) $\boldsymbol{b}_1=\boldsymbol{a}_1+2\boldsymbol{a}_2+3\boldsymbol{a}_3,\boldsymbol{b}_2=2\boldsymbol{a}_1+2\boldsymbol{a}_2+4\boldsymbol{a}_3,\boldsymbol{b}_3=3\boldsymbol{a}_1+\boldsymbol{a}_2+3\boldsymbol{a}_3$；

(3) $\boldsymbol{b}_1=\boldsymbol{a}_1-\boldsymbol{a}_2,\boldsymbol{b}_2=2\boldsymbol{a}_2+\boldsymbol{a}_3,\boldsymbol{b}_3=\boldsymbol{a}_1+\boldsymbol{a}_2+\boldsymbol{a}_3$.

5.3 向量组的秩

在上面的讨论中，向量组只局限于含有限个向量. 实际上，向量组也可以含有无穷多的向量. 例如，在方程组有无穷多解的情况下，该方程组所有的解就构成了一个含有无穷多个解向量的向量组. 为了进一步研究向量组的结构，我们引进向量组秩的概念.

定义 5.5 设向量组 $\boldsymbol{a}_1,\boldsymbol{a}_2,\cdots,\boldsymbol{a}_r$ 是向量组 $\boldsymbol{A}$ 的一个部分组，且满足

1）向量组 $\boldsymbol{a}_1,\boldsymbol{a}_2,\cdots,\boldsymbol{a}_r$ 线性无关；

2）向量组 $\boldsymbol{A}$ 中任一向量都可由向量组 $\boldsymbol{a}_1,\boldsymbol{a}_2,\cdots,\boldsymbol{a}_r$ 线性表示.

称向量组 $\boldsymbol{a}_1,\boldsymbol{a}_2,\cdots,\boldsymbol{a}_r$ 是向量组 $\boldsymbol{A}$ 的一个最大（线性）无关组.

定理 5.11 向量组与其最大无关组等价.

证 不妨设向量组 $\boldsymbol{a}_1,\boldsymbol{a}_2,\cdots,\boldsymbol{a}_r$ 是向量组 A: $\boldsymbol{a}_1,\boldsymbol{a}_2,\cdots,\boldsymbol{a}_r,\boldsymbol{a}_{r+1},\cdots$ 的一个最大无关组，则由定义知向量组 $\boldsymbol{A}$ 可由向量组 $\boldsymbol{a}_1,\boldsymbol{a}_2,\cdots,\boldsymbol{a}_r$ 线性表示；又由向量 $\boldsymbol{a}_1=\boldsymbol{a}_1+0\boldsymbol{a}_2+0\boldsymbol{a}_3+\cdots$ 知 $\boldsymbol{a}_1$ 可由向量组 $\boldsymbol{A}$ 线性表示. 同理，向量 $\boldsymbol{a}_2,\boldsymbol{a}_3,\cdots,\boldsymbol{a}_r$ 都可由向量组 $\boldsymbol{A}$ 线性表示. 于是，向量组 $\boldsymbol{a}_1,\boldsymbol{a}_2,\cdots,a_r$ 也可由向量组 $\boldsymbol{A}$ 线性表示，即向量组 $\boldsymbol{a}_1,\boldsymbol{a}_2,\cdots,\boldsymbol{a}_r$ 与向量组 $\boldsymbol{A}$ 可以相互线性表示，因此，向量组 $\boldsymbol{a}_1,\boldsymbol{a}_2,\cdots,\boldsymbol{a}_r$ 与向量组 $\boldsymbol{A}$ 等价.

定理 5.12 同一个向量组的任何两个最大无关组等价，且含有向量的个数相同.

证 设向量组 $\boldsymbol{a}_1,\boldsymbol{a}_2,\cdots,\boldsymbol{a}_r$ 及向量组 $\boldsymbol{b}_1,\boldsymbol{b}_2,\cdots,\boldsymbol{b}_s$ 都是向量组 $\boldsymbol{A}$ 的最大无关组，则这两个最大无关组都与向量组 $\boldsymbol{A}$ 等价，因此这两个最大无关组等价.

因向量组 $\boldsymbol{a}_1, \boldsymbol{a}_2, \cdots, \boldsymbol{a}_r$ 可由向量组 $\boldsymbol{b}_1, \boldsymbol{b}_2, \cdots, \boldsymbol{b}_s$ 线性表示，故 $R(\boldsymbol{a}_1,\boldsymbol{a}_2,\cdots,\boldsymbol{a}_r)\leqslant R(\boldsymbol{b}_1,\boldsymbol{b}_2,\cdots,\boldsymbol{b}_s)$，即 $r\leqslant s$. 又向量组 $\boldsymbol{b}_1, \boldsymbol{b}_2, \cdots, \boldsymbol{b}_s$ 也可由向量组 $\boldsymbol{a}_1, \boldsymbol{a}_2, \cdots, \boldsymbol{a}_r$ 线性表示，故 $R(\boldsymbol{b}_1, \boldsymbol{b}_2, \cdots, \boldsymbol{b}_s)\leqslant R(\boldsymbol{a}_1, \boldsymbol{a}_2, \cdots, \boldsymbol{a}_r)$，即 $s\leqslant r$. 因此，$r=s$，即这两个最大无关组含有向量的个数相同.

定义 5.6 向量组 $\boldsymbol{A}$ 的最大无关组含有的向量个数称为向量组 $\boldsymbol{A}$ 的秩，记为 $R(\boldsymbol{A})$，只含有零向量的向量组没有最大无关组，规定它的秩为 0.

例 5.7 设齐次线性方程组
$$\begin{cases} x_1-x_2+2x_3-x_4=0,\\ 3x_1-5x_2+10x_3-7x_4=0,\\ x_1+x_2-2x_3+3x_4=0\end{cases}$$
的全体解向量构成的向量组为 $\boldsymbol{S}$，求 $\boldsymbol{S}$ 的秩.

解 先解方程，为此把系数矩阵 $\boldsymbol{A}$ 化成行最简形：
$$\boldsymbol{A}=\begin{pmatrix}1&-1&2&-1\\3&-5&10&-7\\1&1&-2&3\end{pmatrix}\xrightarrow{r}\begin{pmatrix}1&0&0&1\\0&1&-2&2\\0&0&0&0\end{pmatrix},$$

得 $\begin{cases} x_1 = \quad\quad -x_4, \\ x_2 = 2x_3 - 2x_4. \end{cases}$

令自由未知量 $x_3 = c_1, x_4 = c_2$，

得原方程组通解为 $\begin{pmatrix} x_1 \\ x_2 \\ x_3 \\ x_4 \end{pmatrix} = \begin{pmatrix} -c_2 \\ 2c_1 - 2c_2 \\ c_1 \\ c_2 \end{pmatrix} = c_1\begin{pmatrix} 0 \\ 2 \\ 1 \\ 0 \end{pmatrix} + c_2\begin{pmatrix} -1 \\ -2 \\ 0 \\ 1 \end{pmatrix}$

(c_1，c_2 为任意常数).

对于通解中的两个向量 $\boldsymbol{\xi}_1 = \begin{pmatrix} 0 \\ 2 \\ 1 \\ 0 \end{pmatrix}, \boldsymbol{\xi}_2 = \begin{pmatrix} -1 \\ -2 \\ 0 \\ 1 \end{pmatrix}$，在通解中，令 $c_1 = 1, c_2 = 0$ 知 $\boldsymbol{\xi}_1 \in \boldsymbol{S}$；

令 $c_1 = 0, c_2 = 1$ 知 $\boldsymbol{\xi}_2 \in \boldsymbol{S}$.

又 $(\boldsymbol{\xi}_1 \quad \boldsymbol{\xi}_2) = \begin{pmatrix} 0 & -1 \\ 2 & -2 \\ 1 & 0 \\ 0 & 1 \end{pmatrix} \xrightarrow{r} \begin{pmatrix} 1 & 0 \\ 0 & 1 \\ 0 & 0 \\ 0 & 0 \end{pmatrix}$，

得矩阵的秩 $R(\boldsymbol{\xi}_1, \boldsymbol{\xi}_2) = 2$，于是 $\boldsymbol{\xi}_1, \boldsymbol{\xi}_2$ 线性无关.

由方程组的通解为 $x = c_1\boldsymbol{\xi}_1 + c_2\boldsymbol{\xi}_2$ 知解向量组 $\boldsymbol{S}$ 中每一个向量都可由向量 $\boldsymbol{\xi}_1, \boldsymbol{\xi}_2$ 线性表示.

综上分析知 $\boldsymbol{\xi}_1, \boldsymbol{\xi}_2$ 是 $\boldsymbol{S}$ 的最大无关组，从而向量组 $\boldsymbol{S}$ 的秩 $R(\boldsymbol{S}) = 2$.

定理 5.13　矩阵的秩等于它的列向量组的秩，也等于它的行向量组的秩.

证　设 $\boldsymbol{A} = (a_{ij})_{m\times n}$，且 $R(\boldsymbol{A}) = r$. 将 $\boldsymbol{A}$ 按列分块为 $\boldsymbol{A} = (\boldsymbol{a}_1, \boldsymbol{a}_2, \cdots, \boldsymbol{a}_r, \boldsymbol{a}_{r+1}, \cdots, \boldsymbol{a}_n)$. 不妨设 $\boldsymbol{A}$ 的左上角 r 阶子式 $D_r \neq 0$，则 $R(\boldsymbol{a}_1, \boldsymbol{a}_2, \cdots, \boldsymbol{a}_r) \geqslant r$，又 $R(\boldsymbol{a}_1, \boldsymbol{a}_2, \cdots, \boldsymbol{a}_r) \leqslant r$，从而 $R(\boldsymbol{a}_1, \boldsymbol{a}_2, \cdots, \boldsymbol{a}_r) = r$，因此，向量组 $\boldsymbol{a}_1, \boldsymbol{a}_2, \cdots, \boldsymbol{a}_r$ 线性无关.

设经过初等行变换，把 $\boldsymbol{A}$ 化为行最简形 $\tilde{\boldsymbol{A}}$：

$$\boldsymbol{A} = (\boldsymbol{a}_1, \boldsymbol{a}_2, \cdots, \boldsymbol{a}_r, \boldsymbol{a}_{r+1}, \cdots, \boldsymbol{a}_n) \xrightarrow{r} \begin{pmatrix} 1 & 0 & 0 & 0 & \tilde{a}_{1,r+1} & \cdots & \tilde{a}_{1n} \\ 0 & 1 & 0 & 0 & \tilde{a}_{2,r+1} & \cdots & \tilde{a}_{2n} \\ \vdots & \vdots & \vdots & \vdots & \vdots & & \vdots \\ 0 & 0 & 0 & 1 & \tilde{a}_{r,r+1} & \cdots & \tilde{a}_{rn} \\ 0 & 0 & 0 & 0 & 0 & \cdots & 0 \\ \vdots & \vdots & \vdots & \vdots & \vdots & & \vdots \\ 0 & 0 & 0 & 0 & 0 & 0 & 0 \end{pmatrix}$$

$$=(\tilde{\boldsymbol{a}}_1,\tilde{\boldsymbol{a}}_2,\cdots,\tilde{\boldsymbol{a}}_r,\tilde{\boldsymbol{a}}_{r+1},\cdots,\tilde{\boldsymbol{a}}_n)=\tilde{\boldsymbol{A}}.$$

由 $\tilde{\boldsymbol{a}}_{r+1},\cdots,\tilde{\boldsymbol{a}}_n$ 可由 $\tilde{\boldsymbol{a}}_1,\tilde{\boldsymbol{a}}_2,\cdots,\tilde{\boldsymbol{a}}_r$ 线性表示知 $\boldsymbol{a}_{r+1},\cdots,\boldsymbol{a}_n$ 可由 $\boldsymbol{a}_1,\boldsymbol{a}_2,\cdots,\boldsymbol{a}_r$ 同样地线性表示. 于是向量组 $\boldsymbol{A}=(\boldsymbol{a}_1,\boldsymbol{a}_2,\cdots,\boldsymbol{a}_r,\boldsymbol{a}_{r+1},\cdots,\boldsymbol{a}_n)$ 中每个向量都可由向量组 $\boldsymbol{a}_1,\boldsymbol{a}_2,\cdots,\boldsymbol{a}_r$ 线性表示. 综上可知 $\boldsymbol{a}_1,\boldsymbol{a}_2,\cdots,\boldsymbol{a}_r$ 是矩阵 $\boldsymbol{A}$ 的列向量组的一个最大无关组，从而矩阵 $\boldsymbol{A}$ 的列向量组的秩也为 r，即矩阵 $\boldsymbol{A}$ 的秩与其列向量组的秩相等. 由于矩阵的转置运算不改变矩阵的秩，从而 $R(\boldsymbol{A})=R(\boldsymbol{A}^{\mathrm{T}})=\boldsymbol{A}^{\mathrm{T}}$ 的列向量组的秩 $=\boldsymbol{A}$ 的行向量组的秩.

由上述证明可知若 $R(\boldsymbol{A})=r$ 且 D_r 是 $\boldsymbol{A}$ 的任意一个 r 阶非零子式，则 D_r 对应的矩阵 $\boldsymbol{A}$ 的 r 个列向量即为矩阵 $\boldsymbol{A}$ 的列向量组的一个最大无关组；D_r 对应的矩阵 $\boldsymbol{A}$ 的 r 个行向量即为矩阵 $\boldsymbol{A}$ 的行向量组的一个最大无关组；由定理 5.13 可以看出 $R(\boldsymbol{A})$ 既可理解为矩阵 $\boldsymbol{A}$ 的秩，也可理解为 $\boldsymbol{A}$ 的列（行）向量组的秩.

例 5.8 设矩阵 $\boldsymbol{A}=\begin{pmatrix}2&-1&-1&1&2\\1&1&-2&1&4\\4&-6&2&-2&4\\3&6&-9&7&9\end{pmatrix}$，

求 $\boldsymbol{A}$ 的列向量组的一个最大无关组；把不属于此最大无关组的列向量用此最大无关组线性表示.

解 把 $\boldsymbol{A}$ 化为行最简形得

$$\boldsymbol{A}=(\boldsymbol{a}_1,\boldsymbol{a}_2,\boldsymbol{a}_3,\boldsymbol{a}_4,\boldsymbol{a}_5)\xrightarrow{r}\begin{pmatrix}1&0&-1&0&4\\0&1&-1&0&3\\0&0&0&1&-3\\0&0&0&0&0\end{pmatrix}$$

$$=(\tilde{\boldsymbol{a}}_1,\tilde{\boldsymbol{a}}_2,\tilde{\boldsymbol{a}}_3,\tilde{\boldsymbol{a}}_4,\tilde{\boldsymbol{a}}_5)=\tilde{\boldsymbol{A}}.$$

显然，$\tilde{\boldsymbol{a}}_1,\tilde{\boldsymbol{a}}_2,\tilde{\boldsymbol{a}}_4$ 为矩阵 $\tilde{\boldsymbol{A}}$ 的列向量组的一个最大无关组，且有 $\tilde{\boldsymbol{a}}_3=-\tilde{\boldsymbol{a}}_1-\tilde{\boldsymbol{a}}_2$，$\tilde{\boldsymbol{a}}_5=4\tilde{\boldsymbol{a}}_1+3\tilde{\boldsymbol{a}}_2-3\tilde{\boldsymbol{a}}_4$.

从而矩阵 $\boldsymbol{A}$ 的列向量组的一个最大无关组相应地可取为 $\boldsymbol{a}_1,\boldsymbol{a}_2,\boldsymbol{a}_4$；

且有 $\boldsymbol{a}_3=-\boldsymbol{a}_1-\boldsymbol{a}_2$，$\boldsymbol{a}_5=4\boldsymbol{a}_1+3\boldsymbol{a}_2-3\boldsymbol{a}_4$.

习题 5.3

1. 利用初等行变换求下列矩阵的列向量组的一个最大无关组，并把其余列向量用此最大无关组线性表示：

(1) $\begin{pmatrix}25&31&17&43\\75&94&53&132\\75&94&54&134\\25&32&20&48\end{pmatrix}$；

(2) $\begin{pmatrix} 1 & 1 & 2 & 2 & 1 \\ 0 & 2 & 1 & 5 & -1 \\ 2 & 0 & 3 & -1 & 3 \\ 1 & 1 & 0 & 4 & -1 \end{pmatrix}$.

2. 求向量组

$\boldsymbol{\alpha}_1 = (1,2,-1,1)^{\mathrm{T}}, \boldsymbol{\alpha}_2 = (2,0,t,0)^{\mathrm{T}}$,

$\boldsymbol{\alpha}_3 = (0,-4,5,-2)^{\mathrm{T}}, \boldsymbol{\alpha}_4 = (3,-2,t+4,-1)^{\mathrm{T}}$ 的秩和一个最大无关组.

3. 设有 n 维向量组 $\boldsymbol{A}:\boldsymbol{a}_1,\boldsymbol{a}_2,\cdots,\boldsymbol{a}_n$，证明它们线性无关的充分必要条件是任一 n 维向量都可由它们线性表示.

4. 设向量组 $\boldsymbol{a}_1,\boldsymbol{a}_2,\cdots,\boldsymbol{a}_m$ 线性相关，且 $\boldsymbol{a}_1 \neq \boldsymbol{0}$，证明存在某个向量 $\boldsymbol{a}_k(2 \leqslant k \leqslant m)$ 使 $\boldsymbol{a}_k$ 能由 $\boldsymbol{a}_1,\cdots,\boldsymbol{a}_{k-1}$ 线性表示.

5. 设向量组 $\boldsymbol{B}$ 能由向量组 $\boldsymbol{A}$ 线性表示，且它们的秩相等，证明向量组 $\boldsymbol{A}$ 与向量组 $\boldsymbol{B}$ 等价.

5.4 线性方程组解的结构

本节我们用向量组的线性相关性理论来讨论线性方程组解的结构. 先讨论齐次线性方程组.

设有齐次线性方程组：

$$\begin{cases} a_{11}x_1 + a_{12}x_2 + \cdots + a_{1n}x_n = 0, \\ a_{21}x_1 + a_{22}x_2 + \cdots + a_{2n}x_n = 0, \\ \qquad \vdots \\ a_{m1}x_1 + a_{m2}x_2 + \cdots + a_{mn}x_n = 0. \end{cases} \tag{5-7}$$

记 $\boldsymbol{A} = \begin{pmatrix} a_{11} & a_{12} & \cdots & a_{1n} \\ a_{21} & a_{22} & \cdots & a_{2n} \\ \vdots & \vdots & & \vdots \\ a_{m1} & a_{m2} & \cdots & a_{mn} \end{pmatrix}, \boldsymbol{x} = \begin{pmatrix} x_1 \\ x_2 \\ \vdots \\ x_n \end{pmatrix}, \boldsymbol{0} = \begin{pmatrix} 0 \\ 0 \\ \vdots \\ 0 \end{pmatrix}$,

则得齐次线性方程组（5-7）的矩阵形式 $\boldsymbol{Ax} = \boldsymbol{0}$.

若 $\begin{cases} x_1 = \xi_{1i}, \\ x_2 = \xi_{2i}, \\ \quad \vdots \\ x_n = \xi_{ni} \end{cases}$ 满足齐次方程组(5-7)，则称向量 $\boldsymbol{\xi}_i = \begin{pmatrix} \xi_{1i} \\ \xi_{2i} \\ \vdots \\ \xi_{ni} \end{pmatrix}$ 为齐次方程组(5-7)的解(向量).

齐次线性方程组 $\boldsymbol{Ax}=\boldsymbol{0}$ 的解具有下列性质：

性质 5.1　若 $\boldsymbol{\xi}_1,\boldsymbol{\xi}_2$ 是 $\boldsymbol{Ax}=\boldsymbol{0}$ 的解，则 $\boldsymbol{\xi}_1+\boldsymbol{\xi}_2$ 也是 $\boldsymbol{Ax}=\boldsymbol{0}$ 的解.

证　因 $\boldsymbol{A}(\boldsymbol{\xi}_1+\boldsymbol{\xi}_2) = \boldsymbol{A\xi}_1+\boldsymbol{A\xi}_2 = \boldsymbol{0}+\boldsymbol{0} = \boldsymbol{0}$，故 $\boldsymbol{\xi}_1+\boldsymbol{\xi}_2$ 是 $\boldsymbol{Ax}=\boldsymbol{0}$ 的解.

性质 5.2　若 $\boldsymbol{\xi}$ 是 $\boldsymbol{Ax}=\boldsymbol{0}$ 的解，k 为任意数，则 $k\boldsymbol{\xi}$ 也是 $\boldsymbol{Ax}=\boldsymbol{0}$ 的解.

证　因 $\boldsymbol{A}(k\boldsymbol{\xi}) = k(\boldsymbol{A\xi}) = k\boldsymbol{0} = \boldsymbol{0}$，故 $k\boldsymbol{\xi}$ 是 $\boldsymbol{Ax}=\boldsymbol{0}$ 的解.

对于齐次线性方程组，上述两点表明齐次线性方程组解的线性组合还是该方程组的解. 如果方程组有解，那么方程组的解集是一个向量组. 由于向量组中的向量可以用该向量组的最大无关组线性表示，所以齐次线性方程组的任一解可以用部分解线性表示，从而可以得到方程组的通解.

定义 5.7　齐次线性方程组 $\boldsymbol{Ax}=\boldsymbol{0}$ 解集 S 的最大无关组若存在，则称为方程组 $\boldsymbol{Ax}=\boldsymbol{0}$ 的基础解系.

设 $\boldsymbol{\xi}_1,\boldsymbol{\xi}_2,\cdots,\boldsymbol{\xi}_t$ 是齐次线性方程组 $\boldsymbol{Ax}=\boldsymbol{0}$ 的基础解系，则易知

$$\boldsymbol{x}=k_1\boldsymbol{\xi}_1+k_2\boldsymbol{\xi}_2+\cdots+k_t\boldsymbol{\xi}_t(k_1,k_2,\cdots,k_t\text{ 为任意常数})$$

是方程组 $\boldsymbol{Ax}=\boldsymbol{0}$ 的通解.

因此，求出齐次线性方程组的基础解系即可写出该方程组的通解.

前面我们用初等行变换的方法求线性方程组的通解，下面我们用同样的方法求齐次线性方程组的基础解系.

例 5.9　求齐次线性方程组 $\begin{cases}x_1+2x_2+x_3-x_4=0,\\3x_1+6x_2-x_3-3x_4=0,\\5x_1+10x_2+x_3-5x_4=0\end{cases}$

的基础解系与通解.

解　把系数矩阵化为行最简形得

$$\boldsymbol{A}=\begin{pmatrix}1&2&1&-1\\3&6&-1&-3\\5&10&1&-5\end{pmatrix}\xrightarrow{r}\begin{pmatrix}1&2&0&-1\\0&0&1&0\\0&0&0&0\end{pmatrix},$$

于是有 $\begin{cases}x_1=-2x_2+x_4,\\x_3=0.\end{cases}$

令自由未知量 $x_2=c_1$，$x_4=c_2$，得方程组通解为

$$\begin{pmatrix}x_1\\x_2\\x_3\\x_4\end{pmatrix}=\begin{pmatrix}-2c_1+c_2\\c_1\\0\\c_2\end{pmatrix}=c_1\begin{pmatrix}-2\\1\\0\\0\end{pmatrix}+c_2\begin{pmatrix}1\\0\\0\\1\end{pmatrix},\text{记作 }\boldsymbol{x}=c_1\boldsymbol{\xi}_1+c_2\boldsymbol{\xi}_2.$$

由 $\begin{pmatrix}1\\0\end{pmatrix}$，$\begin{pmatrix}0\\1\end{pmatrix}$ 线性无关知向量组 $\boldsymbol{\xi}_1$，$\boldsymbol{\xi}_2$ 线性无关，从而 $\boldsymbol{\xi}_1$，$\boldsymbol{\xi}_2$ 即为齐次方程组的一个基础解系.

由以上解题过程不难得出一般性结论：n 元齐次线性方程组 $\boldsymbol{Ax}=\boldsymbol{0}$ 的基础解系中含有的解的个数即为其通解中含有的任意常数的个数，也就是自由未知量的个数，而自由未知量的个数易知是 $n-R(\boldsymbol{A})$ 个，由此就可以得到下面这个定理.

定理 5.14　设 $m\times n$ 矩阵 $\boldsymbol{A}$ 的秩 $R(\boldsymbol{A})=r$，则 n 元齐次线性方程组 $\boldsymbol{Ax}=\boldsymbol{0}$ 的解集的秩 $R(S)=n-r$.

例 5.10　设 $\boldsymbol{A}_{m\times n}\boldsymbol{B}_{n\times l}=\boldsymbol{O}$，证明 $R(\boldsymbol{A})+R(\boldsymbol{B})\leqslant n$.

证　设 $\boldsymbol{B}=(\boldsymbol{b}_1,\boldsymbol{b}_2,\cdots,\boldsymbol{b}_l)$，则 $\boldsymbol{A}(\boldsymbol{b}_1,\boldsymbol{b}_2,\cdots,\boldsymbol{b}_l)=(\boldsymbol{0},\boldsymbol{0},\cdots,\boldsymbol{0})$，从而 $\boldsymbol{Ab}_i=\boldsymbol{0}\ (i=1,2,\cdots,l)$，故 $\boldsymbol{b}_1,\boldsymbol{b}_2,\cdots,\boldsymbol{b}_l$ 均为方程组 $\boldsymbol{Ax}=\boldsymbol{0}$ 的解.

记 $S = \{x \mid Ax = 0\}$，则 $R(S) = n - R(A)$，因为向量组 $b_1, b_2, \cdots, b_l$ 可由向量组 S 线性表示，所以向量组 $b_1, b_2, \cdots, b_l$ 的秩 $R(b_1, b_2, \cdots, b_l) \leqslant R(S)$.

即 $R(b_1, b_2, \cdots, b_l) \leqslant n - R(A)$，从而 $R(A) + R(B) \leqslant n$.

例 5.11 设 n 元齐次线性方程组 $Ax = 0$ 与 $Bx = 0$ 同解，

证明：$R(A) = R(B)$.

证 因 $Ax = 0$ 与 $Bx = 0$ 的解集相同，从而 $n - R(A) = n - R(B)$，于是 $R(A) = R(B)$.

由此可见，当矩阵 A，B 的列数相等时，要证明 $R(A) = R(B)$，只需证明齐次方程组 $Ax = 0$ 与 $Bx = 0$ 同解.

例 5.12 证明：$R(A^TA) = R(A)$.

证 设 A 为 $m \times n$ 矩阵，则 A^TA 为 $n \times n$ 矩阵，从而 A 与 A^TA 有相同的列数，故只需证明齐次线性方程组 $Ax = 0$ 与 $A^TAx = 0$ 同解.

若 x 是 $Ax = 0$ 的解，则 $A^TAx = A^T(Ax) = A^T0 = 0$，从而 x 也是 $A^TAx = 0$ 的解；若 x 是 $A^TAx = 0$ 的解，则 $x^T(A^TAx) = x^T0 = 0$，

即 $(Ax)^TAx = 0$，从而 $Ax = 0$，即 x 也是 $Ax = 0$ 的解.

综上可知方程组 $Ax = 0$ 与 $A^TAx = 0$ 同解. 因此 $R(A^TA) = R(A)$.

下面讨论非齐次线性方程组解的结构.

设有非齐次线性方程组：

$$\begin{cases} a_{11}x_1 + a_{12}x_2 + \cdots + a_{1n}x_n = b_1, \\ a_{21}x_1 + a_{22}x_2 + \cdots + a_{2n}x_n = b_2, \\ \qquad\qquad \vdots \\ a_{m1}x_1 + a_{m2}x_2 + \cdots + a_{mn}x_n = b_m, \end{cases}$$

$$记 A = \begin{pmatrix} a_{11} & a_{12} & \cdots & a_{1n} \\ a_{21} & a_{22} & \cdots & a_{2n} \\ \vdots & \vdots & & \vdots \\ a_{m1} & a_{m2} & \cdots & a_{mn} \end{pmatrix}, x = \begin{pmatrix} x_1 \\ x_2 \\ \vdots \\ x_n \end{pmatrix}, b = \begin{pmatrix} b_1 \\ b_2 \\ \vdots \\ b_m \end{pmatrix},$$

则这个非齐次线性方程组的矩阵形式为 $Ax = b$.

非齐次线性方程组 $Ax = b$ 的解（向量）有如下性质：

性质 5.3 若 $x = \eta_1$ 及 $x = \eta_2$ 都是非齐次线性方程组 $Ax = b$ 的解，则 $\eta_1 - \eta_2$ 为对应的齐次线性方程组 $Ax = 0$ 的解.

证 由 $A(\eta_1 - \eta_2) = A\eta_1 - A\eta_2 = b - b = 0$ 知 $\eta_1 - \eta_2$ 是 $Ax = 0$ 的解.

性质 5.4 设 $x = \eta$ 是 $Ax = b$ 的解，$x = \xi$ 是 $Ax = 0$ 的解，则 $\eta + \xi$ 仍是 $Ax = b$ 的解.

证 由 $A(\eta + \xi) = A\eta + A\xi = b + 0 = b$，知 $\eta + \xi$ 是 $Ax = b$ 的解.

综合上面的讨论，不难得到非齐次线性方程组解的结构：

设 $\boldsymbol{x}=\boldsymbol{\eta}^*$ 是 $\boldsymbol{Ax}=\boldsymbol{b}$ 的任意一个解，又设 $\boldsymbol{\xi}_1,\boldsymbol{\xi}_2,\cdots,\boldsymbol{\xi}_{n-r}$ 是 $\boldsymbol{Ax}=\boldsymbol{0}$ 的基础解系，则 $\boldsymbol{Ax}=\boldsymbol{b}$ 的通解为 $\boldsymbol{x}=k_1\boldsymbol{\xi}_1+k_2\boldsymbol{\xi}_2+\cdots+k_{n-r}\boldsymbol{\xi}_{n-r}+\boldsymbol{\eta}^*$（其中 $k_1,k_2,\cdots,k_{n-r}$ 为常数）.

事实上，设 $\boldsymbol{x}$ 为 $\boldsymbol{Ax}=\boldsymbol{b}$ 的任意一个解，因 $\boldsymbol{\eta}^*$ 为 $\boldsymbol{Ax}=\boldsymbol{b}$ 的解，故 $\boldsymbol{x}-\boldsymbol{\eta}^*$ 是 $\boldsymbol{Ax}=\boldsymbol{0}$ 的解，于是存在常数 $k_1,k_2,\cdots,k_{n-r}$ 使

$$\boldsymbol{x}-\boldsymbol{\eta}^*=k_1\boldsymbol{\xi}_1+k_2\boldsymbol{\xi}_2+\cdots+k_{n-r}\boldsymbol{\xi}_{n-r},$$

从而 $\boldsymbol{x}=k_1\boldsymbol{\xi}_1+k_2\boldsymbol{\xi}_2+\cdots+k_{n-r}\boldsymbol{\xi}_{n-r}+\boldsymbol{\eta}^*$.

简言之，非齐次线性方程组的通解就是该方程组的一个特解与对应的齐次线性方程组通解之和.

例 5.13 求解方程组：

$$\begin{cases} x_1+2x_2+3x_3+4x_4=5, \\ 2x_1+4x_2+4x_3+6x_4=8, \\ -x_1-2x_2-x_3-2x_4=-3. \end{cases}$$

解 写出增广矩阵并将其经初等行变换化为行最简形：

$$(\boldsymbol{A},\boldsymbol{b})=\begin{pmatrix} 1 & 2 & 3 & 4 & 5 \\ 2 & 4 & 4 & 6 & 8 \\ -1 & -2 & -1 & -2 & -3 \end{pmatrix}\xrightarrow{r}\begin{pmatrix} 1 & 2 & 0 & 1 & 2 \\ 0 & 0 & 1 & 1 & 1 \\ 0 & 0 & 0 & 0 & 0 \end{pmatrix},$$

从而得 $\boldsymbol{Ax}=\boldsymbol{b}$ 的等价方程组 $\begin{cases} x_1=-2x_2-x_4+2, \\ x_3=-x_4+1, \end{cases}$

令 $\begin{pmatrix} x_2 \\ x_4 \end{pmatrix}=\begin{pmatrix} k_1 \\ k_2 \end{pmatrix}$（$k_1,k_2$ 为任意常数），得 $\boldsymbol{Ax}=\boldsymbol{b}$ 通解为

$$\begin{pmatrix} x_1 \\ x_2 \\ x_3 \\ x_4 \end{pmatrix}=\begin{pmatrix} -2k_1-k_2+2 \\ k_1 \\ -k_2+1 \\ k_2 \end{pmatrix}=k_1\begin{pmatrix} -2 \\ 1 \\ 0 \\ 0 \end{pmatrix}+k_2\begin{pmatrix} -1 \\ 0 \\ -1 \\ 1 \end{pmatrix}+\begin{pmatrix} 2 \\ 0 \\ 1 \\ 0 \end{pmatrix}.$$

显然，其中 $\boldsymbol{\xi}_1=\begin{pmatrix} -2 \\ 1 \\ 0 \\ 0 \end{pmatrix}$，$\boldsymbol{\xi}_2=\begin{pmatrix} -1 \\ 0 \\ -1 \\ 1 \end{pmatrix}$ 为 $\boldsymbol{Ax}=\boldsymbol{0}$ 的基础解系，

$\boldsymbol{\eta}^*=\begin{pmatrix} 2 \\ 0 \\ 1 \\ 0 \end{pmatrix}$ 为 $\boldsymbol{Ax}=\boldsymbol{b}$ 的一个特解.

习题 5.4

1. 求下列齐次线性方程组的基础解系：

(1) $\begin{cases} 2x_1+x_2-2x_3+3x_4=0, \\ 3x_1+2x_2-x_3+2x_4=0, \\ x_1+x_2+x_3-x_4=0; \end{cases}$

(2) $\begin{cases} x_1+x_2-x_3-x_4=0, \\ 2x_1-5x_2+3x_3+2x_4=0, \\ 7x_1-7x_2+3x_3+x_4=0; \end{cases}$

(3) $nx_1+(n-1)x_2+\cdots+2x_{n-1}+x_n=0.$

2. 求出一个齐次线性方程组，使它的基础解系由下列向量组成：

$$\boldsymbol{\xi}_1=\begin{pmatrix}1\\2\\3\\4\end{pmatrix},\quad \boldsymbol{\xi}_2=\begin{pmatrix}4\\3\\2\\1\end{pmatrix}.$$

3. 设 $\boldsymbol{A}$ 为 n 阶矩阵（$n\geqslant 2$），$\boldsymbol{A}^*$ 为 $\boldsymbol{A}$ 的伴随矩阵，证明：

$$R(\boldsymbol{A}^*)=\begin{cases} n, 当 R(\boldsymbol{A})=n, \\ 1, 当 R(\boldsymbol{A})=n-1, \\ 0, 当 R(\boldsymbol{A})\leqslant n-2. \end{cases}$$

4. 求下列非齐次线性方程组的一个解及对应的齐次线性方程组的基础解系：

(1) $\begin{cases} x_1+2x_2-x_3+3x_4+x_5=2, \\ 2x_1+4x_2-2x_3+6x_4+3x_5=6, \\ -x_1-2x_2+x_3-x_4+3x_5=4; \end{cases}$

(2) $\begin{cases} x_1-5x_2+2x_3-3x_4=11, \\ 5x_1+3x_2+6x_3-x_4=-1, \\ 2x_1+4x_2+2x_3+x_4=-6. \end{cases}$

5. 设四元非齐次线性方程组 $\boldsymbol{Ax}=\boldsymbol{b}$ 的系数矩阵 $\boldsymbol{A}$ 的秩为 3，已知它的三个解向量为 $\boldsymbol{\eta}_1$，$\boldsymbol{\eta}_2$，$\boldsymbol{\eta}_3$，其中，$\boldsymbol{\eta}_1=\begin{pmatrix}3\\-4\\1\\2\end{pmatrix}$，$\boldsymbol{\eta}_2+\boldsymbol{\eta}_3=\begin{pmatrix}4\\6\\8\\0\end{pmatrix}$，求该方程组的通解.

6. 设有向量组 A：$\boldsymbol{a}_1=\begin{pmatrix}\alpha\\2\\10\end{pmatrix}$，$\boldsymbol{a}_2=\begin{pmatrix}-2\\1\\5\end{pmatrix}$，$\boldsymbol{a}_3=\begin{pmatrix}-1\\1\\4\end{pmatrix}$ 及向量 $\boldsymbol{b}=\begin{pmatrix}1\\\beta\\-1\end{pmatrix}$，问 α,β 为何值时：

（1）向量 $\boldsymbol{b}$ 不能由向量组 A 线性表示；

（2）向量 $\boldsymbol{b}$ 能由向量组 A 线性表示且表示式唯一；

（3）向量 $\boldsymbol{b}$ 能由向量组 A 线性表示，且表示式不唯一，并求出一般表示式.

7. 设 $\boldsymbol{\eta}^*$ 是非齐次线性方程组 $\boldsymbol{Ax}=\boldsymbol{b}$ 的一个解，$\boldsymbol{\xi}_1$，…，$\boldsymbol{\xi}_{n-r}$是对应的齐次线性方程组的一个基础解系. 证明：

(1) $\boldsymbol{\eta}^*,\boldsymbol{\xi}_1,\cdots,\boldsymbol{\xi}_{n-r}$ 线性无关；

(2) $\boldsymbol{\eta}^*,\boldsymbol{\eta}^*+\boldsymbol{\xi}_1,\cdots,\boldsymbol{\eta}^*+\boldsymbol{\xi}_{n-r}$ 线性无关.

8. 设 $\boldsymbol{\eta}_1,\cdots,\boldsymbol{\eta}_s$ 是非齐次线性方程组 $\boldsymbol{Ax}=\boldsymbol{b}$ 的 s 个解，$k_1,\cdots,k_s$ 为实数，满足 $k_1+k_2+\cdots+k_s=1$. 证明：$\boldsymbol{x}=k_1\boldsymbol{\eta}_1+k_2\boldsymbol{\eta}_2+\cdots+k_s\boldsymbol{\eta}_s$ 也是它的解.

5.5 向量空间

向量空间是线性代数最基本的概念之一，这一节我们来介绍它的定义，并讨论它的结构.

定义 5.8　设 V 为 n 维向量构成的非空集合，若同时满足：

1）对于任意 $\boldsymbol{\alpha},\boldsymbol{\beta}\in V$ 有 $\boldsymbol{\alpha}+\boldsymbol{\beta}\in V$（即集合 V 对加法运算封闭）；

2）对于任意 $\lambda\in\mathbf{R}$，$\boldsymbol{\alpha}\in V$ 有 $\lambda\boldsymbol{\alpha}\in V$（即集合 V 对数乘运算封闭），则称集合 V 为向量空间.

例 5.14　记 $\mathbf{R}^n=\{(x_1,x_2,\cdots,x_n)^{\mathrm{T}}\mid x_i\in\mathbf{R},i=1,2,\cdots,n\}$，则易知 $\mathbf{R}^n$ 是向量空间.

例 5.15 记 $V_0 = \{(0,x_2,\cdots,x_n)^{\mathrm{T}} \mid x_i \in \mathbf{R}, i = 2,3,\cdots,n\}$，则易知 V_0 是向量空间.

例 5.16 记 $V_1 = \{(1,x_2,\cdots,x_n)^{\mathrm{T}} \mid x_i \in \mathbf{R}, i = 2,3,\cdots,n\}$，显然，$V_1$ 对加法运算不封闭，从而不是向量空间.

例 5.17 n 元齐次线性方程组的解集 $S = \{\boldsymbol{x} \mid \boldsymbol{Ax} = \boldsymbol{0}, \boldsymbol{x} \in \mathbf{R}^n\}$ 是向量空间，称为该齐次线性方程组的解空间.

例 5.18 n 元非齐次线性方程组的解集 $S = \{\boldsymbol{x} \mid \boldsymbol{Ax} = \boldsymbol{b}, \boldsymbol{x} \in \mathbf{R}^n\}$ 不是向量空间. 因为当 S 为空集，即方程组 $\boldsymbol{Ax}=\boldsymbol{b}$ 无解时，S 不是向量空间.

当 S 非空时，若 $\boldsymbol{x},\boldsymbol{y} \in S$，有

$$\boldsymbol{A}(\boldsymbol{x}+\boldsymbol{y}) = \boldsymbol{Ax} + \boldsymbol{Ay} = \boldsymbol{b} + \boldsymbol{b} = 2\boldsymbol{b} \neq \boldsymbol{b},$$

从而 $\boldsymbol{x}+\boldsymbol{y} \notin S$，即 S 对加法运算不封闭，从而不是向量空间.

定义 5.9　设有向量组 $\boldsymbol{a}_1,\boldsymbol{a}_2,\cdots,\boldsymbol{a}_m$，

记 $L = \{\lambda_1\boldsymbol{a}_1 + \lambda_2\boldsymbol{a}_2 + \cdots + \lambda_m\boldsymbol{a}_m \mid \lambda_i \in \mathbf{R}, i = 1,2,\cdots,m\}$，称 L 是向量组 $\boldsymbol{a}_1,\boldsymbol{a}_2,\cdots,\boldsymbol{a}_m$ 所生成的向量空间.

例 5.19 设向量组 $\boldsymbol{a}_1,\boldsymbol{a}_2,\cdots,\boldsymbol{a}_m$ 与向量组 $\boldsymbol{b}_1,\boldsymbol{b}_2,\cdots,\boldsymbol{b}_s$ 等价，

记 $L_1 = \{\lambda_1\boldsymbol{a}_1 + \lambda_2\boldsymbol{a}_2 + \cdots + \lambda_m\boldsymbol{a}_m \mid \lambda_1,\lambda_2,\cdots,\lambda_m \in \mathbf{R}\}$，

$L_2 = \{\mu_1\boldsymbol{b}_1 + \mu_2\boldsymbol{b}_2 + \cdots + \mu_s\boldsymbol{b}_s \mid \mu_1,\mu_2,\cdots,\mu_s \in \mathbf{R}\}$，

证明：$L_1 = L_2$.

证　先证 $L_1 \subseteq L_2$. 对于任意 $\boldsymbol{x} \in L_1$，则 $\boldsymbol{x}$ 可由 $\boldsymbol{a}_1,\boldsymbol{a}_2,\cdots,\boldsymbol{a}_m$ 线性表示，又 $\boldsymbol{a}_1,\boldsymbol{a}_2,\cdots,\boldsymbol{a}_m$ 可由 $\boldsymbol{b}_1,\boldsymbol{b}_2,\cdots,\boldsymbol{b}_s$ 线性表示，从而 $\boldsymbol{x}$ 可由 $\boldsymbol{b}_1,\boldsymbol{b}_2,\cdots,\boldsymbol{b}_s$ 线性表示，于是 $\boldsymbol{x} \in L_2$，从而 $L_1 \subseteq L_2$.

类似可证 $L_2 \subseteq L_1$，因此 $L_1 = L_2$.

定义 5.10　设 V_1，V_2 均为向量空间，若 $V_1 \subseteq V_2$，则称 V_1 是 V_2 的子空间.

例如，例 5.15 中的 V_0 和例 5.17 中的 S 都是 $\mathbf{R}^n$ 的子空间.

定义 5.11　设 V 为向量空间，向量 $\boldsymbol{a}_1,\boldsymbol{a}_2,\cdots,\boldsymbol{a}_r \in V$，若同时满足(1) $\boldsymbol{a}_1,\boldsymbol{a}_2,\cdots,\boldsymbol{a}_r$ 线性无关；

(2) V 中每一向量都可由 $\boldsymbol{a}_1,\boldsymbol{a}_2,\cdots,\boldsymbol{a}_r$ 线性表示，则称 $\boldsymbol{a}_1,\boldsymbol{a}_2,\cdots,\boldsymbol{a}_r$ 是向量空间 V 的一个基，称数 r 是向量空间 V 的维数，记作 $\dim(V) = r$，称 V 为 r 维向量空间.

如果向量空间 V 没有基，则规定 $\dim(V) = 0$.

0 维向量空间只含一个零向量.

若把向量空间 V 看作向量组，则 V 的基就是向量组 V 的一个最大无关组，$\dim(V)$ 就是 V 的秩.

由此可见，一个向量空间就是由它的一个基生成的向量空间.

例 5.20 记 $V_0=\left\{\begin{pmatrix}0\\x_2\\\vdots\\x_n\end{pmatrix}\middle| x_i\in\mathbf{R}, i=2,3,\cdots,n\right\}$，写出 V_0 的一个基并求出 $\dim(V_0)$.

解 V_0 的一个基可取为 $\boldsymbol{e}_2=(0,1,0,\cdots,0)^{\mathrm{T}}$，$\boldsymbol{e}_3=(0,0,1,\cdots,0)^{\mathrm{T}}$，…，$\boldsymbol{e}_n=(0,0,0,\cdots,1)^{\mathrm{T}}$，从而 $\dim(V_0)=n-1$.

例 5.21 n 元齐次线性方程组 $\boldsymbol{Ax}=\mathbf{0}$ 的解空间 $S=\{\boldsymbol{x}\mid\boldsymbol{Ax}=\mathbf{0},\boldsymbol{x}\in\mathbf{R}^n\}$，若方程组 $\boldsymbol{Ax}=\mathbf{0}$ 有非零解，则 $\boldsymbol{Ax}=\mathbf{0}$ 的基础解系 $\boldsymbol{\xi}_1,\boldsymbol{\xi}_2,\cdots,\boldsymbol{\xi}_{n-r}$ 即为 S 的一个基（其中 $r=R(\boldsymbol{A})$），从而 $\dim(S)=n-r$.

定义 5.12 V 为向量空间，$\boldsymbol{a}_1,\boldsymbol{a}_2,\cdots,\boldsymbol{a}_r$ 是 V 的一个基. 对于任意 $\boldsymbol{x}\in V$，$\boldsymbol{x}$ 可由向量组 $\boldsymbol{a}_1,\boldsymbol{a}_2,\cdots,\boldsymbol{a}_r$ 唯一地线性表示，设 $\boldsymbol{x}=\lambda_1\boldsymbol{a}_1+\lambda_2\boldsymbol{a}_2+\cdots+\lambda_r\boldsymbol{a}_r$，有序数组 $\lambda_1,\lambda_2,\cdots,\lambda_r$ 称为向量 $\boldsymbol{x}$ 在基 $\boldsymbol{a}_1,\boldsymbol{a}_2,\cdots,\boldsymbol{a}_r$ 下的坐标.

例 5.22 在 $\mathbf{R}^n$ 中，取 $\boldsymbol{e}_1=(1,0,0,\cdots,0)^{\mathrm{T}}$，$\boldsymbol{e}_2=(0,1,0,\cdots,0)^{\mathrm{T}}$，…，$\boldsymbol{e}_n=(0,0,0,\cdots,1)^{\mathrm{T}}$，则 $\boldsymbol{e}_1,\boldsymbol{e}_2,\cdots,\boldsymbol{e}_n$ 是 $\mathbf{R}^n$ 的一个基（称为 $\mathbf{R}^n$ 的自然基），对于 $\mathbf{R}^n$ 中任一向量 $\boldsymbol{x}=(x_1,x_2,\cdots,x_n)^{\mathrm{T}}$，由

$$\boldsymbol{x}=x_1\boldsymbol{e}_1+x_2\boldsymbol{e}_2+\cdots+x_n\boldsymbol{e}_n$$

知向量 $\boldsymbol{x}$ 在基 $\boldsymbol{e}_1,\boldsymbol{e}_2,\cdots,\boldsymbol{e}_n$ 下的坐标为 $(x_1,x_2,\cdots,x_n)$.

例 5.23 设

$$\boldsymbol{A}=(\boldsymbol{a}_1,\boldsymbol{a}_2,\boldsymbol{a}_3)=\begin{pmatrix}2&2&-1\\2&-1&2\\-1&2&2\end{pmatrix},\boldsymbol{B}=(\boldsymbol{b}_1,\boldsymbol{b}_2)=\begin{pmatrix}1&4\\0&3\\-4&2\end{pmatrix}.$$

证明：$\boldsymbol{a}_1,\boldsymbol{a}_2,\boldsymbol{a}_3$ 是 $\mathbf{R}^3$ 的一个基，并求 $\boldsymbol{b}_1,\boldsymbol{b}_2$ 在这个基下的坐标.

分析 因 $\dim(\mathbf{R}^3)=3$，要证 $\boldsymbol{a}_1,\boldsymbol{a}_2,\boldsymbol{a}_3$ 是 $\mathbf{R}^3$ 的一个基，只要证 $\boldsymbol{a}_1,\boldsymbol{a}_2,\boldsymbol{a}_3$ 线性无关或 $R(\boldsymbol{a}_1,\boldsymbol{a}_2,\boldsymbol{a}_3)=3$ 即可.

设 $\boldsymbol{b}_1=\lambda_1\boldsymbol{a}_1+\lambda_2\boldsymbol{a}_2+\lambda_3\boldsymbol{a}_3$，$\boldsymbol{b}_2=\mu_1\boldsymbol{a}_1+\mu_2\boldsymbol{a}_2+\mu_3\boldsymbol{a}_3$.

即 $(\boldsymbol{b}_1,\boldsymbol{b}_2)=(\boldsymbol{a}_1,\boldsymbol{a}_2,\boldsymbol{a}_3)\begin{pmatrix}\lambda_1&\mu_1\\\lambda_2&\mu_2\\\lambda_3&\mu_3\end{pmatrix}$，

记 $\boldsymbol{X}=\begin{pmatrix}\lambda_1&\mu_1\\\lambda_2&\mu_2\\\lambda_3&\mu_3\end{pmatrix}$，上式即 $\boldsymbol{B}=\boldsymbol{AX}$. 从而要求出 $\boldsymbol{b}_1,\boldsymbol{b}_2$ 在基 $\boldsymbol{a}_1,\boldsymbol{a}_2,\boldsymbol{a}_3$ 下的坐标 $\lambda_1,\lambda_2,\lambda_3$ 及 μ_1,μ_2,μ_3，只要求解矩阵方程 $\boldsymbol{AX}=\boldsymbol{B}$ 即可.

解　把 $(\boldsymbol{A}, \boldsymbol{B})$ 行变换为行最简形得

$$(\boldsymbol{A},\boldsymbol{B})=\begin{pmatrix}2&2&-1&1&4\\2&-1&2&0&3\\-1&2&2&-4&2\end{pmatrix}\xrightarrow{r}\begin{pmatrix}1&0&0&\frac{2}{3}&\frac{4}{3}\\0&1&0&-\frac{2}{3}&1\\0&0&1&-1&\frac{2}{3}\end{pmatrix},$$

从而 $R(\boldsymbol{A})=R\begin{pmatrix}1&0&0\\0&1&0\\0&0&1\end{pmatrix}=3$，于是 $\boldsymbol{a}_1,\boldsymbol{a}_2,\boldsymbol{a}_3$ 线性无关．

又 $\dim(\mathbf{R}^3)=3$，故 $\boldsymbol{a}_1,\boldsymbol{a}_2,\boldsymbol{a}_3$ 是 $\mathbf{R}^3$ 的一个基.

且 $\boldsymbol{b}_1$ 在基 $\boldsymbol{a}_1,\boldsymbol{a}_2,\boldsymbol{a}_3$ 下的坐标为 $\left(\frac{2}{3},\quad -\frac{2}{3},\quad -1\right)$，

$\boldsymbol{b}_2$ 在基 $\boldsymbol{a}_1,\boldsymbol{a}_2,\boldsymbol{a}_3$ 下的坐标为 $\left(\frac{4}{3},\quad 1,\quad \frac{2}{3}\right)$.

例 5.24　在 $\mathbf{R}^n$ 中取出一个基 $\boldsymbol{a}_1,\boldsymbol{a}_2,\cdots,\boldsymbol{a}_n$，再取一个新基 $\boldsymbol{b}_1,\boldsymbol{b}_2,\cdots,\boldsymbol{b}_n$，求用 $\boldsymbol{a}_1,\boldsymbol{a}_2,\cdots,\boldsymbol{a}_n$ 表示 $\boldsymbol{b}_1,\boldsymbol{b}_2,\cdots,\boldsymbol{b}_n$ 的表示式（基变换公式），并求向量在两个基中的坐标之间的关系式（坐标变换公式）.

解　令 $\boldsymbol{A}=(\boldsymbol{a}_1,\boldsymbol{a}_2,\cdots,\boldsymbol{a}_n)$，$\boldsymbol{B}=(\boldsymbol{b}_1,\boldsymbol{b}_2,\cdots,\boldsymbol{b}_n)$，设 $(\boldsymbol{b}_1,\boldsymbol{b}_2,\cdots,\boldsymbol{b}_n)=(\boldsymbol{a}_1,\boldsymbol{a}_2,\cdots,\boldsymbol{a}_n)\boldsymbol{P}$，即 $\boldsymbol{B}=\boldsymbol{A}\boldsymbol{P}$，从而 $\boldsymbol{P}=\boldsymbol{A}^{-1}\boldsymbol{B}$，

于是 $(\boldsymbol{b}_1,\boldsymbol{b}_2,\cdots,\boldsymbol{b}_n)=(\boldsymbol{a}_1,\boldsymbol{a}_2,\cdots,\boldsymbol{a}_n)\boldsymbol{P}$，其中 $\boldsymbol{P}=\boldsymbol{A}^{-1}\boldsymbol{B}$ 称为从旧基到新基的过渡矩阵.

设向量 $\boldsymbol{x}$ 在旧基 $\boldsymbol{a}_1,\boldsymbol{a}_2,\cdots,\boldsymbol{a}_n$ 下的坐标为 $x_1,x_2,\cdots,x_n$，在新基 $\boldsymbol{b}_1,\boldsymbol{b}_2,\cdots,\boldsymbol{b}_n$ 下的坐标为 $y_1,y_2,\cdots,y_n$.

由 $\boldsymbol{x}=(\boldsymbol{a}_1,\boldsymbol{a}_2,\cdots\boldsymbol{a}_n)\begin{pmatrix}x_1\\x_2\\\vdots\\x_n\end{pmatrix}=(\boldsymbol{b}_1,\boldsymbol{b}_2,\cdots,\boldsymbol{b}_n)\begin{pmatrix}y_1\\y_2\\\vdots\\y_n\end{pmatrix}$ 得

$$\boldsymbol{A}\begin{pmatrix}x_1\\x_2\\\vdots\\x_n\end{pmatrix}=\boldsymbol{B}\begin{pmatrix}y_1\\y_2\\\vdots\\y_n\end{pmatrix}.$$

于是 $\begin{pmatrix}y_1\\y_2\\\vdots\\y_n\end{pmatrix}=\boldsymbol{B}^{-1}\boldsymbol{A}\begin{pmatrix}x_1\\x_2\\\vdots\\x_n\end{pmatrix}=\boldsymbol{P}^{-1}\begin{pmatrix}x_1\\x_2\\\vdots\\x_n\end{pmatrix}$，其中 $\boldsymbol{P}=\boldsymbol{A}^{-1}\boldsymbol{B}$.

这就是从旧坐标到新坐标的坐标变换公式.

习题 5.5

1. 设

$V_1=\{(x_1,x_2,x_3,x_4)^T \mid x_1,x_2,x_3,x_4\in\mathbf{R}$ 且 $x_1+x_2+x_3+x_4=0\}$，

$V_2=\{(x_1,x_2,x_3,x_4)^T \mid x_1,x_2,x_3,x_4\in\mathbf{R}$ 且 $x_1+x_2+x_3+x_4=1\}$，

问 V_1，V_2 是不是向量空间？为什么？

2. 由 $\boldsymbol{a}_1=(1,1,0,0)^T$，$\boldsymbol{a}_2=(1,0,1,1)^T$ 所生成的向量空间记作 L_1，由 $\boldsymbol{b}_1=(2,-1,3,3)^T$，$\boldsymbol{b}_2=(0,1,-1,-1)^T$ 所生成的向量空间记作 L_2，试证 $L_1=L_2$.

3. 验证 $\boldsymbol{a}_1=(1,-1,0)^T$，$\boldsymbol{a}_2=(2,1,3)^T$，$\boldsymbol{a}_3=(3,1,2)^T$ 为 $\mathbf{R}^3$ 的一个基，并把 $\boldsymbol{\beta}_1=(5,0,7)^T$，$\boldsymbol{\beta}_2=(-9,-8,-13)^T$ 用这个基线性表示.

4. 已知 $\mathbf{R}^2$ 的两组基 $\boldsymbol{\alpha}_1=\begin{pmatrix}-9\\1\end{pmatrix}$，$\boldsymbol{\alpha}_2=\begin{pmatrix}-5\\-1\end{pmatrix}$ 和 $\boldsymbol{\beta}_1=\begin{pmatrix}1\\-4\end{pmatrix}$，$\boldsymbol{\beta}_2=\begin{pmatrix}3\\-5\end{pmatrix}$，试求 $\boldsymbol{\alpha}_1$，$\boldsymbol{\alpha}_2$ 到 $\boldsymbol{\beta}_1$，$\boldsymbol{\beta}_2$ 的过渡矩阵.

5. 设 $\boldsymbol{\alpha}_1=\begin{pmatrix}1\\0\end{pmatrix}$，$\boldsymbol{\alpha}_2=\begin{pmatrix}0\\1\end{pmatrix}$ 及 $\boldsymbol{\beta}_1=\begin{pmatrix}1\\1\end{pmatrix}$，$\boldsymbol{\beta}_2=\begin{pmatrix}1\\-1/2\end{pmatrix}$ 为线性空间 $V=\mathbf{R}^2$ 的两个基. 又设 $\boldsymbol{\alpha}=-\frac{1}{2}\boldsymbol{\alpha}_1+\boldsymbol{\alpha}_2$，求 $\boldsymbol{\alpha}$ 在 $\boldsymbol{\beta}_1$，$\boldsymbol{\beta}_2$ 下的坐标.

应用 5.1 在差分方程中的应用

在经济与管理等领域，许多数据是以等间隔时间为周期统计的. 例如，银行中的定期存款是按所设定的时间间隔计息，外贸出口额按月统计，国民收入按年统计，产品的产量按月统计等等. 与这些数据相对应的变量称为离散型变量. 描述离散型变量之间的关系的数学模型称为离散型模型. 对于离散型变量，差分方程是研究它们之间变化规律的有效方法.

离散时间信号

离散时间信号向量空间 S 中一个信号是一个定义在整数集上的函数，可用数列表示. 图 5-1 展示了三个典型的信号，它们的通项分别为 $(0.7)^k$，1^k 和 $(-1)^k$.

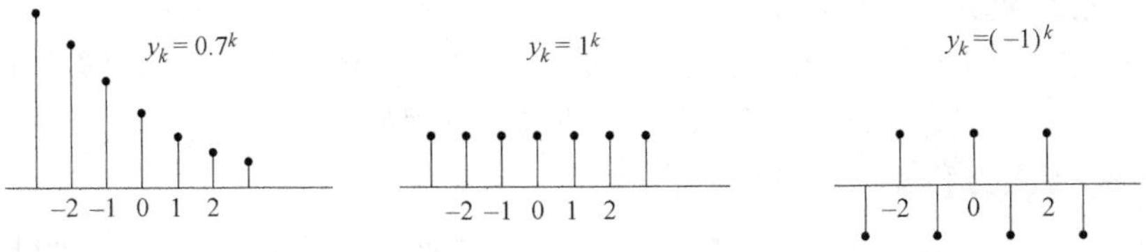

图 5-1 S 中的三个信号

如果一个过程从一个指定的时间开始，通常用序列 $(y_0,y_1,y_2,\cdots)$ 描述一个信号. 对于 $k<0$ 的项 y_k，可以加速为 0 或对其忽略.

信号的线性无关性

为了简化符号，我们考虑一个仅包含 $\{u_k\}$，$\{v_k\}$，$\{w_k\}$ 的集合

S，当方程

$$c_1u_k + c_2v_k + c_3w_k = 0 \tag{5-8}$$

对所有 k 成立，且包含 $c_1 = c_2 = c_3 = 0$ 时，称 $\{u_k\},\{v_k\},\{w_k\}$ 是线性无关的.

假设 c_1,c_2,c_3 满足式（5-8），那么对任意的 k 有

$$\begin{pmatrix} u_k & v_k & w_k \\ u_{k+1} & v_{k+1} & w_{k+1} \\ u_{k+2} & v_{k+2} & w_{k+2} \end{pmatrix}\begin{pmatrix} c_1 \\ c_2 \\ c_3 \end{pmatrix} = \begin{pmatrix} 0 \\ 0 \\ 0 \end{pmatrix}. \tag{5-9}$$

该方程组的系数矩阵称为信号的 Casorati 矩阵，其行列式称为 $\{u_k\}$，$\{v_k\},\{w_k\}$ 的 Casorati 矩阵行列式. 如果对至少一个 k 值 Casorati 矩阵可逆，式（5-9）表明 $c_1 = c_2 = c_3 = 0$，那么这三个信号是线性无关的.

例如，$1^k,(-2)^k$ 和 3^k 是线性无关的信号. 这是因为当 $k = 0$ 时 Casorati 矩阵行列式为

$$\begin{vmatrix} 1 & 1 & 1 \\ 1 & -2 & 3 \\ 1 & 4 & 9 \end{vmatrix} = -30 \neq 0,$$

Casorati 矩阵可逆，所以它们是线性无关的信号.

线性差分方程

给定常数 $a_0,a_1,\cdots,a_n$，其中 a_0,a_n 不为零，设 $\{z_k\}$ 是给定的一个信号，对所有的 k 成立的方程

$$a_0y_{k+n} + a_1y_{k+n-1} + \cdots + a_{n-1}y_{k+1} + a_ny_k = z_k \tag{5-10}$$

称为 n 阶线性差分方程. 为简便计算，a_0 通常取 1. 若 $\{z_k\}$ 是零系列，则方程是齐次的，否则称为非齐次的. 满足上述方程的 $\{y_k\}$ 称为方程的解.

齐次方程的求解方法与线性齐次常系数微分方程求解相同.

例 5.25 解方程 $y_{k+3} - 2y_{k+2} - 5y_{k+1} + 6y_k = 0$，$k \in \mathbf{Z}$.

解 该方程对应的特征方程为 $r^3 - 2r^2 - 5r + 6 = 0$，其解为 1，-2，3. 于是 $1^k,(-2)^k$ 和 3^k 都是差分方程的解.

齐次方程

$$y_{k+n} + a_1y_{k+n-1} + \cdots + a_{n-1}y_{k+1} + a_ny_k = 0, k \in \mathbf{Z} \tag{5-11}$$

的解集 H 是一个 n 维向量空间. 要注意的是，H 中的元素不是 n 维有序数组，我们把 H 称为向量空间，是因为它与 $\mathbf{R}^n$ 有相同的代数性质.

齐次方程和非齐次方程的解的结构与齐次线性方程组和非齐次线性方程组的解的结构类似.

例 5.26 求差分方程

$$y_{k+3} - 2y_{k+2} - 5y_{k+1} + 6y_k = 0, k \in \mathbf{Z}$$

的通解.

解 差分方程是3阶的，所以它的解空间的基由3个线性无关的解向量构成. 由前文讨论知道，$1^k,(-2)^k$ 和 3^k 都是差分方程的解且线性无关，于是方程的通解为 $y_k = c_1 1^k + c_2(-2)^k + c_3 3^k$.

例5.27 验证信号 $y_k = k^2$ 是差分方程

$$y_{k+2} - 4y_{k+1} + 3y_k = -4k, k \in \mathbf{Z}$$

的一个特解，并求该方程的通解.

解 将差分方程中的 y_k 用 k^2 代替，化简得

$$(k+2)^2 - 4(k+1)^2 + 3k^2 = -4k,$$

所以 k^2 是差分方程的一个特解. 又该方程对应的齐次方程的特征方程为

$$r^2 - 4r + 3 = 0,$$

特征根为 $r = 1,3$，所以齐次方程的两个解为 $1^k,3^k$，显然它们是线性无关的，因此原方程的通解为

$$y_k = c_1 1^k + c_2 3^k + k^2.$$

化简成一阶差分方程组.

一阶齐次差分方程可以用矩阵表示为

$$\boldsymbol{x}_{k+1} = \boldsymbol{A}\boldsymbol{x}_k, k \in \mathbf{Z},$$

其中 $\boldsymbol{x}_k \in \mathbf{R}^n$,$\boldsymbol{A}$ 是 n 阶矩阵. 所以可以用一阶差分方程组来研究 n 阶齐次线性差分方程.

在下一章的应用中进一步研究这种矩阵形式的差分方程.

例5.28 将差分方程

$$y_{k+3} - 2y_{k+2} - 5y_{k+1} + 6y_k = 0, k \in \mathbf{Z}$$

写成一个一阶方程组.

解 设 $\boldsymbol{x}_k = (y_k, y_{k+1}, y_{k+2})^{\mathrm{T}}$. 由差分方程得

$$y_{k+3} = -6y_k + 5y_{k+1} + 2y_{k+2},$$

所以

$$\boldsymbol{x}_{k+1} = \begin{pmatrix} y_{k+1} \\ y_{k+2} \\ y_{k+3} \end{pmatrix} = \begin{pmatrix} y_{k+1} \\ y_{k+2} \\ -6y_k + 5y_{k+1} + 2y_{k+2} \end{pmatrix} = \begin{pmatrix} 0 & 1 & 0 \\ 0 & 0 & 1 \\ -6 & 5 & 2 \end{pmatrix}\begin{pmatrix} y_k \\ y_{k+1} \\ y_{k+2} \end{pmatrix},$$

即 $\boldsymbol{x}_{k+1} = \boldsymbol{A}\boldsymbol{x}_k, k \in \mathbf{Z}$，其中 $\boldsymbol{A} = \begin{pmatrix} 0 & 1 & 0 \\ 0 & 0 & 1 \\ -6 & 5 & 2 \end{pmatrix}$.

应用5.2 判断空间两条直线的位置关系

命题 设有两条空间直线：

$$L_1:\begin{cases} A_1x + B_1y + C_1z + D_1 = 0, \\ A_2x + B_2y + C_2z + D_2 = 0, \end{cases} \quad L_2:\begin{cases} A_3x + B_3y + C_3z + D_3 = 0, \\ A_4x + B_4y + C_4z + D_4 = 0. \end{cases}$$

记矩阵 $\boldsymbol{A}=\begin{pmatrix} A_1 & B_1 & C_1 \\ A_2 & B_2 & C_2 \\ A_3 & B_3 & C_3 \\ A_4 & B_4 & C_4 \end{pmatrix}$，矩阵 $\overline{\boldsymbol{A}}=\begin{pmatrix} A_1 & B_1 & C_1 & D_1 \\ A_2 & B_2 & C_2 & D_2 \\ A_3 & B_3 & C_3 & D_3 \\ A_4 & B_4 & C_4 & D_4 \end{pmatrix}$.

那么

(1) 若 $R(\overline{\boldsymbol{A}})=R(\boldsymbol{A})=2$，则两直线重合；

(2) 若 $R(\overline{\boldsymbol{A}})=3$ 且 $R(\boldsymbol{A})=2$，则两直线平行.

证 (1) 若 $R(\overline{\boldsymbol{A}})=R(\boldsymbol{A})=2$.

设两直线的平面束方程分别为

$\lambda_1(A_1x+B_1y+C_1z+D_1)+\lambda_2(A_2x+B_2y+C_2z+D_2)=0$；

$\mu_1(A_3x+B_3y+C_3z+D_3)+\mu_2(A_4x+B_4y+C_4z+D_4)=0$.

即

$(\lambda_1A_1+\lambda_2A_2)x+(\lambda_1B_1+\lambda_2B_2)y+(\lambda_1C_1+\lambda_2C_2)z+(\lambda_1D_1+\lambda_2D_2)=0$；

$(\mu_1A_3+\mu_2A_4)x+(\mu_1B_3+\mu_2B_4)y+(\mu_1C_3+\mu_2C_4)z+(\mu_1D_3+\mu_2D_4)=0$.

记矩阵 $\overline{\boldsymbol{A}}$ 的行向量分别为 $\boldsymbol{a}_1,\boldsymbol{a}_2,\boldsymbol{a}_3,\boldsymbol{a}_4$，则显然向量 $\boldsymbol{a}_1,\boldsymbol{a}_2$ 线性无关，又 $R(\boldsymbol{a}_1,\boldsymbol{a}_2,\boldsymbol{a}_3,\boldsymbol{a}_4)=2$，故向量 $\boldsymbol{a}_1,\boldsymbol{a}_2$ 是向量组 $\boldsymbol{a}_1,\boldsymbol{a}_2,\boldsymbol{a}_3,\boldsymbol{a}_4$ 的一个极大无关组，从而对任意的 $\mu_1\boldsymbol{a}_3+\mu_2\boldsymbol{a}_4$，存在数 λ_1,λ_2，使得 $\lambda_1\boldsymbol{a}_1+\lambda_2\boldsymbol{a}_2=\mu_1\boldsymbol{a}_3+\mu_2\boldsymbol{a}_4$.

同理 $\boldsymbol{a}_3,\boldsymbol{a}_4$ 也是向量组 $\boldsymbol{a}_1,\boldsymbol{a}_2,\boldsymbol{a}_3,\boldsymbol{a}_4$ 的一个极大无关组，从而对任意的 $\lambda_1\boldsymbol{a}_1+\lambda_2\boldsymbol{a}_2$，存在数 μ_1,μ_2，使得 $\lambda_1\boldsymbol{a}_1+\lambda_2\boldsymbol{a}_2=\mu_1\boldsymbol{a}_3+\mu_2\boldsymbol{a}_4$. 这说明两个平面束方程等价，故两条直线重合.

(2) 若 $R(\overline{\boldsymbol{A}})=3$ 且 $R(\boldsymbol{A})=2$.

记矩阵 $\boldsymbol{A}$ 的行向量分别为 $\boldsymbol{b}_1,\boldsymbol{b}_2,\boldsymbol{b}_3,\boldsymbol{b}_4$，则显然向量 $\boldsymbol{b}_1,\boldsymbol{b}_2$ 线性无关，又 $R(\boldsymbol{b}_1,\boldsymbol{b}_2,\boldsymbol{b}_3,\boldsymbol{b}_4)=R(\boldsymbol{A})=2$，故向量组 $\boldsymbol{b}_1,\boldsymbol{b}_2$ 是向量组 $\boldsymbol{b}_1,\boldsymbol{b}_2,\boldsymbol{b}_3,\boldsymbol{b}_4$ 的一个极大无关组，故向量 $\boldsymbol{b}_3,\boldsymbol{b}_4$ 可由向量 $\boldsymbol{b}_1,\boldsymbol{b}_2$ 线性表示.

设 $\boldsymbol{b}_3=k_1\boldsymbol{b}_1+k_2\boldsymbol{b}_2,\boldsymbol{b}_4=l_1\boldsymbol{b}_1+l_2\boldsymbol{b}_2$，于是两条直线的方向向量的向量积为

$$
\begin{aligned}
&(\boldsymbol{b}_1\times\boldsymbol{b}_2)\times(\boldsymbol{b}_3\times\boldsymbol{b}_4)\\
=&(\boldsymbol{b}_1\times\boldsymbol{b}_2)\times[(k_1\boldsymbol{b}_1+k_2\boldsymbol{b}_2)\times(l_1\boldsymbol{b}_1+l_2\boldsymbol{b}_2)]\\
=&(\boldsymbol{b}_1\times\boldsymbol{b}_2)\times[(k_1l_2)\boldsymbol{b}_1\times\boldsymbol{b}_2+(k_2l_1)\boldsymbol{b}_2\times\boldsymbol{b}_1]\\
=&(\boldsymbol{b}_1\times\boldsymbol{b}_2)\times[(k_1l_2-k_2l_1)\boldsymbol{b}_1\times\boldsymbol{b}_2]=\boldsymbol{0}.
\end{aligned}
$$

这说明两条直线的方向向量共线.

又由 $R(\overline{\boldsymbol{A}})=3,R(\boldsymbol{A})=2$ 知 $R(\boldsymbol{A})<R(\overline{\boldsymbol{A}})$，从而由四个平面方程构成的线性方程组：

$$\begin{cases}A_1x+B_1y+C_1z+D_1=0,\\A_2x+B_2y+C_2z+D_2=0,\\A_3x+B_3y+C_3z+D_3=0,\\A_4x+B_4y+C_4z+D_4=0,\end{cases}\text{即}\begin{cases}A_1x+B_1y+C_1z=-D_1,\\A_2x+B_2y+C_2z=-D_2,\\A_3x+B_3y+C_3z=-D_3,\\A_4x+B_4y+C_4z=-D_4\end{cases}\text{无解.}$$

即四个平面无公共交点，故这两条直线无交点，从而这两条直线平行.

例 5.29 设有两条空间直线：

$$L_1:\begin{cases}2x-y+1=0,\\3x-z+2=0,\end{cases}L_2:\begin{cases}3x-z+5=0,\\3y-2z-8=0.\end{cases}$$

试判定它们的空间位置关系.

解 这里

$$\overline{A}=\begin{pmatrix}2&-1&0&1\\3&0&-1&2\\3&0&-1&5\\0&3&-2&-8\end{pmatrix}\to\begin{pmatrix}-1&-1&1&-1\\3&0&-1&2\\3&0&-1&5\\0&3&-2&-8\end{pmatrix}\to\begin{pmatrix}-1&-1&1&-1\\0&-3&2&-1\\0&-3&2&2\\0&3&-2&-8\end{pmatrix}\to$$

$$\begin{pmatrix}-1&-1&1&-1\\0&-3&2&-1\\0&0&0&3\\0&0&0&-9\end{pmatrix}\to\begin{pmatrix}-1&-1&1&-1\\0&-3&2&-1\\0&0&0&3\\0&0&0&0\end{pmatrix},\text{可见 } R(\overline{A})=3,\ R(A)=2.$$

利用上述命题知这两条直线平行.

总习题 5

1. 填空题

(1) 若向量 $\boldsymbol{\alpha}_1=(1,x,-3)$ 与 $\boldsymbol{\alpha}_2=(2,5,y)$ 线性相关，则 $x=$ ________，y ________.

(2) 设向量组 $\boldsymbol{\alpha}_1,\boldsymbol{\alpha}_2,\boldsymbol{\alpha}_3$ 线性无关，则向量组 $\boldsymbol{\alpha}_1,\boldsymbol{\alpha}_1+\boldsymbol{\alpha}_2,\boldsymbol{\alpha}_1+\boldsymbol{\alpha}_2+\boldsymbol{\alpha}_3$ 线性________.

(3) 设矩阵 $\boldsymbol{A}=\begin{pmatrix}1&2&-2\\2&1&2\\3&0&4\end{pmatrix}$，向量 $\boldsymbol{\alpha}=(a,1,1)^{\mathrm{T}}$，已知 $\boldsymbol{A\alpha}$ 与 $\boldsymbol{\alpha}$ 线性相关，则 $a=$ ________.

(4) 设 $\boldsymbol{A}$ 为 4×5 矩阵，$R(\boldsymbol{A})=2$，则齐次方程 $\boldsymbol{Ax}=\boldsymbol{0}$ 的基础解系所含向量的个数是________.

(5) 若向量组 $\boldsymbol{\alpha}_1=\begin{pmatrix}2\\-1\\2\end{pmatrix}$，$\boldsymbol{\alpha}_2=\begin{pmatrix}0\\3\\1\end{pmatrix}$，$\boldsymbol{\alpha}_3=\begin{pmatrix}0\\0\\k-2\end{pmatrix}$不能构成 $\mathbf{R}^3$ 的一个基，则 $k=$ ________.

(6) 齐次线性方程组 $\begin{cases}x_1+3x_3+4x_4-5x_5=0,\\x_2-2x_3-3x_4+x_5=0\end{cases}$ 的解空间的维数是________.

2. 单项选择题

(1) 一个 n 维向量组 $\boldsymbol{\alpha}_1,\boldsymbol{\alpha}_2,\cdots\boldsymbol{\alpha}_s(s>1)$ 线性相关的充要条件是其中（　　）.

A. 有零向量

B. 两个向量对应成比例

C. 至少有一向量是其余向量的线性组合

D. 每个向量是其余向量的线性组合

(2) 一个向量组中的最大线性无关组(　　).

A. 个数唯一

B. 个数不唯一

C. 所含向量个数唯一

D. 所含向量个数不唯一

(3) 设 A 为 n 阶方阵，且 $|A|=0$，则(　　).

A. A 中必有两行元素对应成比例

B. A 中至少有一行元素全为零

C. A 中必有一行向量是其余各行向量的线性组合

D. A 中任意一行向量是其余各行向量的线性组合

(4) 已知向量组 $\boldsymbol{\alpha},\boldsymbol{\beta},\boldsymbol{\gamma}$ 线性无关，$\boldsymbol{\alpha},\boldsymbol{\beta},\boldsymbol{\delta}$ 线性相关，则(　　).

A. $\boldsymbol{\alpha}$ 必可由 $\boldsymbol{\beta}$，$\boldsymbol{\gamma}$，$\boldsymbol{\delta}$ 线性表示

B. $\boldsymbol{\beta}$ 必可由 $\boldsymbol{\alpha}$，$\boldsymbol{\gamma}$，$\boldsymbol{\delta}$ 线性表示

C. $\boldsymbol{\delta}$ 必可由 $\boldsymbol{\alpha}$，$\boldsymbol{\beta}$，$\boldsymbol{\gamma}$ 线性表示

D. $\boldsymbol{\delta}$ 必不可由 $\boldsymbol{\alpha}$，$\boldsymbol{\beta}$，$\boldsymbol{\gamma}$ 线性表示

(5) $\boldsymbol{\xi}_1,\boldsymbol{\xi}_2$ 为齐次线性方程组 $\boldsymbol{Ax}=\boldsymbol{0}$ 的解，$\boldsymbol{\eta}_1$，$\boldsymbol{\eta}_2$ 是非齐次线性方程组 $\boldsymbol{Ax}=\boldsymbol{b}$ 的解，则(　　).

A. $2\boldsymbol{\xi}_1+\boldsymbol{\eta}_1$ 为 $\boldsymbol{Ax}=\boldsymbol{0}$ 的解

B. $\boldsymbol{\eta}_1+\boldsymbol{\eta}_2$ 为 $\boldsymbol{Ax}=\boldsymbol{b}$ 的解

C. $\boldsymbol{\xi}_1+\boldsymbol{\xi}_2$ 为 $\boldsymbol{Ax}=\boldsymbol{0}$ 的解

D. $\boldsymbol{\eta}_1-\boldsymbol{\eta}_2$ 为 $\boldsymbol{Ax}=\boldsymbol{b}$ 的解

(6) 设 A 是 $m\times n$ 矩阵，齐次线性方程组 $\boldsymbol{Ax}=\boldsymbol{0}$ 仅有零解的充分条件是(　　).

A. A 的列向量组线性无关

B. A 的列向量组线性相关

C. A 的行向量组线性无关

D. A 的行向量组线性相关

(7) 设 A 是 n 阶方阵，$R(A)=n-1$，且齐次线性方程组 $\boldsymbol{Ax}=\boldsymbol{0}$ 有两个不同的解 $\boldsymbol{\alpha}_1,\boldsymbol{\alpha}_2$，则该方程组的通解为(　　).

A. $k\boldsymbol{\alpha}_1$　　B. $k\boldsymbol{\alpha}_2$

C. $k(\boldsymbol{\alpha}_1-\boldsymbol{\alpha}_2)$　　D. $k(\boldsymbol{\alpha}_1+\boldsymbol{\alpha}_2)$

(8) 已知 $\boldsymbol{\eta}_1,\boldsymbol{\eta}_2$ 是非齐次线性方程组 $\boldsymbol{Ax}=\boldsymbol{b}$ 的两个不同解，$\boldsymbol{\xi}_1,\boldsymbol{\xi}_2$ 是导出组 $\boldsymbol{Ax}=\boldsymbol{0}$ 的基础解系，k_1,k_2 为任意常数，则 $\boldsymbol{Ax}=\boldsymbol{b}$ 的通解为(　　).

A. $k_1\boldsymbol{\xi}_1+k_2\boldsymbol{\xi}_2+\dfrac{\boldsymbol{\eta}_1-\boldsymbol{\eta}_2}{2}$

B. $k_1\boldsymbol{\xi}_1+k_2(\boldsymbol{\xi}_1-\boldsymbol{\xi}_2)+\dfrac{\boldsymbol{\eta}_1+\boldsymbol{\eta}_2}{2}$

C. $k_1\boldsymbol{\xi}_1+k_2(\boldsymbol{\eta}_1+\boldsymbol{\eta}_2)+\dfrac{\boldsymbol{\eta}_1-\boldsymbol{\eta}_2}{2}$

D. 无法根据所给条件表示

3. $\boldsymbol{\alpha}=(0,4,2,5)$，$\boldsymbol{\beta}_1=(1,2,3,1)$，$\boldsymbol{\beta}_2=(2,3,1,2)$，$\boldsymbol{\beta}_3=(3,1,2,-2)$，问 $\boldsymbol{\alpha}$ 是否可表示成 $\boldsymbol{\beta}_1$，$\boldsymbol{\beta}_2$，$\boldsymbol{\beta}_3$ 的线性组合？

4. 已知向量 $\boldsymbol{\beta}=(1,a,3)^{\mathrm{T}}$ 能由 $\boldsymbol{\alpha}_1=(2,1,0)^{\mathrm{T}},\boldsymbol{\alpha}_2=(-3,2,1)^{\mathrm{T}}$ 线性表示，求 a 的值.

5. 已知 $\boldsymbol{\alpha}_1=(1,4,0,2)^{\mathrm{T}},\boldsymbol{\alpha}_2=(2,7,1,3)^{\mathrm{T}},\boldsymbol{\alpha}_3=(0,1,-1,a)^{\mathrm{T}},\boldsymbol{\beta}=(3,10,b,4)^{\mathrm{T}}$，

问：(1) a,b 取何值时，$\boldsymbol{\beta}$ 不能由 $\boldsymbol{\alpha}_1,\boldsymbol{\alpha}_2,\boldsymbol{\alpha}_3$ 线性表示？

(2) a,b 取何值时，$\boldsymbol{\beta}$ 可由 $\boldsymbol{\alpha}_1,\boldsymbol{\alpha}_2,\boldsymbol{\alpha}_3$ 线性表示？并写出此表示式.

6. 设有向量 $\boldsymbol{\alpha}_1=(1+\lambda,1,1)^{\mathrm{T}},\boldsymbol{\alpha}_2=(1,1+\lambda,1)^{\mathrm{T}}$，$\boldsymbol{\alpha}_3=(1,1,1+\lambda)^{\mathrm{T}}$ 及 $\boldsymbol{\beta}=(0,\lambda,\lambda^2)^{\mathrm{T}}$，问：$\lambda$ 取何值时，(1) $\boldsymbol{\beta}$ 可由 $\boldsymbol{\alpha}_1,\boldsymbol{\alpha}_2,\boldsymbol{\alpha}_3$ 线性表示且表示法唯一；(2) $\boldsymbol{\beta}$ 可由 $\boldsymbol{\alpha}_1,\boldsymbol{\alpha}_2,\boldsymbol{\alpha}_3$ 线性表示且表示法不唯一；(3) $\boldsymbol{\beta}$ 不能由 $\boldsymbol{\alpha}_1,\boldsymbol{\alpha}_2,\boldsymbol{\alpha}_3$ 线性表示.

7. 设有向量组(Ⅰ)：$\boldsymbol{\alpha}_1=(1,0,2)^{\mathrm{T}},\boldsymbol{\alpha}_2=(1,1,3)^{\mathrm{T}},\boldsymbol{\alpha}_3=(1,-1,a+2)^{\mathrm{T}}$；

(Ⅱ)：$\boldsymbol{\beta}_1=(1,2,a+3)^{\mathrm{T}},\boldsymbol{\beta}_2=(2,1,a+6)^{\mathrm{T}},\boldsymbol{\beta}_3=(2,1,a+4)^{\mathrm{T}}$.

试问：当 a 为何值时，向量组(Ⅰ)与(Ⅱ)等价？当 a 为何值时，向量组(Ⅰ)与(Ⅱ)不等价？

8. 讨论向量组 $\boldsymbol{\alpha}_1=(1,1,0),\boldsymbol{\alpha}_2=(1,3,-1),\boldsymbol{\alpha}_3=(5,3,t)$ 的线性相关性.

9. 设 A 是 n 阶矩阵，若存在正整数 k，使线性方程组 $\boldsymbol{A}^k\boldsymbol{x}=\boldsymbol{0}$ 有解向量 $\boldsymbol{\alpha}$，且 $\boldsymbol{A}^{k-1}\boldsymbol{\alpha}\neq\boldsymbol{0}$. 证明：向量组 $\boldsymbol{\alpha},\boldsymbol{A\alpha},\cdots,\boldsymbol{A}^{k-1}\boldsymbol{\alpha}$ 是线性无关的.

10. 已知3阶矩阵 A 与三维向量 $\boldsymbol{x}$，使得向量组 $\boldsymbol{x},\boldsymbol{Ax},\boldsymbol{A}^2\boldsymbol{x}$ 线性无关，且满足 $\boldsymbol{A}^3\boldsymbol{x}=3\boldsymbol{Ax}-2\boldsymbol{A}^2\boldsymbol{x}$，

(1) 记 $\boldsymbol{P}=(\boldsymbol{x},\boldsymbol{Ax},\boldsymbol{A}^2\boldsymbol{x})$，求3阶矩阵 $\boldsymbol{B}$，使 $\boldsymbol{A}=\boldsymbol{PBP}^{-1}$；

(2) 计算行列式 $|\boldsymbol{A}+\boldsymbol{E}|$.

11. 设向量组 $\boldsymbol{\alpha}_1,\boldsymbol{\alpha}_2,\boldsymbol{\alpha}_3$ 线性无关，$\boldsymbol{\beta}_1=\boldsymbol{\alpha}_1-\boldsymbol{\alpha}_2,\boldsymbol{\beta}_2=\boldsymbol{\alpha}_2-\boldsymbol{\alpha}_3$，$\boldsymbol{\beta}_3=\boldsymbol{\alpha}_3+\boldsymbol{\alpha}_1$，试问 $\boldsymbol{\beta}_1$，$\boldsymbol{\beta}_2$，$\boldsymbol{\beta}_3$ 是线性相关还是线性无关，简要说明.

12. 已知 A 是 n 阶可逆矩阵，$\boldsymbol{\alpha}_1$，$\boldsymbol{\alpha}_2$，$\cdots$，$\boldsymbol{\alpha}_s$ 是 n 维线性无关的列向量，证明：$\boldsymbol{A\alpha}_1$，$\boldsymbol{A\alpha}_2$，$\cdots$，$\boldsymbol{A\alpha}_s$ 线性无关.

13. 已知 A 是 n 阶矩阵，$\boldsymbol{\alpha}$ 是 n 维列向量，若 $\boldsymbol{A}^2\boldsymbol{\alpha}\neq\boldsymbol{0}$，$\boldsymbol{A}^3\boldsymbol{\alpha}=\boldsymbol{0}$，证明 $\boldsymbol{\alpha}$，$\boldsymbol{A\alpha}$，$\boldsymbol{A}^2\boldsymbol{\alpha}$ 线性无关.

14. 设$\boldsymbol{\beta}_1=\boldsymbol{\alpha}_1$, $\boldsymbol{\beta}_2=\boldsymbol{\alpha}_1+\boldsymbol{\alpha}_2$, $\cdots$, $\boldsymbol{\beta}_r=\boldsymbol{\alpha}_1+\boldsymbol{\alpha}_2+\cdots+\boldsymbol{\alpha}_r$且向量组$\boldsymbol{\alpha}_1$, $\boldsymbol{\alpha}_2$, $\cdots$, $\boldsymbol{\alpha}_r$线性无关，证明向量组$\boldsymbol{\beta}_1$, $\boldsymbol{\beta}_2$, $\cdots$, $\boldsymbol{\beta}_r$线性无关.

15. 求向量组：

$\boldsymbol{\alpha}_1=(1,-2,0,3)^{\mathrm{T}}$, $\boldsymbol{\alpha}_2=(2,-5,-3,6)^{\mathrm{T}}$, $\boldsymbol{\alpha}_3=(0,1,3,0)^{\mathrm{T}}$, $\boldsymbol{\alpha}_4=(2,-1,4,-7)^{\mathrm{T}}$, $\boldsymbol{\alpha}_5=(5,-8,1,2)^{\mathrm{T}}$

的秩和最大无关组，并将其余向量表示成最大无关组的线性组合.

16. 设向量组：

$\boldsymbol{\alpha}_1=(1,1,1,3)^{\mathrm{T}}$, $\boldsymbol{\alpha}_2=(-1,-3,5,1)^{\mathrm{T}}$, $\boldsymbol{\alpha}_3=(3,2,-1,p+2)^{\mathrm{T}}$, $\boldsymbol{\alpha}_4=(-2,-6,10,p)^{\mathrm{T}}$,

(1) p为何值时，该向量组线性无关？并在此时将向量$\boldsymbol{\alpha}=(4,1,6,10)^{\mathrm{T}}$用$\boldsymbol{\alpha}_1,\boldsymbol{\alpha}_2,\boldsymbol{\alpha}_3,\boldsymbol{\alpha}_4$线性表示；

(2) p为何值时，该向量组线性相关？并在此时求出它的秩和一个最大无关组.

17. 已知$\boldsymbol{\beta}_1=\begin{pmatrix}0\\1\\-1\end{pmatrix}$, $\boldsymbol{\beta}_2=\begin{pmatrix}a\\2\\1\end{pmatrix}$, $\boldsymbol{\beta}_3=\begin{pmatrix}b\\1\\0\end{pmatrix}$与$\boldsymbol{\alpha}_1=\begin{pmatrix}1\\2\\-3\end{pmatrix}$, $\boldsymbol{\alpha}_2=\begin{pmatrix}3\\0\\1\end{pmatrix}$, $\boldsymbol{\alpha}_3=\begin{pmatrix}9\\6\\-7\end{pmatrix}$具有相同的秩，且$\boldsymbol{\beta}_3$可由$\boldsymbol{\alpha}_1,\boldsymbol{\alpha}_2,\boldsymbol{\alpha}_3$线性表示，求$a,b$的值.

18. 设$\boldsymbol{\alpha}_1,\boldsymbol{\alpha}_2,\boldsymbol{\alpha}_3$是一向量组的最大无关组，且$\boldsymbol{\beta}_1=\boldsymbol{\alpha}_1+\boldsymbol{\alpha}_2+\boldsymbol{\alpha}_3$, $\boldsymbol{\beta}_2=\boldsymbol{\alpha}_1+\boldsymbol{\alpha}_2+2\boldsymbol{\alpha}_3$, $\boldsymbol{\beta}_3=\boldsymbol{\alpha}_1+2\boldsymbol{\alpha}_2+3\boldsymbol{\alpha}_3$,

证明：$\boldsymbol{\beta}_1$, $\boldsymbol{\beta}_2$, $\boldsymbol{\beta}_3$也是该向量组的最大无关组.

19. 已知向量组（Ⅰ）$\boldsymbol{\alpha}_1$, $\boldsymbol{\alpha}_2$, $\boldsymbol{\alpha}_3$；（Ⅱ）$\boldsymbol{\alpha}_1$, $\boldsymbol{\alpha}_2$, $\boldsymbol{\alpha}_3$, $\boldsymbol{\alpha}_4$；（Ⅲ）$\boldsymbol{\alpha}_1$, $\boldsymbol{\alpha}_2$, $\boldsymbol{\alpha}_3$, $\boldsymbol{\alpha}_5$，如果各向量组的秩分别为R（Ⅰ）$=R$（Ⅱ）$=3$, R（Ⅲ）$=4$. 证明：向量组$\boldsymbol{\alpha}_1$, $\boldsymbol{\alpha}_2$, $\boldsymbol{\alpha}_3$, $\boldsymbol{\alpha}_5-\boldsymbol{\alpha}_4$的秩为4.

20. 求齐次线性方程组$\begin{cases}x_1+x_2+x_5=0,\\x_1+x_2-x_3=0,\\x_3+x_4+x_5=0\end{cases}$的基础解系.

21. 设向量$\boldsymbol{\alpha}_1$, $\boldsymbol{\alpha}_2$, $\cdots$, $\boldsymbol{\alpha}_t$是齐次线性方程组$\boldsymbol{Ax}=\boldsymbol{0}$的一个基础解系，向量$\boldsymbol{\beta}$不是方程组$\boldsymbol{Ax}=\boldsymbol{0}$的解，即$\boldsymbol{A\beta}\neq\boldsymbol{0}$. 试证明：向量组$\boldsymbol{\beta}$, $\boldsymbol{\beta}+\boldsymbol{\alpha}_1$, $\boldsymbol{\beta}+\boldsymbol{\alpha}_2$, $\cdots$, $\boldsymbol{\beta}+\boldsymbol{\alpha}_t$线性无关.

22. 已知$\boldsymbol{\alpha}_1$, $\boldsymbol{\alpha}_2$, $\boldsymbol{\alpha}_3$, $\boldsymbol{\alpha}_4$是线性方程组$\boldsymbol{Ax}=\boldsymbol{0}$的一个基础解系，若$\boldsymbol{\beta}_1=\boldsymbol{\alpha}_1+t\boldsymbol{\alpha}_2$, $\boldsymbol{\beta}_2=\boldsymbol{\alpha}_2+t\boldsymbol{\alpha}_3$, $\boldsymbol{\beta}_3=\boldsymbol{\alpha}_3+t\boldsymbol{\alpha}_4$, $\boldsymbol{\beta}_4=\boldsymbol{\alpha}_4+t\boldsymbol{\alpha}_1$，讨论实数$t$满足什么关系时，$\boldsymbol{\beta}_1$, $\boldsymbol{\beta}_2$, $\boldsymbol{\beta}_3$, $\boldsymbol{\beta}_4$也是$\boldsymbol{Ax}=\boldsymbol{0}$的一个基础解系.

23. 已知4阶方阵$\boldsymbol{A}=(\boldsymbol{\alpha}_1,\boldsymbol{\alpha}_2,\boldsymbol{\alpha}_3,\boldsymbol{\alpha}_4)$, $\boldsymbol{\alpha}_1$, $\boldsymbol{\alpha}_2$, $\boldsymbol{\alpha}_3$, $\boldsymbol{\alpha}_4$均为4维列向量，其中$\boldsymbol{\alpha}_2$, $\boldsymbol{\alpha}_3$, $\boldsymbol{\alpha}_4$线性无关，$\boldsymbol{\alpha}_1=2\boldsymbol{\alpha}_2-\boldsymbol{\alpha}_3$. 如果$\boldsymbol{\beta}=\boldsymbol{\alpha}_1+\boldsymbol{\alpha}_2+\boldsymbol{\alpha}_3+\boldsymbol{\alpha}_4$，求线性方程组$\boldsymbol{Ax}=\boldsymbol{\beta}$的通解.

24. 四元非齐次线性方程组的系数矩阵的秩为3，已知$\boldsymbol{\alpha}_1$, $\boldsymbol{\alpha}_2$, $\boldsymbol{\alpha}_3$是它的3个解向量，其中$\boldsymbol{\alpha}_1=(2,0,5,-1)^{\mathrm{T}}$, $\boldsymbol{\alpha}_2+\boldsymbol{\alpha}_3=(1,9,9,6)^{\mathrm{T}}$，求该非齐次线性方程组的通解.

25* 令$B=\mathrm{round}(10*\mathrm{rand}(8,4))$, $X=\mathrm{round}(10*\mathrm{rand}(4,3))$, $C=B*X$及$A=[B\ C]$.

(a) $\boldsymbol{B}$和$\boldsymbol{C}$的列向量分别生成的向量空间有什么关系？你认为$\boldsymbol{A}$的秩是什么？试说明．利用MATLAB验证你的答案．

(b) $\boldsymbol{A}$的哪些列可以构成$\boldsymbol{A}$的列向量生成的向量空间的基？试说明．若$\boldsymbol{U}$为$\boldsymbol{A}$的行最简形，你认为它的前4列应为什么？试说明．你认为它的后4行应为什么？试说明．用MATLAB命令计算$\boldsymbol{U}$来验证你的答案．

6

第6章 相似矩阵与二次型

本章以矩阵为工具，讨论如何将一个二次齐次函数化为仅含平方项的标准形. 用于研究该问题的特征值与特征向量的概念在科学技术的许多领域都有应用.

6.1 二次型的概念

在解析几何中，为了便于研究二次曲线

$$ax^2 + bxy + cy^2 = 1 \tag{6-1}$$

的几何性质，可以选择适当的坐标旋转变换

$$\begin{cases} x = x'\cos\theta - y'\sin\theta, \\ y = x'\sin\theta + y'\cos\theta, \end{cases} \tag{6-2}$$

把方程（6-1）化为标准方程

$$mx'^2 + my'^2 = 1.$$

式（6-1）的左边是一个二次齐次多项式，化标准方程的过程就是用变量的线性变换（6-2）化简一个二次齐次多项式的过程，使它只含有平方项. 二次齐次多项式不但在几何中出现，而且在数学的其他分支以及工程学科中也常常会遇到. 现在讨论 $\mathbf{R}^n$ 中的二次型问题.

定义 6.1　含有 n 个变量的二次齐次函数：

$$f(x_1,x_2,\cdots,x_n) = a_{11}x_1^2 + a_{22}x_2^2 + \cdots + a_{nn}x_n^2 + 2a_{12}x_1x_2 + 2a_{13}x_1x_3 + \cdots + 2a_{(n-1),n}x_{n-1}x_n$$

称为一个 n 元二次型.

本书只讨论系数为实数的二次型，即实二次型. 以下提到二次型，均指的是实二次型.

例如：$f(x_1,x_2,x_3) = a_{11}x_1^2 + a_{22}x_2^2 + a_{33}x_3^2 + 2a_{12}x_1x_2 + 2a_{13}x_1x_3 + 2a_{23}x_2x_3$ 就是一个三元二次型. 对于该二次型，我们现在关心的是能否找到可逆的线性变换

$$\begin{cases} x_1 = c_{11}y_1 + c_{12}y_2 + c_{13}y_3, \\ x_2 = c_{21}y_1 + c_{22}y_2 + c_{23}y_3, \\ x_3 = c_{31}y_1 + c_{32}y_2 + c_{33}y_3, \end{cases}$$

使得二次型 $f(x_1,x_2,x_3)$ 化成只含有平方项的形式?

定义 6.2　将只含有平方项的二次型称为标准形.

为便于问题的研究，下面给出二次型的矩阵形式.

以一个具体的二次型为例，

$$
\begin{aligned}
f(x_1,x_2,x_3) &= x_1^2+2x_2^2-x_3^2+4x_1x_2+2x_1x_3-6x_2x_3 \\
&= \begin{pmatrix} x_1(x_1+2x_2+x_3)+ \\ x_2(2x_1+2x_2-3x_3)+ \\ x_3(x_1-3x_2-x_3) \end{pmatrix} \\
&= (x_1,x_2,x_3)\begin{pmatrix} x_1+2x_2+x_3 \\ 2x_1+2x_2-3x_3 \\ x_1-3x_2-x_3 \end{pmatrix} \\
&= (x_1,x_2,x_3)\begin{pmatrix} 1 & 2 & 1 \\ 2 & 2 & -3 \\ 1 & -3 & -1 \end{pmatrix}\begin{pmatrix} x_1 \\ x_2 \\ x_3 \end{pmatrix} \\
&= \boldsymbol{x}^{\mathrm{T}}\boldsymbol{A}\boldsymbol{x},
\end{aligned}
$$

其中 $\boldsymbol{x}=\begin{pmatrix} x_1 \\ x_2 \\ x_3 \end{pmatrix}, \boldsymbol{A}=\begin{pmatrix} 1 & 2 & 1 \\ 2 & 2 & -3 \\ 1 & -3 & -1 \end{pmatrix}$.

任意一个二次型，总可以按照本例的方式写成 $\boldsymbol{x}^{\mathrm{T}}\boldsymbol{A}\boldsymbol{x}$ 的形式，请注意这里 $\boldsymbol{A}$ 为对称矩阵.

$$
\begin{aligned}
f(x_1,x_2,\cdots x_n) &= a_{11}x_1^2+a_{12}x_1x_2+\cdots+a_{1n}x_1x_n+ \\
&\quad a_{21}x_2x_1+a_{22}x_2^2+\cdots+a_{2n}x_2x_n+\cdots+ \\
&\quad a_{n1}x_nx_1+a_{n2}x_nx_2+\cdots+a_{nn}x_n^2 \\
&= \sum_{i,j=1}^{n} a_{ij}x_ix_j,
\end{aligned}
$$

其中，$a_{ij}=a_{ji}$. 令

$$
\boldsymbol{A}=\begin{pmatrix} a_{11} & a_{12} & \cdots & a_{1n} \\ a_{21} & a_{22} & \cdots & a_{2n} \\ \vdots & \vdots & & \vdots \\ a_{n1} & a_{n2} & \cdots & a_{nn} \end{pmatrix}, \boldsymbol{x}=\begin{pmatrix} x_1 \\ x_2 \\ \vdots \\ x_n \end{pmatrix},
$$

则 $f(x_1,x_2,\cdots,x_n)=\boldsymbol{x}^{\mathrm{T}}\boldsymbol{A}\boldsymbol{x}$，且 $\boldsymbol{A}$ 为实对称矩阵.

由于对称矩阵 $\boldsymbol{A}$ 与二次型 f 是一一对应关系，故称对称矩阵 $\boldsymbol{A}$ 为二次型 f 的矩阵，也称二次型 f 为对称矩阵 $\boldsymbol{A}$ 的二次型，$\boldsymbol{A}$ 的秩 $R(\boldsymbol{A})$ 称为二次型 f 的秩.

显然，对角矩阵 $\boldsymbol{\Lambda}=\mathrm{diag}(\lambda_1,\lambda_2,\cdots,\lambda_n)$ 对应的二次型 $f=\boldsymbol{x}^{\mathrm{T}}\boldsymbol{\Lambda}\boldsymbol{x}=\lambda_1x_1^2+\lambda_2x_2^2+\cdots+\lambda_nx_n^2$ 就是标准形.

对于二次型 $f(x_1,x_2,x_3)=\boldsymbol{x}^{\mathrm{T}}\boldsymbol{A}\boldsymbol{x}$，进行可逆的线性变换 $\boldsymbol{x}=\boldsymbol{C}\boldsymbol{y}$（其中 $\boldsymbol{C}$ 为可逆矩阵），得到 $f=\boldsymbol{x}^{\mathrm{T}}\boldsymbol{A}\boldsymbol{x}=(\boldsymbol{C}\boldsymbol{y})^{\mathrm{T}}\boldsymbol{A}(\boldsymbol{C}\boldsymbol{y})=\boldsymbol{y}^{\mathrm{T}}(\boldsymbol{C}^{\mathrm{T}}\boldsymbol{A}\boldsymbol{C})\boldsymbol{y}$. 若记 $\boldsymbol{D}=\boldsymbol{C}^{\mathrm{T}}\boldsymbol{A}\boldsymbol{C}$，则 $f=\boldsymbol{y}^{\mathrm{T}}\boldsymbol{D}\boldsymbol{y}$. 如果 $\boldsymbol{D}$ 恰好为对角

矩阵，设 $\boldsymbol{D}=\mathrm{diag}(k_1,k_2,k_3)$，则容易看出二次型化成了标准形：

$$f=\boldsymbol{y}^{\mathrm{T}}\boldsymbol{D}\boldsymbol{y}=(y_1\quad y_2\quad y_3)\begin{pmatrix}k_1 & & \\ & k_2 & \\ & & k_3\end{pmatrix}\begin{pmatrix}y_1\\y_2\\y_3\end{pmatrix}=k_1y_1^2+k_2y_2^2+k_3y_3^2.$$

定义 6.3　设 $\boldsymbol{A}$，$\boldsymbol{B}$ 均为 n 阶矩阵，若存在可逆矩阵 $\boldsymbol{C}$，使得 $\boldsymbol{B}=\boldsymbol{C}^{\mathrm{T}}\boldsymbol{A}\boldsymbol{C}$，则称矩阵 $\boldsymbol{A}$ 与 $\boldsymbol{B}$ 合同.

性质 6.1　若 $\boldsymbol{A}$ 为对称矩阵，且 $\boldsymbol{A}$ 与 $\boldsymbol{B}$ 合同，则 $\boldsymbol{B}$ 也为对称矩阵，且 $R(\boldsymbol{A})=R(\boldsymbol{B})$.

由上述分析可知经过可逆的线性变换 $\boldsymbol{x}=\boldsymbol{C}\boldsymbol{y}$，二次型 f 的矩阵 $\boldsymbol{A}$ 变成了与 $\boldsymbol{A}$ 合同的矩阵 $\boldsymbol{C}^{\mathrm{T}}\boldsymbol{A}\boldsymbol{C}$，且变换前后二次型的秩不变. 进一步，如果 $\boldsymbol{C}^{\mathrm{T}}\boldsymbol{A}\boldsymbol{C}$ 恰好为对角矩阵，则经过线性变换 $\boldsymbol{x}=\boldsymbol{C}\boldsymbol{y}$，二次型 f 变成了标准形. 可见，化二次型 $\boldsymbol{x}^{\mathrm{T}}\boldsymbol{A}\boldsymbol{x}$ 为标准形的关键在于：对于对称矩阵 $\boldsymbol{A}$，寻找可逆矩阵 $\boldsymbol{C}$，使得 $\boldsymbol{C}^{\mathrm{T}}\boldsymbol{A}\boldsymbol{C}$ 成为对角矩阵，这一过程称为矩阵的合同对角化.

习题 6.1

1. 写出下列二次型的矩阵：

(1) $f(x_1,x_2,x_3)=2x_1^2-x_3^2+2x_1x_2-2x_1x_3+6x_2x_3$；

(2) $f(x_1,x_2,x_3)=2x_1^2+3x_2^2-x_3^2$.

2. 写出下列对称矩阵对应的二次型.

(1) $\begin{pmatrix}1&2\\2&1\end{pmatrix}$；

(2) $\begin{pmatrix}1&-1&0\\-1&2&2\\0&2&3\end{pmatrix}$；

(3) $\begin{pmatrix}2&&\\&1&\\&&-3\end{pmatrix}$.

6.2 向量的内积、长度、正交性

本节中，我们将三维空间中向量的长度和夹角等概念推广到一般的 n 维向量空间中.

设有 $\mathbf{R}^3$ 中的两个向量 $\boldsymbol{x}=(x_1,x_2,x_3)^{\mathrm{T}}$，$\boldsymbol{y}=(y_1,y_2,y_3)^{\mathrm{T}}$. 定义向量 $\boldsymbol{x}$，$\boldsymbol{y}$ 的数量积为：$\boldsymbol{x}\cdot\boldsymbol{y}=x_1y_1+x_2y_2+x_3y_3$. 在此，我们将向量 $\boldsymbol{x}$，$\boldsymbol{y}$ 的数量积称为内积，并改用如下记号：

$$[\boldsymbol{x},\boldsymbol{y}]=\boldsymbol{x}^{\mathrm{T}}\boldsymbol{y}=x_1y_1+x_2y_2+x_3y_3.$$

借助内积，可以建立 $\mathbf{R}^3$ 中的向量长度、夹角等概念：

1）向量 $\boldsymbol{x}$ 的长度 $\|\boldsymbol{x}\|=\sqrt{[\boldsymbol{x},\boldsymbol{x}]}=\sqrt{x_1^2+x_2^2+x_3^2}$；

2）若 $\boldsymbol{x}$，$\boldsymbol{y}$ 为非零向量，定义 $\boldsymbol{x}$，$\boldsymbol{y}$ 的夹角 $\theta=\arccos\dfrac{[\boldsymbol{x},\boldsymbol{y}]}{\|\boldsymbol{x}\|\|\boldsymbol{y}\|}$，如果 $\boldsymbol{x}$，$\boldsymbol{y}$ 之一为零向量，则定义 $\boldsymbol{x}$，$\boldsymbol{y}$ 的夹角为任意角.

显然，当 $[\boldsymbol{x},\boldsymbol{y}]=0$ 时，$\boldsymbol{x}$，$\boldsymbol{y}$ 相互垂直.

在 $\mathbf{R}^n$ 中也可以定义类似的概念.

定义 6.4 设有 n 维向量 $\boldsymbol{x}=(x_1,x_2,\cdots,x_n)^{\mathrm{T}}$ 和 $\boldsymbol{y}=(y_1,y_2,\cdots,y_n)^{\mathrm{T}}$，称

$$[\boldsymbol{x},\boldsymbol{y}]=\boldsymbol{x}^{\mathrm{T}}\boldsymbol{y}=x_1y_1+x_2y_2+\cdots+x_ny_n$$

为向量 $\boldsymbol{x},\boldsymbol{y}$ 的内积.

容易看到，内积运算具有如下性质：

1) $[\boldsymbol{x},\boldsymbol{y}]=[\boldsymbol{y},\boldsymbol{x}]$；

2) $[\lambda\boldsymbol{x},\boldsymbol{y}]=\lambda[\boldsymbol{x},\boldsymbol{y}]$；

3) $[\boldsymbol{x}+\boldsymbol{y},\boldsymbol{z}]=[\boldsymbol{x},\boldsymbol{z}]+[\boldsymbol{y},\boldsymbol{z}]$；

4) $[\boldsymbol{x},\boldsymbol{x}]\geqslant 0$，且 $[\boldsymbol{x},\boldsymbol{x}]=0\Leftrightarrow\boldsymbol{x}=\mathbf{0}$.

定义 6.5 对于向量 $\boldsymbol{x}$，称

$$\|\boldsymbol{x}\|=\sqrt{[\boldsymbol{x},\boldsymbol{x}]}=\sqrt{x_1^2+x_2^2+\cdots+x_n^2}$$

为 $\boldsymbol{x}$ 的长度或范数.

如果 $\|\boldsymbol{x}\|=1$，称向量 $\boldsymbol{x}$ 为单位向量. 对于非零向量 $\boldsymbol{x}$，$\dfrac{\boldsymbol{x}}{\|\boldsymbol{x}\|}$ 为与 $\boldsymbol{x}$ 方向相同的单位向量.

向量的长度具有如下性质：

1) 非负性，$\|\boldsymbol{x}\|\geqslant 0$，$\|\boldsymbol{x}\|=0\Leftrightarrow\boldsymbol{x}=\mathbf{0}$；

2) 齐次性，$\|\lambda\boldsymbol{x}\|=|\lambda|\,\|\boldsymbol{x}\|$（这里的 λ 为数字）；

3) 三角不等式，$\|\boldsymbol{x}+\boldsymbol{y}\|\leqslant\|\boldsymbol{x}\|+\|\boldsymbol{y}\|$；

4) 施瓦茨（Schwarz）不等式，$|[\boldsymbol{x},\boldsymbol{y}]|\leqslant\|\boldsymbol{x}\|\,\|\boldsymbol{y}\|$.

请读者利用内积的定义来证明上述性质.

定义 6.6 对于非零向量 $\boldsymbol{x}$，$\boldsymbol{y}$，$\boldsymbol{x}$ 与 $\boldsymbol{y}$ 的夹角定义为

$$\theta=\arccos\frac{[\boldsymbol{x},\boldsymbol{y}]}{\|\boldsymbol{x}\|\,\|\boldsymbol{y}\|}$$

（施瓦茨不等式保证了该定义是有意义的），如果 $\boldsymbol{x}$，$\boldsymbol{y}$ 之一为零向量，则定义 $\boldsymbol{x}$，$\boldsymbol{y}$ 的夹角为任意角.

定义 6.7 **若 $[\boldsymbol{x},\boldsymbol{y}]=\boldsymbol{x}^{\mathrm{T}}\boldsymbol{y}=0$，则称向量 $\boldsymbol{x}$ 与向量 $\boldsymbol{y}$ 相互正交.**

显然，对于 2 维和 3 维向量，正交的几何意义是相互垂直.

定义 6.8 **若向量组 $\boldsymbol{A}:\boldsymbol{\alpha}_1,\boldsymbol{\alpha}_2,\cdots,\boldsymbol{\alpha}_m$ 是由一组两两正交的向量构成，则称向量组 $\boldsymbol{A}$ 为正交向量组.**

对于 $\mathbf{R}^3$ 中的非零正交向量组 $\boldsymbol{A}:\boldsymbol{\alpha}_1,\boldsymbol{\alpha}_2,\boldsymbol{\alpha}_3$，其几何关系是两两垂直. 根据前面章节的知识可知 3 个向量线性相关的充要条件是这 3 个向量共面. 3 个两两垂直的非零向量必定是不共面的，因此 $\mathbf{R}^3$ 中的正交向量组 $\boldsymbol{A}:\boldsymbol{\alpha}_1,\boldsymbol{\alpha}_2,\boldsymbol{\alpha}_3$ 必定是线性无关的. 这个性质在 $\mathbf{R}^n$ 中依然是成立的.

定理 6.1 **若 n 维向量组 $\boldsymbol{A}:\boldsymbol{\alpha}_1,\cdots,\boldsymbol{\alpha}_m$ 是非零正交向量组，则向量组 $\boldsymbol{A}$ 线性无关.（反之，线性无关的向量组未必是正交向量组）**

证 设有一组数 $k_1,k_2,\cdots,k_m$，使得

$$k_1\boldsymbol{\alpha}_1+k_2\boldsymbol{\alpha}_2+\cdots+k_m\boldsymbol{\alpha}_m=\mathbf{0}.$$

上式两边与向量 $\boldsymbol{\alpha}_1$ 进行内积运算，得到

$$k_1[\boldsymbol{\alpha}_1,\boldsymbol{\alpha}_1]+k_2[\boldsymbol{\alpha}_2,\boldsymbol{\alpha}_1]+\cdots+k_m[\boldsymbol{\alpha}_m,\boldsymbol{\alpha}_1]=0.$$

根据正交性，$[\boldsymbol{\alpha}_2,\boldsymbol{\alpha}_1]=\cdots=[\boldsymbol{\alpha}_m,\boldsymbol{\alpha}_1]=0$，从而

$$k_1[\boldsymbol{\alpha}_1,\boldsymbol{\alpha}_1]=0.$$

又因为 $\boldsymbol{\alpha}_1$ 为非零向量，$[\boldsymbol{\alpha}_1,\boldsymbol{\alpha}_1]>0$，所以 $k_1=0$．同理可证 $k_2=\cdots=k_m=0$. 于是向量组 $\boldsymbol{A}:\boldsymbol{\alpha}_1,\boldsymbol{\alpha}_2,\cdots,\boldsymbol{\alpha}_m$ 是线性无关的.

向量空间的规范正交基：

定义 6.9 设 n 维向量组 $\boldsymbol{A}:\boldsymbol{\alpha}_1,\cdots,\boldsymbol{\alpha}_r$ 是向量空间 $V\subset\mathbf{R}^n$ 的一个基，如果 $\boldsymbol{\alpha}_1,\cdots,\boldsymbol{\alpha}_r$ 是两两正交的单位向量，则称 $\boldsymbol{\alpha}_1,\cdots,\boldsymbol{\alpha}_r$ 是 V 的一个规范正交基.

向量空间的规范正交基由于其特殊的几何关系（两两正交、长度为1），因而具有独特的优势．我们来考察一个向量在规范正交基下的坐标.

设 $\boldsymbol{\alpha}_1,\boldsymbol{\alpha}_2,\cdots,\boldsymbol{\alpha}_r$ 是 r 维向量空间 V 的一个规范正交基，

$$[\boldsymbol{\alpha}_i,\boldsymbol{\alpha}_j]=\begin{cases}1,i=j,\\0,i\neq j.\end{cases}$$

对任意 $\boldsymbol{x}\in V$，设它在该基下的坐标是 $\lambda_1,\lambda_2,\cdots,\lambda_r$，即

$$\boldsymbol{x}=\lambda_1\boldsymbol{\alpha}_1+\lambda_2\boldsymbol{\alpha}_2+\cdots+\lambda_r\boldsymbol{\alpha}_r.$$

通常情况下 $\lambda_1,\lambda_2,\cdots,\lambda_r$ 可以通过解线性方程组来得到，这个过程是比较复杂的．这里我们用 $\boldsymbol{\alpha}_1$ 和上式两边进行内积运算，得到 $[\boldsymbol{x},\boldsymbol{\alpha}_1]=\lambda_1[\boldsymbol{\alpha}_1,\boldsymbol{\alpha}_1]+\lambda_2[\boldsymbol{\alpha}_2,\boldsymbol{\alpha}_1]+\cdots+\lambda_r[\boldsymbol{\alpha}_r,\boldsymbol{\alpha}_1]$．根据规范正交性，可得 $\lambda_1=[\boldsymbol{x},\boldsymbol{\alpha}_1]$．同理可得 $\lambda_k=[\boldsymbol{x},\boldsymbol{\alpha}_k]$，$k=1,2,\cdots,r$.

例 6.1 $\boldsymbol{\alpha}_1=(1\ \ 0\ \ 0)^{\mathrm{T}}$，$\boldsymbol{\alpha}_2=\left(0\ \ \frac{1}{\sqrt{2}}\ \ \frac{1}{\sqrt{2}}\right)^{\mathrm{T}}$，$\boldsymbol{\alpha}_3=\left(0\ \ -\frac{1}{\sqrt{2}}\ \ \frac{1}{\sqrt{2}}\right)^{\mathrm{T}}$ 为 $\mathbf{R}^3$ 的一个规范正交基，计算 $\boldsymbol{x}=(1\ \ 1\ \ 1)^{\mathrm{T}}$ 在这组基下的坐标.

解 $\lambda_1=[\boldsymbol{x},\boldsymbol{\alpha}_1]=1$，$\lambda_2=[\boldsymbol{x},\boldsymbol{\alpha}_2]=\sqrt{2}$，$\lambda_3=[\boldsymbol{x},\boldsymbol{\alpha}_3]=0$．从而 $\boldsymbol{x}=\boldsymbol{\alpha}_1+\sqrt{2}\boldsymbol{\alpha}_2$，$\boldsymbol{x}$ 在这组基下坐标为（1，$\sqrt{2}$，0）.

由于规范正交基的优越性，我们希望能得到一个空间的规范正交基．事实上，如果一组基不是规范正交基，我们可以通过施密特（Schimidt）正交化方法将其改造成规范正交基.

施密特正交化过程：

设 $\boldsymbol{A}:\boldsymbol{\alpha}_1,\cdots,\boldsymbol{\alpha}_r$ 是一个线性无关向量组，先进行正交化：

$$\boldsymbol{\beta}_1=\boldsymbol{\alpha}_1,$$

$$\boldsymbol{\beta}_2=\boldsymbol{\alpha}_2-\frac{[\boldsymbol{\alpha}_2,\boldsymbol{\beta}_1]}{[\boldsymbol{\beta}_1,\boldsymbol{\beta}_1]}\boldsymbol{\beta}_1,$$

$$\boldsymbol{\beta}_3=\boldsymbol{\alpha}_3-\frac{[\boldsymbol{\alpha}_3,\boldsymbol{\beta}_1]}{[\boldsymbol{\beta}_1,\boldsymbol{\beta}_1]}\boldsymbol{\beta}_1-\frac{[\boldsymbol{\alpha}_3,\boldsymbol{\beta}_2]}{[\boldsymbol{\beta}_2,\boldsymbol{\beta}_2]}\boldsymbol{\beta}_2,$$

$$\vdots$$

$$\boldsymbol{\beta}_r=\boldsymbol{\alpha}_r-\frac{[\boldsymbol{\alpha}_r,\boldsymbol{\beta}_1]}{[\boldsymbol{\beta}_1,\boldsymbol{\beta}_1]}\boldsymbol{\beta}_1-\cdots-\frac{[\boldsymbol{\alpha}_r,\boldsymbol{\beta}_{r-1}]}{[\boldsymbol{\beta}_{r-1},\boldsymbol{\beta}_{r-1}]}\boldsymbol{\beta}_{r-1}.$$

根据正交向量组的定义容易验证这样得到的向量组 $\boldsymbol{B}:\boldsymbol{\beta}_1,\cdots,\boldsymbol{\beta}_r$ 是正交向量组，并且 $\boldsymbol{B}$ 和 $\boldsymbol{A}$ 等价.

再进行单位化：$\boldsymbol{\gamma}_k=\dfrac{\boldsymbol{\beta}_k}{\|\boldsymbol{\beta}_k\|},k=1,2,\cdots,r$，则向量组 $\boldsymbol{C}:\boldsymbol{\gamma}_1,\cdots,\boldsymbol{\gamma}_r$ 是规范正交向量组并且和向量组 $\boldsymbol{A}$ 等价.

例 6.2 求向量空间 $\mathbf{R}^3$ 的一个规范正交基.

解 任取 3 个线性无关的 3 维向量，即是 $\mathbf{R}^3$ 的一组基. 如其是规范正交向量组，即为 $\mathbf{R}^3$ 的规范正交基. 否则，可以通过施密特正交化过程将其改造成规范正交基.

取 $\mathbf{R}^3$ 的一组基 $\boldsymbol{\alpha}_1=(1,0,0)^{\mathrm{T}}$，$\boldsymbol{\alpha}_2=(1,2,0)^{\mathrm{T}}$，$\boldsymbol{\alpha}_3=(1,2,3)^{\mathrm{T}}$. 先进行正交化：

$$\boldsymbol{\beta}_1=\boldsymbol{\alpha}_1=(1,0,0)^{\mathrm{T}},$$

$$\boldsymbol{\beta}_2=\boldsymbol{\alpha}_2-\frac{[\boldsymbol{\alpha}_2,\boldsymbol{\beta}_1]}{[\boldsymbol{\beta}_1,\boldsymbol{\beta}_1]}\boldsymbol{\beta}_1=\begin{pmatrix}1\\2\\0\end{pmatrix}-\begin{pmatrix}1\\0\\0\end{pmatrix}=\begin{pmatrix}0\\2\\0\end{pmatrix},$$

$$\boldsymbol{\beta}_3=\boldsymbol{\alpha}_3-\frac{[\boldsymbol{\alpha}_3,\boldsymbol{\beta}_1]}{[\boldsymbol{\beta}_1,\boldsymbol{\beta}_1]}\boldsymbol{\beta}_1-\frac{[\boldsymbol{\alpha}_3,\boldsymbol{\beta}_2]}{[\boldsymbol{\beta}_2,\boldsymbol{\beta}_2]}\boldsymbol{\beta}_2=\begin{pmatrix}1\\2\\3\end{pmatrix}-\begin{pmatrix}1\\0\\0\end{pmatrix}-\begin{pmatrix}0\\2\\0\end{pmatrix}=\begin{pmatrix}0\\0\\3\end{pmatrix}.$$

再进行单位化：$\boldsymbol{\gamma}_1=\dfrac{\boldsymbol{\beta}_1}{\|\boldsymbol{\beta}_1\|}=\begin{pmatrix}1\\0\\0\end{pmatrix}$，$\boldsymbol{\gamma}_2=\dfrac{\boldsymbol{\beta}_2}{\|\boldsymbol{\beta}_2\|}=\begin{pmatrix}0\\1\\0\end{pmatrix}$，$\boldsymbol{\gamma}_3=\dfrac{\boldsymbol{\beta}_3}{\|\boldsymbol{\beta}_3\|}=\begin{pmatrix}0\\0\\1\end{pmatrix}$.

$\boldsymbol{\gamma}_1,\boldsymbol{\gamma}_2,\boldsymbol{\gamma}_3$ 即为 $\mathbf{R}^3$ 的一个规范正交基.

在本节的最后，我们给出正交矩阵的概念.

定义 6.10 **设 $\boldsymbol{A}$ 是 n 阶方阵，若 $\boldsymbol{A}^{\mathrm{T}}\boldsymbol{A}=\boldsymbol{E}$，则称 $\boldsymbol{A}$ 是正交矩阵.**

例如：$\boldsymbol{A}=\begin{pmatrix}\dfrac{1}{\sqrt{2}}&-\dfrac{1}{\sqrt{2}}\\\dfrac{1}{\sqrt{2}}&\dfrac{1}{\sqrt{2}}\end{pmatrix}$ 就是正交矩阵.

正交矩阵的性质：

1）$\boldsymbol{A}$ 是正交矩阵 $\Leftrightarrow \boldsymbol{A}^{-1}=\boldsymbol{A}^{\mathrm{T}} \Leftrightarrow \boldsymbol{A}\boldsymbol{A}^{\mathrm{T}}=\boldsymbol{E} \Leftrightarrow \boldsymbol{A}$ 的列（行）向量组是规范正交组；

2）$\boldsymbol{A}$ 是正交矩阵 $\Rightarrow |\boldsymbol{A}|=1$ 或 $|\boldsymbol{A}|=-1$；

3）$\boldsymbol{A}$、$\boldsymbol{B}$ 都是正交矩阵 $\Rightarrow \boldsymbol{AB}$ 也是正交矩阵；

4）$\boldsymbol{A}$ 是正交矩阵，且 $\boldsymbol{y}=\boldsymbol{Ax} \Rightarrow \|\boldsymbol{y}\|=\|\boldsymbol{x}\|$，即正交变换可以保持向量长度不变.

这里我们给出上述部分性质的证明.

第一，我们证明 $\boldsymbol{A}$ 是正交矩阵 $\Leftrightarrow \boldsymbol{A}$ 的列向量组是规范正交组.

证 对 $\boldsymbol{A}$ 按列分块，设 $\boldsymbol{A}=(\boldsymbol{a}_1,\boldsymbol{a}_2,\cdots,\boldsymbol{a}_n)$，其中 $\boldsymbol{a}_k$ 为 $\boldsymbol{A}$ 的第 k 个列向量. $\boldsymbol{A}$ 是正交矩阵 $\Leftrightarrow \boldsymbol{A}^{\mathrm{T}}\boldsymbol{A}=\boldsymbol{E}$. 直接进行计算可得

$$\boldsymbol{A}^{\mathrm{T}}\boldsymbol{A}=\begin{pmatrix}\boldsymbol{a}_1^{\mathrm{T}}\\ \boldsymbol{a}_2^{\mathrm{T}}\\ \vdots\\ \boldsymbol{a}_n^{\mathrm{T}}\end{pmatrix}(\boldsymbol{a}_1,\boldsymbol{a}_2,\cdots,\boldsymbol{a}_n)=\begin{pmatrix}\boldsymbol{a}_1^{\mathrm{T}}\boldsymbol{a}_1 & \boldsymbol{a}_1^{\mathrm{T}}\boldsymbol{a}_2 & \cdots & \boldsymbol{a}_1^{\mathrm{T}}\boldsymbol{a}_n\\ \boldsymbol{a}_2^{\mathrm{T}}\boldsymbol{a}_1 & \boldsymbol{a}_2^{\mathrm{T}}\boldsymbol{a}_2 & \cdots & \boldsymbol{a}_2^{\mathrm{T}}\boldsymbol{a}_n\\ \vdots & \vdots & & \vdots\\ \boldsymbol{a}_n^{\mathrm{T}}\boldsymbol{a}_1 & \boldsymbol{a}_n^{\mathrm{T}}\boldsymbol{a}_2 & \cdots & \boldsymbol{a}_n^{\mathrm{T}}\boldsymbol{a}_n\end{pmatrix}$$

$$=\begin{pmatrix}1 & & & \\ & 1 & & \\ & & \ddots & \\ & & & 1\end{pmatrix}.$$

所以 $[\boldsymbol{a}_i,\boldsymbol{a}_j]=\boldsymbol{a}_i^{\mathrm{T}}\boldsymbol{a}_j=\begin{cases}1, i=j,\\ 0, i\neq j.\end{cases}$ 所以，$\boldsymbol{A}$ 的列向量组是规范正交组.

第二，我们证明若 $\boldsymbol{A}$ 是正交矩阵，且 $\boldsymbol{y}=\boldsymbol{Ax}$，则 $\|\boldsymbol{y}\|=\|\boldsymbol{x}\|$，即正交变换可以保持向量长度不变.

证 $\|\boldsymbol{y}\|=\sqrt{\boldsymbol{y}^{\mathrm{T}}\boldsymbol{y}}=\sqrt{(\boldsymbol{Ax})^{\mathrm{T}}(\boldsymbol{Ax})}=\sqrt{\boldsymbol{x}^{\mathrm{T}}(\boldsymbol{A}^{\mathrm{T}}\boldsymbol{A})\boldsymbol{x}}=\sqrt{\boldsymbol{x}^{\mathrm{T}}\boldsymbol{x}}=\|\boldsymbol{x}\|$.

对于线性变换 $\boldsymbol{y}=\boldsymbol{Ax}$，如果 $\boldsymbol{A}$ 为正交矩阵，称 $\boldsymbol{y}=\boldsymbol{Ax}$ 为正交变换. 我们来考察空间 $\mathbf{R}^2$ 中正交变换的几何意义. 由于正交变换保持长度不变，对于 $\mathbf{R}^2$ 内的一个几何体，正交变换前后任意两点的距离保持不变，那么该几何体的几何形状应该保持不变. 来看个例子. 图 6-1 中的点可以看成一些 2 维向量的集合，对图 6-1 上的坐标进行正交变换，变换矩阵选择为正交矩阵 $\boldsymbol{A}=\begin{pmatrix}\frac{1}{\sqrt{2}} & -\frac{1}{\sqrt{2}}\\ \frac{1}{\sqrt{2}} & \frac{1}{\sqrt{2}}\end{pmatrix}$，对变换后的点作图，如图 6-2 所示.

可以看出，正交变换前后的图形几何形状是相同的，但可能进行了旋转或翻转.

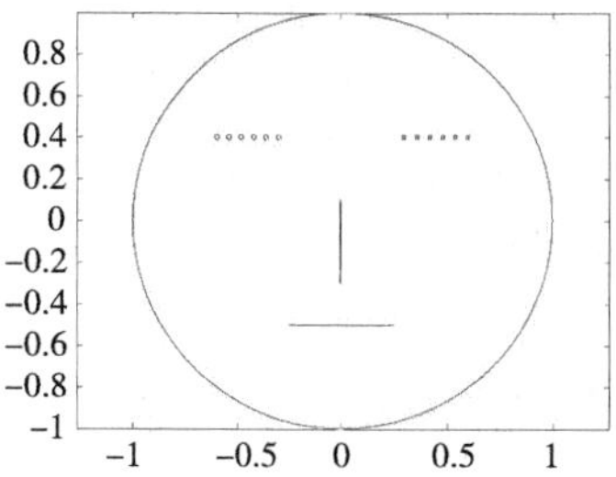

图 6-1　正交变换前

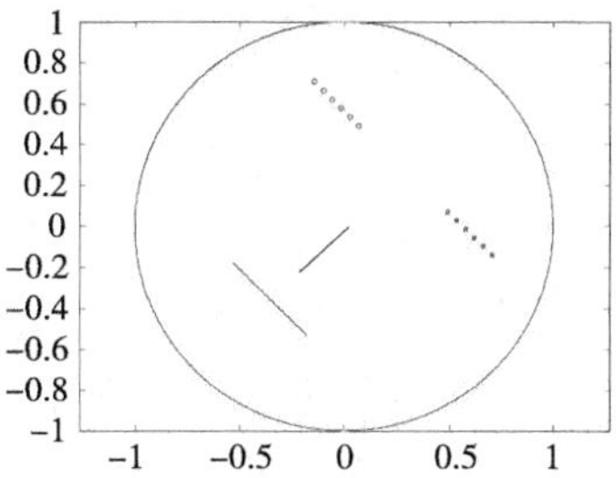

图 6-2　正交变换后

习题 6.2

1. 设向量 $\boldsymbol{\alpha}=(1,2,0,3)^{\mathrm{T}}$，$\boldsymbol{\beta}=(2,\lambda,1,-2)^{\mathrm{T}}$，已知 $\boldsymbol{\alpha}+\boldsymbol{\beta}$ 与 $\boldsymbol{\alpha}$ 正交，求出参数 λ.

2. 设向量 $\boldsymbol{\alpha}=(1,2,0,2)^{\mathrm{T}}$，$\boldsymbol{\beta}=(2,0,-1,2)^{\mathrm{T}}$，求 $\boldsymbol{\alpha},\boldsymbol{\beta}$ 的长度及 $\boldsymbol{\alpha},\boldsymbol{\beta}$ 的夹角.

3. 设 $\boldsymbol{a}_1=\begin{pmatrix}1\\1\\0\end{pmatrix},\boldsymbol{a}_2=\begin{pmatrix}1\\0\\1\end{pmatrix}$，求出与向量 $\boldsymbol{a}_1,\boldsymbol{a}_2$ 都正交的单位向量.

4. 设 $\boldsymbol{a}_1=\begin{pmatrix}1\\1\\1\end{pmatrix},\boldsymbol{a}_2=\begin{pmatrix}1\\2\\3\end{pmatrix},\boldsymbol{a}_3=\begin{pmatrix}1\\-4\\9\end{pmatrix}$，利用施密特正交化方法把该向量组进行规范正交化.

5. 设 $\boldsymbol{A}=\begin{pmatrix}\frac{1}{2} & a\\ b & c\end{pmatrix}$ 是正交矩阵，且 $a>0$，$b>0$，求 a,b,c.

6. 设 $\boldsymbol{x}$ 为单位列向量，$\boldsymbol{H}=\boldsymbol{E}-2\boldsymbol{x}\boldsymbol{x}^{\mathrm{T}}$，证明：$\boldsymbol{H}$ 为对称的正交矩阵.

6.3　方阵的特征值与特征向量

在 6.1 节我们看到二次型标准化问题等价于对称矩阵合同对角化问题. 将一个 n 阶对称矩阵 $\boldsymbol{A}$ 合同对角化

$$\boldsymbol{P}^{\mathrm{T}}\boldsymbol{A}\boldsymbol{P}=\boldsymbol{D},$$

其中 $\boldsymbol{D}=\mathrm{diag}(\lambda_1,\lambda_2,\cdots,\lambda_n)$ 是对角矩阵，其关键问题是如何求出矩阵 $\boldsymbol{P}$. 一般地，二次齐次方程标准化时，为便于研究图形的几何性质，我们希望两个方程的图形保持不变，即矩阵 $\boldsymbol{P}$ 为正交矩阵，此时 $\boldsymbol{P}^{\mathrm{T}}=\boldsymbol{P}^{-1}$，由 $\boldsymbol{P}^{\mathrm{T}}\boldsymbol{A}\boldsymbol{P}=\boldsymbol{D}$ 得 $\boldsymbol{A}\boldsymbol{P}=\boldsymbol{P}\boldsymbol{D}$. 若记 $\boldsymbol{P}=(\boldsymbol{p}_1,\boldsymbol{p}_2,\cdots,\boldsymbol{p}_n)$，则 $\boldsymbol{A}\boldsymbol{p}_i=\lambda_i\boldsymbol{p}_i,i=1,2,\cdots,n$. 我们把这里的 $\boldsymbol{p}_i$ 称为矩阵 $\boldsymbol{A}$ 的属于特征值 λ_i 的特征向量. 矩阵的特征值和特征向量在很多领域有着重要的作用.

下面我们给出矩阵的特征值和特征向量的定义.

特征值和特征向量

定义 6.11　设 $\boldsymbol{A}$ 是 n 阶方阵，如果数 λ 和 n 维非零向量 $\boldsymbol{p}$ 满足：$\boldsymbol{A}\boldsymbol{p}=\lambda\boldsymbol{p}$，则称 λ 是方阵 $\boldsymbol{A}$ 的特征值，$\boldsymbol{p}$ 是与 λ 对应的特征向量.

容易得到，关于特征值和特征向量有如下结论：

1）若 $\boldsymbol{p}$ 是与 λ 对应的特征向量，则 $k\boldsymbol{p}$（$k \neq 0$）也是与 λ 对应的特征向量；若 $\boldsymbol{p}_1, \boldsymbol{p}_2$ 是与 λ 对应的两个线性无关的特征向量，则 $\boldsymbol{p} = k_1\boldsymbol{p}_1 + k_2\boldsymbol{p}_2$（$k_1, k_2$ 不同时为0）也是与 λ 对应的特征向量.

2）若 $\boldsymbol{p}$ 是与 λ_1, λ_2 对应的特征向量，则必有 $\lambda_1 = \lambda_2$. 这说明一个特征向量仅对应一个特征值.

3）特征向量的几何特征：由 $\boldsymbol{A}\boldsymbol{p} = \lambda\boldsymbol{p}$ 可见若 $\boldsymbol{p}$ 是 $\boldsymbol{A}$ 的特征向量，则 $\boldsymbol{A}\boldsymbol{p}$ 和 $\boldsymbol{p}$ 同方向或反方向.

特征值与特征向量的计算

$\boldsymbol{p}$ 是与 $\boldsymbol{A}$ 的特征值 λ 对应的特征向量

$\Leftrightarrow \boldsymbol{A}\boldsymbol{p} = \lambda\boldsymbol{p} \Leftrightarrow (\boldsymbol{A} - \lambda\boldsymbol{E})\boldsymbol{p} = \boldsymbol{0}$

$\Leftrightarrow (\boldsymbol{A} - \lambda\boldsymbol{E})\boldsymbol{x} = \boldsymbol{0}$ 有非零解 $\boldsymbol{p}$

$\Leftrightarrow |\boldsymbol{A} - \lambda\boldsymbol{E}| = 0$，$\boldsymbol{p}$ 是 $(\boldsymbol{A} - \lambda\boldsymbol{E})\boldsymbol{x} = \boldsymbol{0}$ 的非零解.

$\boldsymbol{A}$ 的特征值就是关于 λ 的 n 次方程 $|\boldsymbol{A} - \lambda\boldsymbol{E}| = 0$ 的所有的根，而与 λ 对应的特征向量就是 $(\boldsymbol{A} - \lambda\boldsymbol{E})\boldsymbol{x} = \boldsymbol{0}$ 的全部非零解.

定义 6.12 **$|\boldsymbol{A} - \lambda\boldsymbol{E}|$ 称为方阵 $\boldsymbol{A}$ 的特征行列式，$|\boldsymbol{A} - \lambda\boldsymbol{E}| = 0$ 称为 $\boldsymbol{A}$ 的特征方程.**

例 6.3 求方阵 $\boldsymbol{A} = \begin{pmatrix} \frac{1}{3} & \frac{2}{5} \\ \frac{2}{3} & \frac{3}{5} \end{pmatrix}$ 的特征值与特征向量.

解 $\boldsymbol{A}$ 的特征行列式为 $|\boldsymbol{A} - \lambda\boldsymbol{E}| = \begin{vmatrix} \frac{1}{3} - \lambda & \frac{2}{5} \\ \frac{2}{3} & \frac{3}{5} - \lambda \end{vmatrix} = (\lambda - 1)\left(\lambda + \frac{1}{15}\right)$.

令 $|\boldsymbol{A} - \lambda\boldsymbol{E}| = 0$，可得 $\boldsymbol{A}$ 有两个特征值，分别为 $\lambda_1 = 1$，$\lambda_2 = -\frac{1}{15}$.

对于 $\lambda_1 = 1$，其特征向量为 $(\boldsymbol{A} - \lambda_1\boldsymbol{E})\boldsymbol{x} = \boldsymbol{0}$ 的非零解. 通过求解方程组

$$\begin{pmatrix} \frac{1}{3} - 1 & \frac{2}{5} \\ \frac{2}{3} & \frac{3}{5} - 1 \end{pmatrix}\boldsymbol{x} = \boldsymbol{0},$$

可得 $\boldsymbol{x} = k_1\begin{pmatrix} 3 \\ 5 \end{pmatrix}$（$k_1$ 为任意非零数）为 $\lambda_1 = 1$ 对应的所有特征向量.

对于 $\lambda_2 = -\frac{1}{15}$，其特征向量为 $(\boldsymbol{A} - \lambda_2\boldsymbol{E})\boldsymbol{x} = \boldsymbol{0}$ 的非零解. 通过

求解方程组

$$\begin{pmatrix} \frac{1}{3}+\frac{1}{15} & \frac{2}{5} \\ \frac{2}{3} & \frac{3}{5}+\frac{1}{15} \end{pmatrix} \boldsymbol{x} = \boldsymbol{0},$$

可得 $\boldsymbol{x} = k_2\begin{pmatrix} 1 \\ -1 \end{pmatrix}$（$k_2$ 为任意非零数）为 $\lambda_2 = -\frac{1}{15}$ 对应的所有特征向量.

例 6.4 求方阵 $\boldsymbol{A} = \begin{pmatrix} 1 & 2 & 0 \\ 2 & 1 & 0 \\ 0 & 0 & 3 \end{pmatrix}$ 的特征值与特征向量.

解 $\boldsymbol{A}$ 的特征行列式为 $|\boldsymbol{A} - \lambda \boldsymbol{E}| = \begin{vmatrix} 1-\lambda & 2 & 0 \\ 2 & 1-\lambda & 0 \\ 0 & 0 & 3-\lambda \end{vmatrix} = -(\lambda-3)^2(\lambda+1)$.

令 $|\boldsymbol{A} - \lambda \boldsymbol{E}| = 0$，可得 $\boldsymbol{A}$ 有三个特征值，分别为 $\lambda_1 = \lambda_2 = 3$（2 重特征值），$\lambda_3 = -1$.

对于 $\lambda = 3$，其特征向量为 $(\boldsymbol{A} - \lambda \boldsymbol{E})\boldsymbol{x} = \boldsymbol{0}$ 的非零解. 通过求解方程组

$$\begin{pmatrix} 1-3 & 2 & 0 \\ 2 & 1-3 & 0 \\ 0 & 0 & 3-3 \end{pmatrix} \boldsymbol{x} = \boldsymbol{0},$$

可得 $\boldsymbol{x} = k_1\begin{pmatrix} 1 \\ 1 \\ 0 \end{pmatrix} + k_2\begin{pmatrix} 0 \\ 0 \\ 1 \end{pmatrix}$（$k_1$，$k_2$ 不同时为零）为 $\lambda = 3$ 对应的所有特征向量.

对于 $\lambda = -1$，其特征向量为 $(\boldsymbol{A} - \lambda \boldsymbol{E})\boldsymbol{x} = \boldsymbol{0}$ 的非零解. 通过求解方程组

$$\begin{pmatrix} 1-(-1) & 2 & 0 \\ 2 & 1-(-1) & 0 \\ 0 & 0 & 3-(-1) \end{pmatrix} \boldsymbol{x} = \boldsymbol{0},$$

可得 $\boldsymbol{x} = k_3\begin{pmatrix} 1 \\ -1 \\ 0 \end{pmatrix}$（$k_3$ 不为零）为 $\lambda = -1$ 对应的所有特征向量.

特征值与特征向量的性质

1）n 阶方阵 $\boldsymbol{A}$ 必有 n 个特征值（包括重根的重数，例如，2 重特征值算作两个特征值），分别记作 $\lambda_1, \lambda_2, \cdots, \lambda_n$；

2）A 的所有特征值之和等于 A 的对角线元素之和（称为 A 的迹，记作 $\mathrm{tr}(A)$），即

$$\mathrm{tr}(A) = \lambda_1 + \lambda_2 + \cdots + \lambda_n = a_{11} + a_{22} + \cdots + a_{nn};$$

3）A 的所有特征值之积等于 A 的行列式，即 $\lambda_1\lambda_2\cdots\lambda_n = |A|$；

4）对角矩阵 $A = \mathrm{diag}(\lambda_1,\cdots,\lambda_n)$ 的特征值为其对角元素 $\lambda_1, \lambda_2,\cdots,\lambda_n$；

5）若 λ 为 A 的特征值，且 A 的多项式 $f(A) = O$，则有 $f(\lambda) = 0$；

6）若 λ 为 A 的特征值，p 为 λ 对应的特征向量. 则 λ^k（其中 k 为正整数）为 A^k 的特征值，且 p 为 λ^k 对应的特征向量. 若 A 为可逆矩阵，则 λ^{-1} 为 A^{-1} 的特征值，且 p 为 λ^{-1} 对应的特征向量；

7）设 $p_1,\cdots,p_m$ 分别是 A 的对应于特征值 $\lambda_1,\cdots,\lambda_m$ 的特征向量，并且特征值 $\lambda_1,\cdots,\lambda_m$ 互不相同，则 $p_1,\cdots,p_m$ 线性无关；

8）若 λ 为 A 的 r 重特征值，则 λ 对应的线性无关的特征向量个数不超过 r.

请读者自行证明上述性质或查阅资料寻求证明.

例 6.5 设 A 为3阶方阵，且 $|A-2E| = |A+E| = |2A+E| = 0$，计算

(1) A 的所有特征值；(2) $|A|$；(3) $\varphi(A) = A^2 + A + 2E$ 的特征值.

解 (1) A 的特征值满足特征方程 $|A-\lambda E| = 0$. 根据条件

$$|A-2E| = |A-(-E)| = \left|A-\left(-\frac{1}{2}E\right)\right| = 0.$$

可知 $\lambda = 2, -1, -\frac{1}{2}$ 为 A 的所有特征值.

(2) $|A|$ 等于所有特征值的乘积，因此 $|A| = 1$.

(3) 根据特征值的性质，$\varphi(A) = A^2 + A + 2E$ 的特征值为 $\varphi(\lambda) = \lambda^2 + \lambda + 2$. 将 $\lambda = 2, -1, -\frac{1}{2}$ 代入 $\varphi(\lambda) = \lambda^2 + \lambda + 2$，可得 $\varphi(A) = A^2 + A + 2E$ 的特征值为

$$\varphi(2) = 8, \varphi(-1) = 2, \varphi\left(-\frac{1}{2}\right) = \frac{7}{4}.$$

例 6.6 设 A 为方阵，且 A 的多项式 $\varphi(A) = A^2 + A - 2E = O$，证明 A 为可逆矩阵.

证 方法一 设 λ 为 A 的特征值，由 $\varphi(A) = A^2 + A - 2E = O$ 知

$$\varphi(\lambda) = \lambda^2 + \lambda - 2 = 0.$$

于是 $\lambda = 1$ 或 -2. 由于 $|A|$ 等于所有特征值的乘积，而 0 不是 A 的特征值，所以 $|A| \neq 0$，A 为可逆矩阵.

方法二　根据 $\varphi(\boldsymbol{A})=\boldsymbol{A}^2+\boldsymbol{A}-2\boldsymbol{E}=\boldsymbol{O}$，可知 $\boldsymbol{A}\left(\dfrac{\boldsymbol{A}+\boldsymbol{E}}{2}\right)=\boldsymbol{E}$.

因此 $\boldsymbol{A}$ 为可逆矩阵，且 $\boldsymbol{A}^{-1}=\dfrac{\boldsymbol{A}+\boldsymbol{E}}{2}$.

习题 6.3

1. $\boldsymbol{a}=\begin{pmatrix}1\\2\\-2\end{pmatrix}$是$\boldsymbol{A}=\begin{pmatrix}c&2&-2\\2&d&-4\\-2&-4&5\end{pmatrix}$的对应于特征值 λ 的特征向量，计算 c,d,λ.

2. 求下列矩阵的特征值和特征向量.

(1) $\boldsymbol{A}=\begin{pmatrix}-1&1&0\\-4&3&0\\1&0&2\end{pmatrix}$;

(2) $\boldsymbol{A}=\begin{pmatrix}-2&8&6\\-4&10&6\\4&-8&-4\end{pmatrix}$.

3. 设有二次多项式函数 $f(x)=x^2-3x+2$,

(1) 三阶方阵 $\boldsymbol{A}$ 的特征值为 4，0，-2，计算 $\mathrm{tr}(\boldsymbol{A})$ 以及 $\boldsymbol{A}$ 的行列式和 $f(\boldsymbol{A})$ 的特征值；

(2) $\boldsymbol{B}$ 为方阵，且 $f(\boldsymbol{B})=\boldsymbol{O}$，计算 $\boldsymbol{B}$ 的可能的特征值.

4. $\boldsymbol{A}$ 是 3 阶矩阵，特征值为 1，2，-1，计算 $|4\boldsymbol{A}^{-1}-\boldsymbol{E}|$.

5. 设 $\boldsymbol{A}$ 为方阵，证明 $\boldsymbol{A}$ 和 $\boldsymbol{A}^{\mathrm{T}}$ 有相同的特征值.

6. 设 $\boldsymbol{A}$ 为正交矩阵，且 $|\boldsymbol{A}|=-1$，证明 $\lambda=-1$ 必为 $\boldsymbol{A}$ 的特征值.

6.4 相似矩阵

本节我们将讨论方阵的相似对角化问题.

定义 6.13　设 $\boldsymbol{A}$，$\boldsymbol{B}$ 都是 n 阶方阵，若存在可逆矩阵 $\boldsymbol{P}$，使得 $\boldsymbol{P}^{-1}\boldsymbol{A}\boldsymbol{P}=\boldsymbol{B}$，则称 $\boldsymbol{A}$ 与 $\boldsymbol{B}$ 相似. 其中 $\boldsymbol{P}$ 称为相似变换矩阵. 特别地，若 $\boldsymbol{P}^{-1}\boldsymbol{A}\boldsymbol{P}=\boldsymbol{\Lambda}=\mathrm{diag}(\lambda_1,\cdots,\lambda_n)$，则称 $\boldsymbol{A}$ 与对角矩阵相似，或称 $\boldsymbol{A}$ 可相似对角化.

由定义可以得到矩阵的相似关系具有如下性质：

1) 反身性，方阵 $\boldsymbol{A}$ 与自身相似；

2) 对称性，若方阵 $\boldsymbol{A}$ 与 $\boldsymbol{B}$ 相似，则 $\boldsymbol{B}$ 与 $\boldsymbol{A}$ 相似；

3) 传递性，若方阵 $\boldsymbol{A}$ 与 $\boldsymbol{B}$ 相似，$\boldsymbol{B}$ 与 $\boldsymbol{C}$ 相似，则 $\boldsymbol{A}$ 与 $\boldsymbol{C}$ 相似.

定理 6.2　如果方阵 $\boldsymbol{A}$ 与 $\boldsymbol{B}$ 相似，则 $\boldsymbol{A}$ 与 $\boldsymbol{B}$ 有相同的特征多项式（$|\boldsymbol{A}-\lambda\boldsymbol{E}|=|\boldsymbol{B}-\lambda\boldsymbol{E}|$），进而必有相同的特征值，且 $|\boldsymbol{A}|=|\boldsymbol{B}|$，$\mathrm{tr}(\boldsymbol{A})=\mathrm{tr}(\boldsymbol{B})$.

证　只需证明 $|\boldsymbol{A}-\lambda\boldsymbol{E}|=|\boldsymbol{B}-\lambda\boldsymbol{E}|$.

若方阵 $\boldsymbol{A}$ 与 $\boldsymbol{B}$ 相似，则存在可逆矩阵 $\boldsymbol{P}$，使得 $\boldsymbol{P}^{-1}\boldsymbol{A}\boldsymbol{P}=\boldsymbol{B}$，于是

$$
\begin{aligned}
|\boldsymbol{B}-\lambda\boldsymbol{E}| &= |\boldsymbol{P}^{-1}\boldsymbol{A}\boldsymbol{P}-\lambda\boldsymbol{E}| = |\boldsymbol{P}^{-1}(\boldsymbol{A}-\lambda\boldsymbol{E})\boldsymbol{P}| \\
&= |\boldsymbol{P}^{-1}||\boldsymbol{A}-\lambda\boldsymbol{E}||\boldsymbol{P}| = |\boldsymbol{A}-\lambda\boldsymbol{E}|.
\end{aligned}
$$

由于对角矩阵有着很好的性质，我们考虑一个矩阵能否与一个对角矩阵相似.

定理 6.3 n 阶方阵 $\boldsymbol{A}$ 可对角化的充分必要条件是 $\boldsymbol{A}$ 有 n 个线性无关的特征向量. 若 $\lambda_1,\lambda_2,\cdots,\lambda_n$ 为 $\boldsymbol{A}$ 的 n 个特征值，$\boldsymbol{p}_1,\boldsymbol{p}_2,\cdots,\boldsymbol{p}_n$ 分别为 $\lambda_1,\lambda_2,\cdots,\lambda_n$ 对应的特征向量，并且 $\boldsymbol{p}_1,\boldsymbol{p}_2,\cdots,\boldsymbol{p}_n$ 线性无关，令 $\boldsymbol{\Lambda}=\mathrm{diag}(\lambda_1,\cdots,\lambda_n)$，$\boldsymbol{P}=(\boldsymbol{p}_1,\boldsymbol{p}_2,\cdots,\boldsymbol{p}_n)$，则有 $\boldsymbol{P}^{-1}\boldsymbol{A}\boldsymbol{P}=\boldsymbol{\Lambda}$.

证 根据定义，$\boldsymbol{A}$ 可对角化 $\Leftrightarrow$ 存在可逆矩阵 $\boldsymbol{P}$，使得 $\boldsymbol{P}^{-1}\boldsymbol{A}\boldsymbol{P}=\boldsymbol{\Lambda}$. 将矩阵 $\boldsymbol{P}$ 按列分块，设 $\boldsymbol{P}=(\boldsymbol{p}_1,\boldsymbol{p}_2,\cdots,\boldsymbol{p}_n)$，同时设 $\boldsymbol{\Lambda}=\mathrm{diag}(\lambda_1,\lambda_2,\cdots,\lambda_n)$. $\boldsymbol{P}$ 可逆的充要条件为 $\boldsymbol{p}_1,\boldsymbol{p}_2,\cdots,\boldsymbol{p}_n$ 线性无关. 当 $\boldsymbol{P}$ 可逆时，

$$\begin{aligned}\boldsymbol{P}^{-1}\boldsymbol{A}\boldsymbol{P}=\boldsymbol{\Lambda}\Leftrightarrow\boldsymbol{A}\boldsymbol{P}&=\boldsymbol{P}\boldsymbol{\Lambda}\\&\Leftrightarrow\boldsymbol{A}(\boldsymbol{p}_1,\boldsymbol{p}_2,\cdots,\boldsymbol{p}_n)=(\boldsymbol{p}_1,\boldsymbol{p}_2,\cdots,\boldsymbol{p}_n)\mathrm{diag}(\lambda_1,\lambda_2,\cdots,\lambda_n)\\&\Leftrightarrow(\boldsymbol{A}\boldsymbol{p}_1,\boldsymbol{A}\boldsymbol{p}_2,\cdots,\boldsymbol{A}\boldsymbol{p}_n)=(\lambda_1\boldsymbol{p}_1,\lambda_2\boldsymbol{p}_2,\cdots,\lambda_n\boldsymbol{p}_n)\\&\Leftrightarrow\boldsymbol{A}\boldsymbol{p}_1=\lambda_1\boldsymbol{p}_1,\boldsymbol{A}\boldsymbol{p}_2=\lambda_2\boldsymbol{p}_2,\cdots,\boldsymbol{A}\boldsymbol{p}_n=\lambda_n\boldsymbol{p}_n.\end{aligned}$$

可见，$\lambda_1,\lambda_2,\cdots,\lambda_n$ 为 $\boldsymbol{A}$ 的 n 个特征值，$\boldsymbol{p}_1,\boldsymbol{p}_2,\cdots,\boldsymbol{p}_n$ 分别为 $\lambda_1,\lambda_2,\cdots,\lambda_n$ 对应的特征向量.

这个定理给出了矩阵可以对角化的条件，同时也给出了对角化的方法.

例 6.7 $\boldsymbol{A}=\begin{pmatrix}1&2&0\\2&1&0\\0&0&3\end{pmatrix}$，判断 $\boldsymbol{A}$ 能否对角化. 如果可以，求可逆矩阵 $\boldsymbol{P}$ 和对角矩阵 $\boldsymbol{\Lambda}$，使得 $\boldsymbol{P}^{-1}\boldsymbol{A}\boldsymbol{P}=\boldsymbol{\Lambda}$.

解 由上节知道 $\boldsymbol{A}$ 有三个特征值，分别为 $\lambda_1=\lambda_2=3$（2 重特征值），$\lambda_3=-1$. $\boldsymbol{x}=k_1\begin{pmatrix}1\\1\\0\end{pmatrix}+k_2\begin{pmatrix}0\\0\\1\end{pmatrix}$（$k_1$，$k_2$ 不同时为零）为 $\lambda=3$ 对应的所有特征向量，$\boldsymbol{x}-k_3\begin{pmatrix}1\\-1\\0\end{pmatrix}$（$k_3$ 不为零）为 $\lambda=-1$ 对应的所有特征向量.

取 $\boldsymbol{p}_1=\begin{pmatrix}1\\1\\0\end{pmatrix}$，$\boldsymbol{p}_2=\begin{pmatrix}0\\0\\1\end{pmatrix}$，$\boldsymbol{p}_3=\begin{pmatrix}1\\-1\\0\end{pmatrix}$，$\boldsymbol{p}_1,\boldsymbol{p}_2,\boldsymbol{p}_3$ 为 3 阶方阵 $\boldsymbol{A}$ 的 3 个线性无关的特征向量，因此 $\boldsymbol{A}$ 可以对角化.

令

$$\boldsymbol{P}=(\boldsymbol{p}_1,\boldsymbol{p}_2,\boldsymbol{p}_3)=\begin{pmatrix}1&0&1\\1&0&-1\\0&1&0\end{pmatrix},$$

$$\boldsymbol{\Lambda}=\mathrm{diag}(\lambda_1,\lambda_2,\lambda_3)=\begin{pmatrix}3&&\\&3&\\&&-1\end{pmatrix},$$

则有 $P^{-1}AP=\Lambda$ 成立.

例 6.8 $A=\begin{pmatrix}1&1&0\\0&1&0\\0&0&2\end{pmatrix}$，判断 A 能否对角化. 如果可以，求可逆矩阵 P 和对角矩阵 Λ，使得 $P^{-1}AP=\Lambda$.

解 首先计算特征值. 令

$$|A-\lambda E|=\begin{vmatrix}1-\lambda&1&0\\0&1-\lambda&0\\0&0&2-\lambda\end{vmatrix}=(1-\lambda)^2(2-\lambda)=0,$$

可知 $\lambda_1=\lambda_2=1$ (2 重特征值)，$\lambda_3=2$ 为 A 的 3 个特征值.

然后计算特征向量. 先考虑 $\lambda=1$，求解方程组 $(A-\lambda E)x=0$，即

$$\begin{pmatrix}1-1&1&0\\0&1-1&0\\0&0&2-1\end{pmatrix}x=0,$$

该方程组的全部非零解为 $x=k\begin{pmatrix}1\\0\\0\end{pmatrix}$ (k 不为零). 可知 2 重特征值 $\lambda_1=\lambda_2=1$ 仅对应了 1 个线性无关的特征向量. $\lambda_3=2$ 为 1 重特征值 (特征方程的单根)，其无关特征向量也仅有 1 个. 所以本问题中无法找到 3 个线性无关的特征向量，因此 A 不能对角化.

对于对角化问题，有如下结论成立：

定理 6.4 n **阶方阵** A **可对角化的充要条件为** A **的每个特征值的重数恰好等于其对应的线性无关的特征向量个数.**

习题 6.4

1. 若 $\begin{pmatrix}0&1&0\\1&x&0\\0&0&3\end{pmatrix}$ 与 $\begin{pmatrix}3&0&0\\0&y&0\\0&0&-1\end{pmatrix}$ 相似，求参数 x,y.

2. 设 $A=\begin{pmatrix}2&0&1\\3&1&x\\4&0&5\end{pmatrix}$ 与某个对角矩阵相似，计算 x.

3. 已知 $A=\begin{pmatrix}-2&1&1\\0&2&0\\-4&1&3\end{pmatrix}$，求可逆矩阵 P，使得 $P^{-1}AP$ 为对角矩阵.

4. 已知 $A=\begin{pmatrix}3&1&0\\-4&-1&0\\4&-8&-2\end{pmatrix}$，判断 A 能否与某个对角矩阵相似.

5. 设二阶方阵 A 有特征值 $1,-3$，对应的特征向量分别为 $\begin{pmatrix}-1\\2\end{pmatrix}$, $\begin{pmatrix}-2\\5\end{pmatrix}$，求 A.

6.5 实对称矩阵的对角化

本节我们讨论实对称矩阵的对角化问题.

实对称矩阵由于其特殊结构，有着不同于一般矩阵的性质，这里给出实对称矩阵的部分性质.

定理 6.5　若 $\boldsymbol{A}$ 为 n 阶实对称矩阵，则

1）$\boldsymbol{A}$ 的特征值均为实数；

2）$\boldsymbol{A}$ 的不同特征值对应的特征向量相互正交；

3）$\boldsymbol{A}$ 的每个特征值的重数恰好等于其对应的线性无关的特征向量个数（由上节知识可知实对称矩阵 $\boldsymbol{A}$ 必可以对角化）.

证　我们只给出性质2）的证明. 设 $\boldsymbol{A}$ 为 n 阶实对称矩阵，λ_1，λ_2 为 $\boldsymbol{A}$ 的两个不同特征值，$\boldsymbol{p}_1,\boldsymbol{p}_2$ 分别为 λ_1,λ_2 对应的特征向量，我们证明 $\boldsymbol{p}_1,\boldsymbol{p}_2$ 是相互正交的.

根据特征值和特征向量的定义，$\boldsymbol{A}\boldsymbol{p}_1=\lambda_1\boldsymbol{p}_1,\boldsymbol{A}\boldsymbol{p}_2=\lambda_2\boldsymbol{p}_2$，于是

$$\begin{aligned}\lambda_1\boldsymbol{p}_1^{\mathrm{T}}\boldsymbol{p}_2&=(\boldsymbol{A}\boldsymbol{p}_1)^{\mathrm{T}}\boldsymbol{p}_2=\boldsymbol{p}_1^{\mathrm{T}}\boldsymbol{A}^{\mathrm{T}}\boldsymbol{p}_2=\boldsymbol{p}_1^{\mathrm{T}}\boldsymbol{A}\boldsymbol{p}_2\\&=\boldsymbol{p}_1^{\mathrm{T}}(\boldsymbol{A}\boldsymbol{p}_2)=\boldsymbol{p}_1^{\mathrm{T}}(\lambda_2\boldsymbol{p}_2)=\lambda_2\boldsymbol{p}_1^{\mathrm{T}}\boldsymbol{p}_2,\end{aligned}$$

由于 $\lambda_1\neq\lambda_2$，所以 $\boldsymbol{p}_1^{\mathrm{T}}\boldsymbol{p}_2=\boldsymbol{0}$，即 $\boldsymbol{p}_1,\boldsymbol{p}_2$ 相互正交.

定理 6.6　若 $\boldsymbol{A}$ 为 n 阶实对称矩阵，则存在正交矩阵 $\boldsymbol{P}$ 和对角矩阵 $\boldsymbol{\Lambda}$，使得 $\boldsymbol{P}^{-1}\boldsymbol{A}\boldsymbol{P}=\boldsymbol{P}^{\mathrm{T}}\boldsymbol{A}\boldsymbol{P}=\boldsymbol{\Lambda}$.

这个定理我们不给出证明，读者可以从下面两个例子中体会其证明思想，并自行给出证明过程.

例 6.9　$\boldsymbol{A}=\begin{pmatrix}1&2&0\\2&1&0\\0&0&3\end{pmatrix}$，求正交矩阵 $\boldsymbol{P}$ 和对角矩阵 $\boldsymbol{\Lambda}$，使得 $\boldsymbol{P}^{-1}\boldsymbol{A}\boldsymbol{P}=\boldsymbol{P}^{\mathrm{T}}\boldsymbol{A}\boldsymbol{P}=\boldsymbol{\Lambda}$.

解　$\boldsymbol{A}$ 的 3 个特征值分别为 $\lambda_1=\lambda_2=3$（2 重特征值），$\lambda_3=-1$，$\boldsymbol{p}_1=\begin{pmatrix}1\\1\\0\end{pmatrix},\boldsymbol{p}_2=\begin{pmatrix}0\\0\\1\end{pmatrix},\boldsymbol{p}_3=\begin{pmatrix}1\\-1\\0\end{pmatrix}$分别为3 个特征值对应的特征向量. 如果要求可逆矩阵 $\boldsymbol{P}$ 和对角矩阵 $\boldsymbol{\Lambda}$，使得 $\boldsymbol{P}^{-1}\boldsymbol{A}\boldsymbol{P}=\boldsymbol{\Lambda}$，令 $\boldsymbol{P}=(\boldsymbol{p}_1,\boldsymbol{p}_2,\boldsymbol{p}_3)$ 即可. 本问题中，我们需要找一个正交矩阵 $\boldsymbol{P}$，由于正交矩阵的列向量为规范正交向量组，因此我们需要找到 3 个特征向量，它们两两正交且都是单位向量.

$\boldsymbol{p}_1,\boldsymbol{p}_2,\boldsymbol{p}_3$ 显然是两两正交的（请注意这里 $\boldsymbol{p}_1$，$\boldsymbol{p}_2$ 正交是一种“巧合”，实对称矩阵不同特征值对应的特征向量相互正交，而 $\boldsymbol{p}_1,\boldsymbol{p}_2$ 并非不同特征值对应的特征向量）. 为了构造正交矩阵，我们将 $\boldsymbol{p}_1$，$\boldsymbol{p}_2,\boldsymbol{p}_3$ 单位化后作为 $\boldsymbol{P}$ 的列向量，令

$$P=\left(\frac{p_1}{\|p_1\|},\frac{p_2}{\|p_2\|},\frac{p_3}{\|p_3\|}\right)=\begin{pmatrix}\frac{1}{\sqrt{2}} & 0 & \frac{1}{\sqrt{2}}\\ \frac{1}{\sqrt{2}} & 0 & -\frac{1}{\sqrt{2}}\\ 0 & 1 & 0\end{pmatrix},$$

$$\Lambda=\mathrm{diag}(\lambda_1,\lambda_2,\lambda_3)=\begin{pmatrix}3 & & \\ & 3 & \\ & & -1\end{pmatrix}.$$

P 为正交矩阵，且 $P^{-1}AP=P^{\mathrm{T}}AP=\Lambda$.

例 6.10 $A=\begin{pmatrix}0 & \frac{1}{2} & \frac{1}{2}\\ \frac{1}{2} & 0 & \frac{1}{2}\\ \frac{1}{2} & \frac{1}{2} & 0\end{pmatrix}$，求正交矩阵 P 和对角矩阵 Λ，使得 $P^{-1}AP=P^{\mathrm{T}}AP=\Lambda$.

解 计算特征值. 由 $|A-\lambda E|=0$，求得 A 的特征根为 $\lambda_1=1$，$\lambda_2=\lambda_3=-\frac{1}{2}$.

计算特征向量. 特征值 $\lambda_1=1$ 对应的一个特征向量为 $\xi_1=\begin{pmatrix}1\\1\\1\end{pmatrix}$，

特征值 $\lambda_2=\lambda_3=-\frac{1}{2}$ 对应的两个线性无关特征向量为 $\xi_2=\begin{pmatrix}-1\\1\\0\end{pmatrix}$，$\xi_3=\begin{pmatrix}-1\\0\\1\end{pmatrix}$.

对特征向量进行规范正交化处理. 显然 ξ_1 与 ξ_2,ξ_3 都正交，但 ξ_2 与 ξ_3 不正交.

正交化：取 $\beta=\xi_3-\dfrac{(\xi_2,\xi_3)}{(\xi_2,\xi_2)}\xi_2=\begin{pmatrix}-1\\0\\1\end{pmatrix}-\dfrac{1}{2}\begin{pmatrix}-1\\1\\0\end{pmatrix}=\begin{pmatrix}-\frac{1}{2}\\-\frac{1}{2}\\1\end{pmatrix}$.

再将 ξ_1,ξ_2,β 单位化，得 $e_1=\begin{pmatrix}\frac{1}{\sqrt{3}}\\ \frac{1}{\sqrt{3}}\\ \frac{1}{\sqrt{3}}\end{pmatrix}$，$e_2=\begin{pmatrix}-\frac{1}{\sqrt{2}}\\ \frac{1}{\sqrt{2}}\\ 0\end{pmatrix}$，$e_3=\begin{pmatrix}-\frac{1}{\sqrt{6}}\\ -\frac{1}{\sqrt{6}}\\ \sqrt{\frac{2}{3}}\end{pmatrix}$.

令

$$P = (e_1, e_2, e_3) = \begin{pmatrix} \frac{1}{\sqrt{3}} & -\frac{1}{\sqrt{2}} & -\frac{1}{\sqrt{6}} \\ \frac{1}{\sqrt{3}} & \frac{1}{\sqrt{2}} & -\frac{1}{\sqrt{6}} \\ \frac{1}{\sqrt{3}} & 0 & \sqrt{\frac{2}{3}} \end{pmatrix},$$

$$\Lambda = \mathrm{diag}(\lambda_1, \lambda_2, \lambda_3) = \begin{pmatrix} 1 & & \\ & -\frac{1}{2} & \\ & & -\frac{1}{2} \end{pmatrix},$$

有 $P^{-1}AP = P^{T}AP = \Lambda$ 成立.

习题 6.5

1. 已知 $A = \begin{pmatrix} 1 & 2 & 0 \\ 2 & 1 & 0 \\ 0 & 0 & -1 \end{pmatrix}$，求正交矩阵 P，使得 $P^{-1}AP$ 为对角矩阵.

2. $\lambda = 3, -1$ 为二阶实对称矩阵 A 的特征值，$p_1 = (1,1)^T$ 为特征值 3 对应的一个特征向量，计算 -1 对应的特征向量，并求矩阵 A.

6.6 化二次型为标准形

在本章的 6.1 节，我们给出了二次型的定义，本节将讨论将二次型化成标准形的方法. 首先我们给出一个例子来说明二次型化成标准形的作用.

例 6.11 二次方程 $f(x,y) = x^2 + y^2 + xy = 1$ 表示平面上的何种曲线？

利用 MATLAB 软件的隐函数作图命令 ezplot（'x^2 + y^2 + x * y = 1'），作出该方程表示的曲线，如图 6-3 所示.

由图 6-3 可知 $f(x,y) = x^2 + y^2 + xy = 1$ 可能表示由椭圆经过旋转得到的曲线.

考虑更具一般性的二元二次方程 $f(x,y) = ax^2 + by^2 + 2cxy = 1$. 当 $c = 0$ 时，我们容易判断曲线的类型：（1）若 $a = b > 0$，方程表示圆；（2）若 a,b 不等且均为正数，方程表示椭圆；（3）若 a,b 异号，方程表示双曲线. 对于 $f(x,y) = ax^2 + by^2 + 2cxy$，若能通过换元法消去交叉项 $2cxy$，其代表的曲线是比较容易识别的，当然，换元时需注意不能改变曲线形状. 利用本章 6.1 节的方法，将

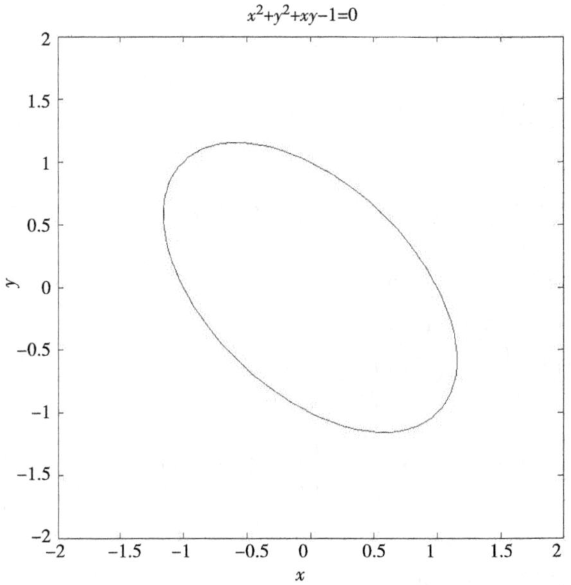

图 6-3

$f(x,y) = ax^2 + by^2 + 2cxy$ 写成矩阵的形式：

$$f(x,y) = ax^2 + by^2 + 2cxy = (x \quad y)\begin{pmatrix} a & c \\ c & b \end{pmatrix}\begin{pmatrix} x \\ y \end{pmatrix} = \boldsymbol{x}^{\mathrm{T}}\boldsymbol{A}\boldsymbol{x},$$

其中 $\boldsymbol{x} = \begin{pmatrix} x \\ y \end{pmatrix}$, $\boldsymbol{A} = \begin{pmatrix} a & c \\ c & b \end{pmatrix}$. 若 $c = 0$，即 $\boldsymbol{A}$ 为对角矩阵，我们容易判断出曲线的形状. 若 $\boldsymbol{A}$ 不是对角矩阵，考虑换元法 $\boldsymbol{y} = \begin{pmatrix} u \\ v \end{pmatrix} = \boldsymbol{P}\boldsymbol{x}$，其中 $\boldsymbol{P}$ 为 2 阶正交矩阵. 之所以要求 $\boldsymbol{P}$ 为正交矩阵，是因为我们不希望换元后曲线形状发生改变. 经过换元后，将 $\boldsymbol{x} = \boldsymbol{P}^{\mathrm{T}}\boldsymbol{y}$ 代入原方程得到

$$g(u,v) = f(x,y) = \boldsymbol{x}^{\mathrm{T}}\boldsymbol{A}\boldsymbol{x} = (\boldsymbol{P}^{\mathrm{T}}\boldsymbol{y})^{\mathrm{T}}\boldsymbol{A}(\boldsymbol{P}^{\mathrm{T}}\boldsymbol{y}) = \boldsymbol{y}^{\mathrm{T}}(\boldsymbol{P}\boldsymbol{A}\boldsymbol{P}^{\mathrm{T}})\boldsymbol{y}.$$

若 $\boldsymbol{P}\boldsymbol{A}\boldsymbol{P}^{\mathrm{T}}$ 为对角矩阵，则方程 $g(u,v) = 1$ 只包含平方项，我们容易判断出曲线 $g(u,v) = 1$ 的类型. 由于采用了正交变换，方程 $g(u,v) = 1$ 和 $f(x,y) = 1$ 表示的曲线形状相同.

回到原问题，考虑方程 $f(x,y) = x^2 + y^2 + xy = 1$.

$$f(x,y) = x^2 + y^2 + xy = (x \quad y)\begin{pmatrix} 1 & \frac{1}{2} \\ \frac{1}{2} & 1 \end{pmatrix}\begin{pmatrix} x \\ y \end{pmatrix}.$$

记 $\boldsymbol{A} = \begin{pmatrix} 1 & \frac{1}{2} \\ \frac{1}{2} & 1 \end{pmatrix}$，根据分析，如果能找到正交矩阵 $\boldsymbol{P}$，使得 $\boldsymbol{P}\boldsymbol{A}\boldsymbol{P}^{\mathrm{T}}$

为对角矩阵，经过换元 $\begin{pmatrix} x \\ y \end{pmatrix} = \boldsymbol{P}^{\mathrm{T}}\begin{pmatrix} u \\ v \end{pmatrix}$，则 $g(u,v) = f(x,y) = 1$ 成为一个只包含平方项的二次方程. 由于 $\boldsymbol{A} = \begin{pmatrix} 1 & \frac{1}{2} \\ \frac{1}{2} & 1 \end{pmatrix}$ 为实对称矩阵，根据上一节的知识，我们能找到正交矩阵 $\boldsymbol{P}$，使得 $\boldsymbol{P}\boldsymbol{A}\boldsymbol{P}^{\mathrm{T}}$ 为对角矩阵. $\boldsymbol{A}$ 的特征值为 $\lambda_1 = \frac{1}{2}$，$\lambda_2 = \frac{3}{2}$，对应的单位特征向量分别为 $\boldsymbol{p}_1 = \frac{1}{\sqrt{2}}\begin{pmatrix} 1 \\ -1 \end{pmatrix}$，$\boldsymbol{p}_2 = \frac{1}{\sqrt{2}}\begin{pmatrix} 1 \\ 1 \end{pmatrix}$. 取

$$\boldsymbol{P} = (\boldsymbol{p}_1, \boldsymbol{p}_2)^{\mathrm{T}} = \frac{1}{\sqrt{2}}\begin{pmatrix} 1 & -1 \\ 1 & 1 \end{pmatrix}, \boldsymbol{\Lambda} = \mathrm{diag}(\lambda_1, \lambda_2) = \begin{pmatrix} \frac{1}{2} & \\ & \frac{3}{2} \end{pmatrix},$$

则有 $\boldsymbol{P}\boldsymbol{A}\boldsymbol{P}^{\mathrm{T}} = \boldsymbol{\Lambda}$. 进行换元 $\begin{pmatrix} x \\ y \end{pmatrix} = \boldsymbol{P}^{\mathrm{T}}\begin{pmatrix} u \\ v \end{pmatrix}$，即 $\begin{pmatrix} x \\ y \end{pmatrix} = \frac{1}{\sqrt{2}}\begin{pmatrix} 1 & 1 \\ -1 & 1 \end{pmatrix}\begin{pmatrix} u \\ v \end{pmatrix}$ 或

$$\begin{cases} x = \frac{1}{\sqrt{2}}u + \frac{1}{\sqrt{2}}v, \\ y = -\frac{1}{\sqrt{2}}u + \frac{1}{\sqrt{2}}v. \end{cases}$$

将上式代入 $f(x,y) = x^2 + y^2 + xy = 1$，得到 $g(u,v) = \frac{1}{2}u^2 + \frac{3}{2}v^2 = 1$. 这是一个椭圆，如图 6-4 所示.

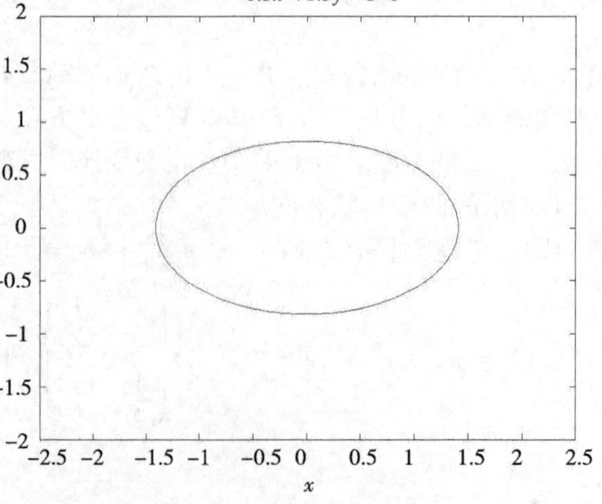

图 6-4

因此，原方程 $f(x,y) = x^2 + y^2 + xy = 1$ 表示椭圆.

正交变换法化二次型为标准形

考虑把二次型 $f = \boldsymbol{x}^{\mathrm{T}}\boldsymbol{A}\boldsymbol{x}$ 化成标准形. 使用可逆的线性变换 $\boldsymbol{x} = \boldsymbol{C}\boldsymbol{y}$（$\boldsymbol{C}$ 为可逆矩阵），则 $f(\boldsymbol{x}) = \boldsymbol{x}^{\mathrm{T}}\boldsymbol{A}\boldsymbol{x} = (\boldsymbol{C}\boldsymbol{y})^{\mathrm{T}}\boldsymbol{A}(\boldsymbol{C}\boldsymbol{y}) = \boldsymbol{y}^{\mathrm{T}}\boldsymbol{C}^{\mathrm{T}}\boldsymbol{A}\boldsymbol{C}\boldsymbol{y} = \boldsymbol{y}^{\mathrm{T}}\boldsymbol{B}\boldsymbol{y}$，其中 $\boldsymbol{B} = \boldsymbol{C}^{\mathrm{T}}\boldsymbol{A}\boldsymbol{C}$. 对二次型做线性变换 $\boldsymbol{x} = \boldsymbol{C}\boldsymbol{y}$ 后，二次型的矩阵由 $\boldsymbol{A}$ 变成了 $\boldsymbol{B} = \boldsymbol{C}^{\mathrm{T}}\boldsymbol{A}\boldsymbol{C}$.

对于二次型 $f = \boldsymbol{x}^{\mathrm{T}}\boldsymbol{A}\boldsymbol{x}$，如果能找到非奇异矩阵 $\boldsymbol{C}$，使得 $\boldsymbol{C}^{\mathrm{T}}\boldsymbol{A}\boldsymbol{C}$ 成为对角矩阵，即可通过线性变换 $\boldsymbol{x} = \boldsymbol{C}\boldsymbol{y}$ 将二次型化成标准形. 由于实二次型对应的矩阵 $\boldsymbol{A}$ 为实对称矩阵，这样的矩阵 $\boldsymbol{C}$ 显然是能够找到的.

定理 6.7　对于二次型 $f = \boldsymbol{x}^{\mathrm{T}}\boldsymbol{A}\boldsymbol{x}$，总存在正交变换 $\boldsymbol{x} = \boldsymbol{P}\boldsymbol{y}$，使得 $f = \boldsymbol{y}^{\mathrm{T}}\boldsymbol{\Lambda}\boldsymbol{y}$ 成为标准形，这里的对角矩阵 $\boldsymbol{\Lambda}$ 以 $\boldsymbol{A}$ 的 n 个特征根为对角元.

例 6.12 求正交变换 $\boldsymbol{x} = \boldsymbol{P}\boldsymbol{y}$，将 3 元二次型 $f = x_1^2 + x_2^2 + 3x_3^2 + 4x_1x_2$ 化成标准形.

解　二次型 $f = x_1^2 + x_2^2 + 3x_3^2 + 4x_1x_2$ 对应的对称矩阵为 $\boldsymbol{A} = \begin{pmatrix} 1 & 2 & 0 \\ 2 & 1 & 0 \\ 0 & 0 & 3 \end{pmatrix}$，根据上一节的例题结论，存在正交矩阵 $\boldsymbol{P} = \begin{pmatrix} \frac{1}{\sqrt{2}} & 0 & \frac{1}{\sqrt{2}} \\ \frac{1}{\sqrt{2}} & 0 & -\frac{1}{\sqrt{2}} \\ 0 & 1 & 0 \end{pmatrix}$ 和对角矩阵 $\boldsymbol{\Lambda} = \begin{pmatrix} 3 & & \\ & 3 & \\ & & -1 \end{pmatrix}$ 使得 $\boldsymbol{P}^{\mathrm{T}}\boldsymbol{A}\boldsymbol{P} = \boldsymbol{\Lambda}$. 进行正交变换 $\boldsymbol{x} = \boldsymbol{P}\boldsymbol{y}$，则 $f = 3y_1^2 + 3y_2^2 - y_3^2$.

配方法化二次型为标准形

用正交变换化二次型为标准形，具有保持“几何形状”不变的优点. 如果不限于用正交变换，那么还可以用其他方法把二次型化为标准形. 我们通过两个例子来介绍二次型化标准形的配方法.

例 6.13 化二次型 $x_1^2 + 2x_2^2 - 3x_3^2 + 4x_1x_2 - 4x_1x_3 - 4x_2x_3$ 为标准形，并求出所用的可逆线性变换.

解

$$\begin{aligned}
& x_1^2 + 2x_2^2 - 3x_3^2 + 4x_1x_2 - 4x_1x_3 - 4x_2x_3 \\
&= (x_1^2 + 4x_2^2 + 4x_3^2 + 4x_1x_2 - 4x_1x_3 - 8x_2x_3) - 2x_2^2 - 7x_3^2 + 4x_2x_3 \\
&= (x_1 + 2x_2 - 2x_3)^2 - 2x_2^2 - 7x_3^2 + 4x_2x_3 \\
&= (x_1 + 2x_2 - 2x_3)^2 - 2(x_2^2 - 2x_2x_3 + x_3^2) - 5x_3^2 \\
&= (x_1 + 2x_2 - 2x_3)^2 - 2(x_2 - x_3)^2 - 5x_3^2,
\end{aligned}$$

令$\begin{cases} y_1 = x_1 + 2x_2 - 2x_3, \\ y_2 = x_2 - x_3, \\ y_3 = x_3, \end{cases}$ 取 $\boldsymbol{C}^{-1} = \begin{pmatrix} 1 & 2 & -2 \\ 0 & 1 & -1 \\ 0 & 0 & 1 \end{pmatrix}$，则 $\boldsymbol{C} = \begin{pmatrix} 1 & -2 & 0 \\ 0 & 1 & 1 \\ 0 & 0 & 1 \end{pmatrix}$，作可逆线性变换 $\boldsymbol{x} = \boldsymbol{C}\boldsymbol{y}$，则原实二次型 $\boldsymbol{x}^{\mathrm{T}}\boldsymbol{A}\boldsymbol{x}$ 化为标准形：$y_1^2 - 2y_2^2 - 5y_3^2$.

例 6.14 用配方法化二次型 $x_1x_2 + x_1x_3 + x_2x_3$ 为标准形，并求出相应的满秩线性变换.

解 令$\begin{cases} x_1 = y_1 + y_2, \\ x_2 = y_1 - y_2, \\ x_3 = y_3, \end{cases}$则原二次型化为 $f = y_1^2 - y_2^2 + 2y_1y_3$，

再按前例的方法有

$$\begin{aligned} f &= y_1^2 - y_2^2 + 2y_1y_3 \\ &= y_1^2 + 2y_1y_3 + y_3^2 - y_3^2 - y_2^2 \\ &= (y_1 + y_3)^2 - y_2^2 - y_3^2, \end{aligned}$$

令$\begin{cases} z_1 = y_1 + y_3, \\ z_2 = y_2, \\ z_3 = y_3, \end{cases}$ 则原二次型化为 $f = z_1^2 - z_2^2 - z_3^2$，

计算过程用了两次线性变换，依次为

$$\begin{cases} x_1 = y_1 + y_2, \\ x_2 = y_1 - y_2, \\ x_3 = y_3, \end{cases} \text{即} \begin{pmatrix} x_1 \\ x_2 \\ x_3 \end{pmatrix} = \begin{pmatrix} 1 & 1 & 0 \\ 1 & -1 & 0 \\ 0 & 0 & 1 \end{pmatrix}\begin{pmatrix} y_1 \\ y_2 \\ y_3 \end{pmatrix},$$

$$\begin{cases} z_1 = y_1 + y_3, \\ z_2 = y_2, \\ z_3 = y_3, \end{cases} \text{即} \begin{pmatrix} y_1 \\ y_2 \\ y_3 \end{pmatrix} = \begin{pmatrix} 1 & 0 & -1 \\ 0 & 1 & 0 \\ 0 & 0 & 1 \end{pmatrix}\begin{pmatrix} z_1 \\ z_2 \\ z_3 \end{pmatrix}.$$

合成的线性变换为

$$\begin{pmatrix} x_1 \\ x_2 \\ x_3 \end{pmatrix} = \begin{pmatrix} 1 & 1 & 0 \\ 1 & -1 & 0 \\ 0 & 0 & 1 \end{pmatrix}\begin{pmatrix} y_1 \\ y_2 \\ y_3 \end{pmatrix} = \begin{pmatrix} 1 & 1 & 0 \\ 1 & -1 & 0 \\ 0 & 0 & 1 \end{pmatrix}\begin{pmatrix} 1 & 0 & -1 \\ 0 & 1 & 0 \\ 0 & 0 & 1 \end{pmatrix}\begin{pmatrix} z_1 \\ z_2 \\ z_3 \end{pmatrix},$$

即 $\begin{pmatrix} x_1 \\ x_2 \\ x_3 \end{pmatrix} = \begin{pmatrix} 1 & 1 & -1 \\ 1 & -1 & -1 \\ 0 & 0 & 1 \end{pmatrix}\begin{pmatrix} z_1 \\ z_2 \\ z_3 \end{pmatrix}$.

二次型的规范形

前面我们给出了二次型化标准形的两种方法. 要指出的是二次型的标准形是不唯一的，施加的线性变换不同，得到的标准形也不同. 在得到二次型的标准形后，我们还可以继续施加线性变换，得到更简单的形式.

定义 6.14 **形如** $y_1^2+y_2^2+\cdots+y_p^2-y_{p+1}^2-\cdots-y_r^2$ **的二次型称为规范形.**

规范形是一种特殊的标准形. 要得到规范形，通常先用正交变换法或配方法得到标准形，然后再通过适当的线性变换变成规范形.

例 6.15 将 3 元二次型 $f=x_1^2+x_2^2+3x_3^2+4x_1x_2$ 化成规范形.

解 在前面的例子中，我们将这个二次型化成了标准形 $f=3y_1^2+3y_2^2-y_3^2$. 在此基础上，进行线性变换：$\begin{cases} z_1=\sqrt{3}y_1, \\ z_2=\sqrt{3}y_2, \\ z_3=y_3, \end{cases}$ 得到规范形：$f=z_1^2+z_2^2-z_3^2$.

注意到标准形 $f=3y_1^2+3y_2^2-y_3^2$ 和规范形 $f=z_1^2+z_2^2-z_3^2$ 有个共同点：正系数都是 2 个，负系数都是 1 个. 实际上对于本例的二次型，不论用何种方法，得到的标准形都是这种情况. 这种规律称为惯性定理.

定理 6.8 **对于一个二次型** $f=\boldsymbol{x}^{\mathrm{T}}\boldsymbol{A}\boldsymbol{x}$ **，其标准形中正系数的个数（称为正惯性指数）和负系数的个数（负惯性指数）是唯一确定的，且正负惯性指数之和等于** $\boldsymbol{A}$ **的秩.**

习题 6.6

1. 利用正交变换法将下列二次型化为标准形.

(1) $f(x_1,x_2,x_3)=2x_1^2+5x_2^2+5x_3^2+4x_1x_2-4x_1x_3-8x_2x_3$；

(2) $f(x_1,x_2,x_3)=2x_1^2+x_2^2-4x_1x_2-4x_2x_3$.

2. 利用配方法将下列二次型化成标准形：

(1) $f(x_1,x_2,x_3)=x_1^2+2x_2^2+2x_1x_2-2x_1x_3$；

(2) $f(x_1,x_2,x_3)=2x_1^2+5x_2^2+5x_3^2+4x_1x_2-4x_1x_3-8x_2x_3$.

3. 指出方程 $13x^2+13y^2+10xy=72$ 所代表的平面曲线类型.

6.7 二次型的正定性

在 n 元实二次型中，用得较多的是正惯性指数为 n 或负惯性指数为 n 的 n 元二次型，即正定二次型和负定二次型. 作为本章的结束，我们给出它们的定义及常用的判别方法.

正定性的概念

定义 6.15 **对于二次型** $f=\boldsymbol{x}^{\mathrm{T}}\boldsymbol{A}\boldsymbol{x}$ **，其中** $\boldsymbol{A}$ **为实对称矩阵. 若对任意非零向量** $\boldsymbol{x}$**，总有：**

1) $f=\boldsymbol{x}^{\mathrm{T}}\boldsymbol{A}\boldsymbol{x}>0$ **，称** $f=\boldsymbol{x}^{\mathrm{T}}\boldsymbol{A}\boldsymbol{x}$ **为正定二次型，并称** $\boldsymbol{A}$ **为正定矩阵；**

2) $f=\boldsymbol{x}^{\mathrm{T}}\boldsymbol{A}\boldsymbol{x}\geqslant 0$**（能取到 0），称** $f=\boldsymbol{x}^{\mathrm{T}}\boldsymbol{A}\boldsymbol{x}$ **为半正定二次型，并**

称 A 为半正定矩阵；

3）$f = x^{T}Ax < 0$，称 $f = x^{T}Ax$ 为负定二次型，并称 A 为负定矩阵；

4）$f = x^{T}Ax \leqslant 0$（能取到 0），称 $f = x^{T}Ax$ 为半负定二次型，并称 A 为半负定矩阵；

否则，称 $f = x^{T}Ax$ 为不定二次型，并称 A 为不定矩阵.

正定性的一些充要条件

定理 6.9 n 元二次型 $f = x^{T}Ax$（A 为 n 阶实对称矩阵）为正定二次型的充要条件有：

1）$f = x^{T}Ax$ 的正惯性指数为 n；

2）A 的特征值全为正数；

3）A 的各阶顺序主子式均为正（A 的 k 阶顺序主子式指 A 前 k 行、前 k 列构成的行列式，记作 Δ_k）.

定理 6.10 n 元二次型 $f = x^{T}Ax$（A 为 n 阶实对称矩阵）为负定二次型的充要条件有：

1）$f = x^{T}Ax$ 的负惯性指数为 n；

2）A 的特征值全为负数；

3）A 的奇数阶顺序主子式均为负，偶数阶顺序主子式全为正.

下面给出两个利用顺序主子式判别正定性的例子.

例 6.16 判定实二次型 $x_1^2 + 2x_1x_2 + 2x_1x_3 + 2x_2^2 + 6x_2x_3 + 6x_3^2$ 是否正定.

解 二次型对应的对称矩阵为 $A = \begin{pmatrix} 1 & 1 & 1 \\ 1 & 2 & 3 \\ 1 & 3 & 6 \end{pmatrix}$. 计算其顺序主子式：

$$\Delta_1 = 1 > 0, \Delta_2 = \begin{vmatrix} 1 & 1 \\ 1 & 2 \end{vmatrix} > 0, \Delta_3 = |A| = \begin{vmatrix} 1 & 1 & 1 \\ 1 & 2 & 3 \\ 1 & 3 & 6 \end{vmatrix} = 1 > 0.$$

根据正定性的充要条件，本问题的二次型为正定二次型.

例 6.17 当 t 取何值时二次型

$$x_1^2 + 2x_2^2 + 3x_3^2 + 2tx_1x_2 - 2x_1x_3 + 4x_2x_3$$

是正定的？

解 二次型的矩阵为 $A = \begin{pmatrix} 1 & t & -1 \\ t & 2 & 2 \\ -1 & 2 & 3 \end{pmatrix}$，为使所给二次型正定，$A$ 的各阶顺序主子式应大于零，从而有

$$\Delta_1 = 1 > 0, \Delta_2 = \begin{vmatrix} 1 & t \\ t & 2 \end{vmatrix} = 2 - t^2 > 0,$$

$$\Delta_3 = \begin{vmatrix} 1 & t & -1 \\ t & 2 & 2 \\ -1 & 2 & 3 \end{vmatrix} = -t(3t+4) > 0.$$

计算可得：当 $-\dfrac{4}{3} < t < 0$ 时，所给实二次型是正定的.

习题 6.7

1. 写出下列二次型的正负惯性指数，并判断其正定性.

(1) $f(x_1,x_2,x_3) = 2x_1^2 + 5x_2^2 + 4x_3^2 + 4x_1x_2 - 2x_1x_3 - 4x_2x_3$；

(2) $f(x_1,x_2,x_3) = -x_1^2 - 2x_2^2 - 3x_3^2 - 2x_1x_2 - 2x_2x_3$；

(3) $f(x_1,x_2,x_3) = 2x_1^2 + x_2^2 + x_3^2 + 2x_1x_2 - 2x_1x_3$.

2. 已知三元二次型 $tx_1^2 + x_2^2 + x_3^2 + 2tx_2x_3$ 正定，计算参数 t 的范围.

应用 6.1　条件优化

在一些实际问题中时常要寻找在 x 的一个约束范围内二次型 $\boldsymbol{x}^{\mathrm{T}}\boldsymbol{A}\boldsymbol{x}$ 的最大值或最小值.

例 6.18 求 $f(x) = 9x_1^2 + 4x_2^2 + 3x_3^2$ 在约束条件 $\boldsymbol{x}^{\mathrm{T}}\boldsymbol{x} = 1$ 下的最大值和最小值.

解　条件 $\boldsymbol{x}^{\mathrm{T}}\boldsymbol{x} = 1$ 即为 $x_1^2 + x_2^2 + x_3^2 = 1$.

因为

$$3(x_1^2 + x_2^2 + x_3^2) \leqslant 9x_1^2 + 4x_2^2 + 3x_3^2 \leqslant 9(x_1^2 + x_2^2 + x_3^2),$$

所以当 $x_1^2 + x_2^2 + x_3^2 = 1$ 时，$f(x)$ 的最大值为 9，最小值为 3，且在 $\boldsymbol{p}_1 = (1,0,0)^{\mathrm{T}}$ 处取得最大值，在 $\boldsymbol{p}_2 = (0,0,1)^{\mathrm{T}}$ 处取得最小值.

一般地，有如下结论：

设 $\boldsymbol{A}$ 是对称矩阵，M 和 m 分别为二次型 $\boldsymbol{x}^{\mathrm{T}}\boldsymbol{A}\boldsymbol{x}$ 在约束条件 $\boldsymbol{x}^{\mathrm{T}}\boldsymbol{x} = 1$ 下的最大值和最小值，那么 M 是 $\boldsymbol{A}$ 的最大特征值，m 是 $\boldsymbol{A}$ 的最小特征值，且 M 和 m 分别在 $\boldsymbol{A}$ 的最大和最小特征值对应的单位特征向量处取得.

例 6.19 某开发商计划修建 $x$km 的公路，修整 $y\mathrm{km}^2$ 的公园，如果两个项目同时进行，且 x 和 y 满足约束条件 $16x^2 + 25y^2 \leqslant 400$，那么如何安排工作计划使效用函数 $q(x,y) = xy$ 达到最大值？

解　图 6-5 中的阴影部分是该问题的约束集，该集中的点 (x, y) 表示一个可能的改革计划. 约束条件方程 $16x^2 + 25y^2 = 400$ 并没有描述一个单位向量集，但可以作变量代换解决这个问题. 把约束条件方程 $16x^2 + 25y^2 = 400$ 变形为 $\left(\dfrac{x}{5}\right)^2 + \left(\dfrac{y}{4}\right)^2 = 1$，令 $u = \dfrac{x}{5}$，$v = \dfrac{y}{4}$，则约束条件方程化为 $u^2 + v^2 = 1$，效用函数变为 $q = 20uv$. 这使原问题转化为在约束条件 $u^2 + v^2 = 1$ 下求 $f(u,v) = 20uv$ 的最大值.

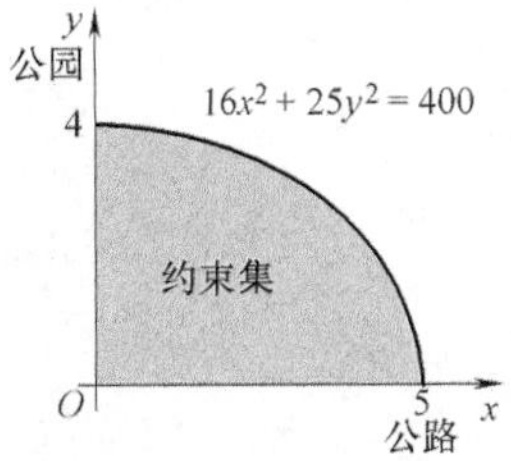

图 6-5　工作计划

易知二次型 $f(u,v) = 20uv$ 的特征值为 ± 10，对应特征值 10 的单位特征向量为 $\left(\frac{1}{\sqrt{2}}, \frac{1}{\sqrt{2}}\right)^{\mathrm{T}}$，所以 $f(u,v) = 20uv$ 的最大值为 10，且在 $u = v = \frac{1}{\sqrt{2}}$ 处取得.

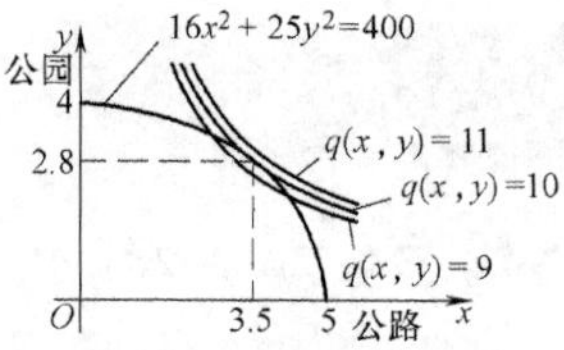

图 6-6　最优工作计划

于是，最优的工作计划是修建 $x = 5u = \frac{5}{\sqrt{2}} \approx 3.5$ km 的公路，修整 $y = 4v = \frac{4}{\sqrt{2}} \approx 2.8\ \mathrm{km}^2$ 的公园. 最优工作计划是约束曲线和曲线 $xy = 10$ 的切点（见图 6-6）.

应用 6.2　租车问题

某租车商提供两种车型供出租：普通轿车和运动型多功能轿车（SUV）. 车辆租期为 1 年，客户可以在下个租期继续租用原车型或更换车型. 据统计，租用普通轿车的客户有三分之一会在下个租期继续租用普通轿车，另外三分之二会改租 SUV；租用 SUV 的客户有五分之三会继续租用 SUV，另外五分之二会改租普通轿车. 当前有 50% 的客户租用了普通轿车，50% 的客户租用了 SUV. 分析后面租期中客户租用两种车型的比例变化趋势.

引入向量 $\boldsymbol{x}_k = \begin{pmatrix} x_{k,1} \\ x_{k,2} \end{pmatrix}$，$k = 0,1,\cdots$. $x_{k,1}$ 表示第 k 个租期租用普通轿车的客户比例，$x_{k,2}$ 表示第 k 个租期租用 SUV 的客户比例. 当前租期中，两种车型的租用比例为 $\boldsymbol{x}_0 = \begin{pmatrix} \frac{1}{2} \\ \frac{1}{2} \end{pmatrix}$. 设 $\boldsymbol{A} = \begin{pmatrix} \frac{1}{3} & \frac{2}{5} \\ \frac{2}{3} & \frac{3}{5} \end{pmatrix}$，根据描述，有 $\boldsymbol{x}_{k+1} = \boldsymbol{A}\boldsymbol{x}_k\ (k = 0,1,\cdots)$. 可以得到

$$\boldsymbol{x}_k = \boldsymbol{A}^k\boldsymbol{x}_0 = \begin{pmatrix} \frac{1}{3} & \frac{2}{5} \\ \frac{2}{3} & \frac{3}{5} \end{pmatrix}^k \begin{pmatrix} \frac{1}{2} \\ \frac{1}{2} \end{pmatrix}.$$

进行简单计算可得

$$\boldsymbol{x}_1 = \boldsymbol{A}\boldsymbol{x}_0 = \begin{pmatrix} \frac{1}{3} & \frac{2}{5} \\ \frac{2}{3} & \frac{3}{5} \end{pmatrix}\begin{pmatrix} \frac{1}{2} \\ \frac{1}{2} \end{pmatrix} = \begin{pmatrix} \frac{11}{30} \\ \frac{19}{30} \end{pmatrix},$$

$$\boldsymbol{x}_2 = \boldsymbol{A}\boldsymbol{x}_1 = \begin{pmatrix} \frac{1}{3} & \frac{2}{5} \\ \frac{2}{3} & \frac{3}{5} \end{pmatrix}\begin{pmatrix} \frac{11}{30} \\ \frac{19}{30} \end{pmatrix} = \begin{pmatrix} \frac{169}{450} \\ \frac{281}{450} \end{pmatrix}.$$

这样计算下去是非常复杂的.

下面给出计算 $\boldsymbol{x}_k$ 的两种方法. 这两种方法都基于特征值和特征向量. 经计算可知 $\boldsymbol{A}$ 的特征值为 1 和 $-\frac{1}{15}$, $\boldsymbol{u}_1=\begin{pmatrix}3\\5\end{pmatrix}$ 为 $\boldsymbol{A}$ 的对应于特征值 1 的特征向量, $\boldsymbol{u}_2=\begin{pmatrix}1\\-1\end{pmatrix}$ 为 $\boldsymbol{A}$ 的对应于特征值 $-\frac{1}{15}$ 的特征向量.

方法一 由于 $\boldsymbol{Au}_1=\boldsymbol{u}_1$, $\boldsymbol{Au}_2=-\frac{1}{15}\boldsymbol{u}_2$. 将 $\boldsymbol{x}_0$ 写成 $\boldsymbol{u}_1$ 和 $\boldsymbol{u}_2$ 的线性组合:

$$\boldsymbol{x}_0=\begin{pmatrix}\frac{1}{2}\\\frac{1}{2}\end{pmatrix}=\frac{1}{8}\begin{pmatrix}3\\5\end{pmatrix}+\frac{1}{8}\begin{pmatrix}1\\-1\end{pmatrix}=\frac{1}{8}\boldsymbol{u}_1+\frac{1}{8}\boldsymbol{u}_2.$$

利用递推公式 $\boldsymbol{x}_{k+1}=\boldsymbol{Ax}_k$, 可以得到

$$\begin{aligned}\boldsymbol{x}_1=\boldsymbol{Ax}_0&=\boldsymbol{A}\left(\frac{1}{8}\boldsymbol{u}_1+\frac{1}{8}\boldsymbol{u}_2\right)=\frac{1}{8}\boldsymbol{Au}_1+\frac{1}{8}\boldsymbol{Au}_2\\&=\frac{1}{8}\boldsymbol{u}_1+\frac{1}{8}\left(-\frac{1}{15}\right)\boldsymbol{u}_2,\\\boldsymbol{x}_2=\boldsymbol{Ax}_1&=\boldsymbol{A}\left[\frac{1}{8}\boldsymbol{u}_1+\frac{1}{8}\left(-\frac{1}{15}\right)\boldsymbol{u}_2\right]\\&=\frac{1}{8}\boldsymbol{Au}_1+\frac{1}{8}\left(-\frac{1}{15}\right)\boldsymbol{Au}_2\\&=\frac{1}{8}\boldsymbol{u}_1+\frac{1}{8}\left(-\frac{1}{15}\right)^2\boldsymbol{u}_2.\end{aligned}$$

继续计算可得 $\boldsymbol{x}_k=\frac{1}{8}\boldsymbol{u}_1+\frac{1}{8}\left(-\frac{1}{15}\right)^k\boldsymbol{u}_2$, $k=0,1,\cdots$. 当 $k\to+\infty$ 时, $\left(-\frac{1}{15}\right)^k\to 0$. 因此 $\lim\limits_{k\to+\infty}\boldsymbol{x}_k=\frac{1}{8}\boldsymbol{u}_1=\begin{pmatrix}\frac{3}{8}\\\frac{5}{8}\end{pmatrix}$. 可知随着时间推移, 客户租用两种车型的比例会趋向于一个稳定的值.

方法二 既然 $\boldsymbol{x}_k=\boldsymbol{A}^k\boldsymbol{x}_0$, 为了求得 $\boldsymbol{x}_k$, 我们可以去计算 $\boldsymbol{A}^k$. 将 $\boldsymbol{A}$ 对角化, 设

$$\boldsymbol{P}=(\boldsymbol{u}_1,\boldsymbol{u}_2)=\begin{pmatrix}3&1\\5&-1\end{pmatrix},\ \boldsymbol{\Lambda}=\begin{pmatrix}1&\\&-\frac{1}{15}\end{pmatrix},$$

可得到 $\boldsymbol{A}=\boldsymbol{P\Lambda P}^{-1}$. 于是

$$\begin{aligned}\boldsymbol{A}^k&=(\boldsymbol{P\Lambda P}^{-1})(\boldsymbol{P\Lambda P}^{-1})\cdots(\boldsymbol{P\Lambda P}^{-1})\\&=\boldsymbol{P\Lambda}(\boldsymbol{P}^{-1}\boldsymbol{P})\cdots(\boldsymbol{P}^{-1}\boldsymbol{P})\boldsymbol{\Lambda P}^{-1}=\boldsymbol{P\Lambda}^k\boldsymbol{P}^{-1}.\end{aligned}$$

因而有

$$A^k=\begin{pmatrix}3&1\\5&-1\end{pmatrix}\begin{pmatrix}1&\\&-\frac{1}{15}\end{pmatrix}^k\left(-\frac{1}{8}\right)\begin{pmatrix}-1&-1\\-5&3\end{pmatrix}$$

$$=\left(-\frac{1}{8}\right)\begin{pmatrix}3&1\\5&-1\end{pmatrix}\begin{pmatrix}1&\\&\left(-\frac{1}{15}\right)^k\end{pmatrix}\begin{pmatrix}-1&-1\\-5&3\end{pmatrix}.$$

当 $k\to+\infty$ 时，$\left(-\frac{1}{15}\right)^k\to 0$，因此

$$A^k\to\left(-\frac{1}{8}\right)\begin{pmatrix}3&1\\5&-1\end{pmatrix}\begin{pmatrix}1&\\&0\end{pmatrix}\begin{pmatrix}-1&-1\\-5&3\end{pmatrix}=\frac{1}{8}\begin{pmatrix}3&3\\5&5\end{pmatrix},$$

从而 $x_k\to\frac{1}{8}\begin{pmatrix}3&3\\5&5\end{pmatrix}\begin{pmatrix}\frac{1}{2}\\\frac{1}{2}\end{pmatrix}=\begin{pmatrix}\frac{3}{8}\\\frac{5}{8}\end{pmatrix}$.

总习题 6

1. A 是 3 阶矩阵，它的特征值互不相等，并且 $|A|=0$，则 $R(A)=$________.

2. 已知 3 阶矩阵 A 满足 $|A+E|=|A-E|=|4E-2A|=0$，计算 $|A^3-5A^2|$.

3. 设方阵 A 的各行元素之和都为 3，可断定 A 必有一个特征值为________.

4. 设 $\alpha_1,\alpha_2,\alpha_3$ 为规范正交向量组，求 $\|4\alpha_1+7\alpha_2-4\alpha_3\|$.

5. 在 $\mathbf{R}^4$ 中，设 $\alpha_1=(1,1,1,1)^{\mathrm T},\alpha_2=(1,0,0,-1)^{\mathrm T}$，试求 α_3,α_4，使 $\alpha_1,\alpha_2,\alpha_3,\alpha_4$ 成为 $\mathbf{R}^4$ 的一组正交基.

6. 已知任意 n 维非零向量都是 A 的特征向量，试证：A 为数量矩阵（常数与单位矩阵的乘积）.

7. 设 α，β 都是 n 维非零列向量，$A=\alpha\beta^{\mathrm T}$，证明 $\lambda=\beta^{\mathrm T}\alpha$ 为 A 的唯一非零特征值，α 是对应于 $\lambda=\beta^{\mathrm T}\alpha$ 的特征向量.

8. 设 A 为 3 阶矩阵，α_1，α_2，α_3 是线性无关的 3 维列向量组，满足

$$A\alpha_1=\alpha_1+\alpha_2+\alpha_3,A\alpha_2=2\alpha_2+\alpha_3,A\alpha_3=2\alpha_2+3\alpha_3.$$

(1) 求 A 的特征值；

(2) 求可逆矩阵 P，使得 $P^{-1}AP$ 为对角矩阵.

9. 设 α,β 均为 3 阶单位向量，且 $\alpha^{\mathrm T}\beta=0$，若设 $A=\alpha\alpha^{\mathrm T}+\beta\beta^{\mathrm T}$，证明：必有非零向量 x 使得 $Ax=0$，并且 A 与 $\begin{pmatrix}1&&\\&1&\\&&0\end{pmatrix}$ 相似.

10. 已知 n 阶矩阵 A 可对角化，并且 A 的特征向量均是矩阵 B 的特征向量，证明：$AB=BA$.

11. 证明反对称矩阵的特征值只能为零和纯虚数.

12. 已知二次型 $f(x_1,x_2,x_3)=5x_1^2+5x_2^2+cx_3^2-2x_1x_2+6x_1x_3-6x_2x_3$ 的秩为 2，求：(1) c 的值；(2) 正交变换化二次型 $f(x_1,x_2,x_3)$ 为标准形.

13. 设二次型 $f(x_1,x_2,x_3)=x_1^2+x_2^2+x_3^2-2x_1x_2-2x_1x_3+2ax_2x_3$ 通过正交变换化成标准形 $f(y_1,y_2,y_3)=2y_1^2+by_2^2+2y_3^2$，(1) 求常数 a,b；(2) 若 $x^{\mathrm T}x=3$(其中 $x=(x_1,x_2,x_3)^{\mathrm T}$)，证明 f 的值不超过 6.

14. 设 n 阶实矩阵 A 满足 $A^2-4A+3E=O$，试证：$(A-2E)^{\mathrm T}(A-2E)$ 为正定矩阵.

15. 证明：n 阶矩阵 A 为正定矩阵的充分必要条件是存在 n 个线性无关的列向量 $\alpha_1,\alpha_2,\cdots,\alpha_n$，使 $A=\alpha_1\alpha_1^{\mathrm T}+\alpha_2\alpha_2^{\mathrm T}+\cdots+\alpha_n\alpha_n^{\mathrm T}$.

16*. 构造一个对称矩阵 A，可令

B = round(5 * rand(6));A = B + B′.

求 A 的特征值，可令 e = eig(A).

(1) A 的迹可以用 MATLAB 命令 trace(A) 求得，且 A 的特征值的和可使用命令 sum(e) 求得. 求这两个值，并比较它们的结果. 使用命令 prod(e) 求 A 的特征值的乘积，并将其与 det(A) 比较.

(2) 求 A 的特征向量，可令 [X,D] = eig(A). 用 MATLAB 计算 $X^{-1}AX$，并将结果和 D 进行比较. 同时求 A^{-1} 和 $XD^{-1}X^{-1}$，并比较结果.

附录　MATLAB 软件简介

MATLAB 是 Math Works 公司于 1982 年推出的一套高性能的数值计算和可视化软件. 它集数值分析、矩阵运算、信号处理和图形显示于一体，构成了一个使用方便、界面友好的用户环境. MATLAB 还提供了二十多个 Toolbox（工具箱），用来求解特定学科的问题. MATLAB 软件的主要特点有：

1）高效的数值计算及符号计算功能，能使用户从复杂的数学运算分析中解脱出来；

2）具有完备的图形处理功能，实现计算结果和编程的可视化；

3）友好的用户界面及接近数学表达式的自然化语言，使学者易于学习和掌握；

4）功能丰富的应用工具箱（如信号处理工具箱、通信工具箱等），为用户提供了大量方便实用的处理工具.

由于 MATLAB 具有诸多优点，在许多高等院校，MATLAB 已成为应用于线性代数、自动控制理论、数理统计、数字信号处理、时间序列分析、动态系统仿真等高级课程的基本教学工具. 在研究单位、工业部门，MATLAB 也被广泛用于研究和解决各种工程问题.

MATLAB 系统环境简介

启动 MATLAB，系统的操作界面上分布着几个窗口，比较重要的有 Workspace，Command History，Command Window.

- Workspace　该窗口显示了系统内存中的变量，包括变量名，变量维数以及所占用的存储空间.

- Command History　该窗口显示了用户使用过的指令. 可以拖动滚动条来查找输入过的指令，还可以双击指令来运行该指令.

- Command Window　该窗口称为命令窗口，是 MATLAB 界面最重要的窗口. 用户可以在命令窗口中输入要运行的指令来实现各种操作. 例如，在命令窗口输入指令 2 + 3，点击回车键，系统会返回计算结果：ans = 5. 在使用 MATLAB 时，用户可以根据需要关闭除了命令窗口以外的其他窗口.

使用 MATLAB 时，还有一个比较重要的工具是 m 文件编辑窗口（m-file editor），在系统界面上依次选择 file，new，m-file，即可打开一个 m 文件编辑窗口. 用户可以在该窗口输入一些指令或一段完整的程序，然后运行整个文件，或者可以通过编辑窗口建立一个 MATLAB 函数供调用.

- **MATLAB 的帮助系统**　MATLAB 提供了完善的帮助系统来辅助用户使用 MATLAB.

1）help 命令

当不知系统有何帮助内容时，可直接输入 help 以寻求帮助：

>> help（回车）

当想了解某一主题的内容时，如输入：

>> help syntax（了解 MATLAB 的语法规定）

当想了解某一具体的函数或命令的帮助信息时，如输入：

>> help linprog （了解函数 linprog 的相关信息）

2）lookfor 命令

现需要完成某一具体操作，不知有何命令或函数可以完成，如输入：

>> lookfor line （查找与直线、线性问题有关的函数）

- **常量与变量**

系统的变量命名规则： 变量名区分字母大小写；变量名必须以字母打头，其后可以是任意字母，数字，或下划线的组合. 此外，系统内部预先定义了一些有特殊意义和用途的变量，常见的有：

特殊的变量、常量	取　值
ans	用于结果的缺省变量名
pi	圆周率 π 的近似值（3.1416）
eps	数学中无穷小（epsilon）的近似值（2.2204e-016）
inf	无穷大，如 1/0 = inf (infinity)
NaN	非数，如 0/0 = NaN (Not a Number)，inf / inf = NaN
i，j	虚数单位：$i = j = \sqrt{-1}$

利用 MATLAB 解决线性代数的计算问题

- **矩阵的输入和简单操作**

1）直接输入法建立矩阵 同一行中的元素用逗号或者用空格符来分隔；行与行之间用分号分隔；所有元素处于一方括号（ [ ]）内.

例 在 MATLAB 工作空间中建立矩阵 $\boldsymbol{A}=\begin{pmatrix}1&2&3\\4&5&6\end{pmatrix}$，可在 MATLAB 的命令窗口输入如下指令：

```
>> A = [1 2 3; 4 5 6]
```

回车后，系统会返回结果：

```
A =

    1    2    3
    4    5    6
```

如果在指令后加上分号，输入指令：

```
>> A = [1 2 3; 4 5 6];
```

回车后系统不会显示结果，但是矩阵依然成功建立了. 可以通过 who 命令查询到工作空间有矩阵 $\boldsymbol{A}$ 的信息.

2）函数输入法建立矩阵 MATLAB 提供了许多函数用来建立特殊的矩阵，主要有：

函　数	功　能	函　数	功　能
compan	伴随矩阵	toeplitz	Toeplitz 矩阵
diag	对角矩阵	vander	Vandermonde 矩阵
hadamard	Hadamard 矩阵	zeros	元素全为 0 的矩阵
hankel	Hankel 矩阵	ones	元素全为 1 的矩阵
invhilb	Hilbert 矩阵的逆矩阵	rand	元素服从均匀分布的随机矩阵
kron	Kronercker 张量积	randn	元素服从正态分布的随机矩阵
magic	魔方矩阵	eye	对角线上元素为 1 的矩阵
pascal	Pascal 矩阵	meshgrid	由两个向量生成的矩阵

例如，在命令空间输入：

```
>> A = eye(3)
```

回车后系统返回结果：

```
A =

     1     0     0
     0     1     0
     0     0     1
```

这样就在工作空间中建立了一个 3 阶单位矩阵.

在命令空间输入：

```
>> A = ones(2,3)
```

回车后系统返回结果：

```
A =

     1     1     1
     1     1     1
```

这样就在工作空间建立了一个 2 行 3 列的元素全为 1 的矩阵.

3）矩阵元素的调用和修改　可以通过变量名加位置的方式调用矩阵的元素. 下面通过例子来演示矩阵元素的调用方法. 首先输入命令：

```
>> A = [1 2 3; 4 5 6]
```

来建立一个矩阵 $\boldsymbol{A}=\begin{pmatrix}1&2&3\\4&5&6\end{pmatrix}$. 调用第 2 行，第 3 列的元素，可输入命令：

```
>> A(2,3)
```

回车后系统返回结果：

```
ans  =  6
```

调用第 2 行，第 2、3 两列的元素，可输入命令：

```
>> A(2, [2  3])
```

回车后系统返回结果：

ans = 5 6

可以使用冒号来调用某些行列的所有元素．例如，调用第 2 行的所有元素，可输入命令：

```
>> A(2, :)
```

调用第 2、3 两列的所有元素，可输入命令：

```
>> A(:, [2 3])
```

在 MATLAB 中可以用赋值命令来修改矩阵的元素．例如，要将矩阵 **A** 的第 2 行，第 3 列元素 6 修改为 7，输入命令：

```
>> A(2, 3) = 7
```

即可实现．要将第 2 行元素修改为［7 8 9］，可以输入命令：

```
>> A(2, :) = [ 7 8 9 ]
```

系统会返回结果：

```
A =

    1    2    3
    7    8    9
```

- **矩阵的运算**

1）转置 MATLAB 中可以在矩阵名后键入单引号计算矩阵的转置．例如，要计算 **A** 的转置，可输入命令：

```
>> A'
```

系统会返回结果：

```
ans =

    1    7
    2    8
    3    9
```

2）线性运算 MATLAB 中用 +、−、* 分别表示矩阵的加法、减法和数乘运算．

例 建立矩阵 $\boldsymbol{A}=\begin{pmatrix}1&2&3\\4&5&6\\7&8&9\end{pmatrix}$，$\boldsymbol{B}=\begin{pmatrix}1&&\\&2&\\&&3\end{pmatrix}$，并计算 $\boldsymbol{A}+\boldsymbol{B}$，$2\boldsymbol{A}-3\boldsymbol{B}$．

该问题的指令如下：

>> A = [1 2 3;4 5 6;7 8 9];B = diag([1 2 3])；（命令后的分号表示不显示矩阵 **A**，**B** 的结果）

```
>> A + B
```

返回结果：

```
ans =

    2    2    3
```

```
 4    7    6
 7    8   12
```

```
>>2 * A - 3 * B
```

返回结果：

```
ans =

 -1    4    6
  8    4   12
 14   16    9
```

3）乘法运算 MATLAB 中用 * 表示矩阵的乘法运算，^表示幂运算.

例 建立矩阵 $\boldsymbol{A}=\begin{pmatrix}1&2&3\\4&5&6\end{pmatrix}$，$\boldsymbol{B}=\begin{pmatrix}1&&\\&2&\\&&3\end{pmatrix}$，$\boldsymbol{C}=\begin{pmatrix}1&2\\3&4\\5&6\end{pmatrix}$，并计算 $\boldsymbol{AB}$，$\boldsymbol{BC}$，$\boldsymbol{AC}$，$(\boldsymbol{A}^{\mathrm{T}}\boldsymbol{A})^3$.

该问题的指令如下：

```
>> A = [1 2 3;4 5 6];B = diag([1 2 3]);C = [1 2;3 4;5 6];
>> A * B
```

返回结果：

```
ans =

  1    4    9
  4   10   18

>> B * C
```

返回结果：

```
ans =

  1    2
  6    8
 15   18

>> A * C
```

返回结果：

```
ans =

 22   28
 49   64
>> (A' * A)^3
```

返回计算结果：

```
ans =

   135764   179356   222948
   179356   236945   294534
   222948   294534   366120
```

4）行列式运算 MATLAB 中函数 det 用来计算矩阵的行列式.

例 建立矩阵 $\boldsymbol{A}=\begin{pmatrix}1&2&3\\4&5&6\\7&8&9\end{pmatrix}$，$\boldsymbol{B}=\begin{pmatrix}1&&\\&2&\\&&3\end{pmatrix}$，并计算 $|\boldsymbol{A}|$，$|\boldsymbol{B}|$.

该问题的指令如下：

```
>> A = [1 2 3;4 5 6;7 8 9];B = diag([1 2 3]);
>> det(A)
```

返回结果：

```
ans =
    0
```

```
>> det(B)
```

返回结果：

```
ans =
    6
```

5）逆矩阵 MATLAB 中函数 inv 用来计算矩阵的逆矩阵.

例 建立矩阵 $\boldsymbol{A}=\begin{pmatrix}1&2&3\\4&5&6\\7&8&8\end{pmatrix}$，$\boldsymbol{B}=\begin{pmatrix}1&&\\&2&\\&&3\end{pmatrix}$，并计算 $\boldsymbol{A}^{-1}$，$\boldsymbol{B}^{-1}$.

该问题的指令如下：

```
>> A = [1 2 3;4 5 6;7 8 8];B = diag([1 2 3]);
>> inv(A)
```

返回结果：

```
ans =

   -2.6667    2.6667   -1.0000
    3.3333   -4.3333    2.0000
   -1.0000    2.0000   -1.0000
```

```
>> inv(B)
```

返回结果

```
ans =

    1.0000         0         0
         0    0.5000         0
         0         0    0.3333
```

MATLAB 中数值运算结果的默认显示格式为 4 位小数（short 格式），用户可用 format 命令更改结果显示格式. format long 为 16 位小数格式；format rat 为有理数格式. 例如，输入指令：

>> format rat;（用有理数格式显示计算结果）

>> inv(A)

返回结果为

ans =

-8/3	8/3	-1
10/3	-13/3	2
-1	2	-1

- **秩与线性相关性**

1）秩的计算 矩阵 $\boldsymbol{A}$ 的秩是矩阵 $\boldsymbol{A}$ 中最高阶非零子式的阶数；向量组的秩可以由该向量组对应的矩阵来计算. 在 MATLAB 中可用 rank（A）来计算矩阵 $\boldsymbol{A}$ 的秩.

例 求向量组 $\boldsymbol{\alpha}_1=(1,\ -2,\ 2,\ 3)$，$\boldsymbol{\alpha}_2\ (-2,\ 4,\ -1,\ 3)$，$\boldsymbol{\alpha}_3\ (-1,\ 2,\ 0,\ 3)$，$\boldsymbol{\alpha}_4\ (0,\ 6,\ 2,\ 3)$，$\boldsymbol{\alpha}_5\ (2,\ -6,\ 3,\ 4)$ 的秩，并判断其线性相关性.

```
A = [1 -2 2 3; -2 4 -1 3; -1 2 0 3;0 6 2 3;2 -6 3 4];
B = rank(A)
```

运行后结果如下：

```
B =
    3
```

由于秩为 3 < 向量个数，因此向量组线性相关.

2）矩阵初等变换化成行最简形 MATLAB 用 *rref*（A）计算矩阵 $\boldsymbol{A}$ 的行最简形.

例 求向量组

$$\boldsymbol{a}_1=\begin{pmatrix}1\\-2\\2\\3\end{pmatrix},\boldsymbol{a}_2=\begin{pmatrix}-2\\4\\-1\\3\end{pmatrix},\boldsymbol{a}_3=\begin{pmatrix}-1\\2\\0\\3\end{pmatrix},\boldsymbol{a}_4=\begin{pmatrix}0\\6\\2\\3\end{pmatrix},\boldsymbol{a}_5=\begin{pmatrix}2\\-6\\3\\4\end{pmatrix}$$

的一个最大无关组.

该问题的求解指令：

```
>> a1 = [1   -2  2  3]';
>> a2 = [ -2  4   -1  3]';
>> a3 = [ -1  2  0  3]';
>> a4 = [0  6  2  3]';
>> a5 = [2   -6  3  4]';
>> A = [a1  a2  a3  a4  a5]
>> format rat    % 以有理格式输出
>> B = rref(A)   % 求 A 的行最简形
```

运行后的结果为

```
A =
      1        -2        -1        0        2
     -2         4         2        6       -6
      2        -1         0        2        3
      3         3         3        3        4
B =
      1     0     1/3     0     16/9
      0     1     2/3     0     -1/9
      0     0     0       1     -1/3
      0     0     0       0      0
```

由结果 B 可以得到：向量 $\boldsymbol{a}_1$, $\boldsymbol{a}_2$, $\boldsymbol{a}_4$ 为一个最大无关组.

- **方程组求解**

1）求线性齐次方程组的基础解系 在 MATLAB 中，命令 null（A）可以求出齐次方程组 $\boldsymbol{AX}=\boldsymbol{0}$ 的一组基础解系.

例 求解如下方程组的基础解系：

$$\begin{cases} x_1+2x_2+2x_3+x_4=0, \\ 2x_1+x_2-2x_3-2x_4=0, \\ x_1-x_2-4x_3-3x_4=0. \end{cases}$$

求解指令：

```
>>A = [1  2  2  1; 2  1  -2  -2; 1  -1  -4  -3];
>>format  rat      %指定有理数格式输出
>>B = null（A，'r'）      %求解空间的有理基
```

运行后显示结果如下：

```
B =
      2         5/3
     -2        -4/3
      1          0
      0          1
```

结果 B 中的两个列向量为方程组的基础解系.

2）求非齐次线性方程组的通解

非齐次线性方程组需要先判断方程组是否有解，若有解，再去求通解. 求解步骤为：

第一步：判断 $\boldsymbol{AX}=\boldsymbol{b}$ 是否有解，若有解则进行第二步；

第二步：求 $\boldsymbol{AX}=\boldsymbol{b}$ 的一个特解，在 MATLAB 中可用除法 $A\backslash b$ 来求得一个特解；

第三步：求 $\boldsymbol{AX}=\boldsymbol{0}$ 的基础解系.

例 求解方程组：

$$\begin{cases} x_1-2x_2+3x_3-x_4=1, \\ 3x_1-x_2+5x_3-3x_4=2, \\ 2x_1+x_2+2x_3-2x_4=3. \end{cases}$$

求解指令:

```
>> A = [1  -2  3  -1;3  -1  5  -3;2  1  2  -2]; % 系数矩阵
>> b = [1  2  3]'; % 常数向量
>> B = [A, b]; % 增广矩阵
>> R_A = rank(A)
>> R_B = rank(B)
>> format rat
```

运行后结果显示:

```
R_ A =
      2
R_ B =
      3
```

由于系数矩阵和增广矩阵的秩不等,该方程组无解.

例 求解如下方程组:

$$\begin{cases} 5x_1+6x_2 & =1, \\ x_1+5x_2+6x_3 & =0, \\ x_2+5x_3+6x_4 & =0, \\ x_3+5x_4+6x_5 & =0, \\ x_4+5x_5 & =1. \end{cases}$$

求解指令:

```
>> A = [5  6  0  0  0
   1  5  6  0  0
   0  1  5  6  0
   0  0  1  5  6
   0  0  0  1  5];
>> b = [1 0 0 0 1]';
>> B = [A  b];
>> R_A = rank(A), R_B = rank(B)BFQ
```

返回结果:

```
R_A =
     5
R_B =
     5
```

可知该方程组有唯一解.输入指令求解:

```
>> X = A\B
```

运行后结果如下(注意结果是有舍入误差的):

```
X =
```

    2.2662
   -1.7218
    1.0571
   -0.5940
    0.3188

- **特征值计算**

在 MATLAB 中,用如下几种调用格式来求 $\boldsymbol{A}$ 的特征值和特征向量:

1) d = eig(A):$\boldsymbol{d}$ 为矩阵 $\boldsymbol{A}$ 的特征值构成的向量.

2) [V, D] = eig(A):$\boldsymbol{D}$ 为 $\boldsymbol{A}$ 的特征值构成的对角矩阵,$\boldsymbol{V}$ 的列向量为对应特征值的特征向量(给出的特征向量均为单位向量).

例 求如下矩阵的特征值和特征向量:

$$\boldsymbol{A}=\begin{pmatrix}-2&1&1\\0&2&0\\-4&1&3\end{pmatrix}.$$

求解指令:

```
A=[-2  1  1;0  2  0;-4  1  3];
[V,D]=eig(A)
```

运行后结果显示:

```
V =
   -0.7071   -0.2425   0.3015
         0         0   0.9045
   -0.7071   -0.9701   0.3015
D =
   -1    0    0
    0    2    0
    0    0    2
```

通过结果可以看出 -1,2,2 为矩阵 $\boldsymbol{A}$ 的三个特征值,结果 $\boldsymbol{V}$ 的 3 个列向量分别为 -1,2,2 的特征向量.

- **符号矩阵**

在线性代数中,经常会遇到带有符号的矩阵,例如 $\boldsymbol{A}=\begin{pmatrix}1&1&1\\a&b&c\\a^2&b^2&c^2\end{pmatrix}$. 在 MATLAB 可以用命令 syms 来定义符号变量,进而通过符号变量建立符号矩阵. 在这里通过一个例子来演示符号矩阵的建立及其运算.

例 建立矩阵 $\boldsymbol{A}=\begin{pmatrix}1&1&1\\a&b&c\\a^2&b^2&c^2\end{pmatrix}$,并计算 $|\boldsymbol{A}|$.

求解指令：

```
>> syms a b c   %定义符号变量 a，b，c
>> A = [1 1 1; a b c; a^2 b^2 c^2]
```

返回结果：

```
A =
[   1,     1, 1]
[   a,     b, c]
[ a^2,   b^2, c^2]
>> det (A)
```

返回结果：

```
ans =
b*c^2 - c*b^2 - a*c^2 + a*b^2 + a^2*c - a^2*b
>> factor(ans) %对上述结果分解因式
```

分解因式后返回结果：

```
ans =
-( -c + b) * (a - c) * (a - b)
```

即 $|\boldsymbol{A}| = -(-c+b)(a-c)(a-b)$.

部分习题答案与提示

习题 1.1

1. 不是解.

2. (1) $\begin{cases}x_1 = -1,\\ x_2 = -1.\end{cases}$ (2) $\begin{cases}x_1 = 3,\\ x_2 = 3,\\ x_3 = 1.\end{cases}$

3. (1) 唯一解; (2) 无穷多解; (3) 无解; (4) 唯一解.

习题 1.2

1. (1) 系数矩阵为 $\begin{pmatrix}1 & -2 & 1\\ -2 & 3 & 7\\ 3 & 1 & 5\end{pmatrix}$, 增广矩阵为 $\begin{pmatrix}1 & -2 & 1 & -4\\ -2 & 3 & 7 & -3\\ 3 & 1 & 5 & 0\end{pmatrix}$;

(2) $\begin{cases}3x_1 - 2x_2 + x_3 = 4,\\ x_1 + 2x_2 = 1.\end{cases}$

2. 下一步应将第三行的 -2 倍加到第四行. $x = (112, 25, 3, -3)^{\mathrm{T}}$.

3. (1) $x = (1, 3, 2)^{\mathrm{T}}$; (2) $x = \left(\frac{14}{5}, -\frac{38}{5}, -6,\right)^{\mathrm{T}}$.

习题 1.3

1. (1) (2) (4) (6) (8) 为行阶梯形; (1) (2) (8) 为行最简形.

2. (1) $\begin{pmatrix}1 & 0 & -1 & -2\\ 0 & 1 & 2 & 3\\ 0 & 0 & 0 & 0\end{pmatrix}$; (2) $\begin{pmatrix}1 & 0 & 2 & 0 & -2\\ 0 & 1 & -1 & 0 & 3\\ 0 & 0 & 0 & 1 & 4\\ 0 & 0 & 0 & 0 & 0\end{pmatrix}$.

3. (1) 无解;

(2) $x = (-1, 2, 0)^{\mathrm{T}} + k(-2, 1, 1)^{\mathrm{T}}$;

(3) $x = (1, 1, 2, 0)^{\mathrm{T}} + k_1(1, 0, 2, 0)^{\mathrm{T}} + k_2(-1, 2, 0, 0)^{\mathrm{T}}$;

(4) $x = (6, 5, 0, 0)^{\mathrm{T}} + k_1(1, -9, 0, 7)^{\mathrm{T}} + k_2(1, 5, 7, 0)^{\mathrm{T}}$.

4. $a \neq -2$.

5. (1) $a = 2$; (2) 方程组必有解; (3) 方程组必有解.

6. (1) 一定有解; (2) $a = 2$.

总习题 1

1. (1) 错 (2) 错 (3) 对 (4) 错 (5) 错 (6) 对.

2. 当 $a \neq 0$ 时，解为 $x=\frac{b}{a}$；当 $a=0$，$b \neq 0$ 时，无解；当 $a=0$，$b=0$ 时，任一实数都是解.

3. 经过同一点.

4. a. 任一具有三个方程的有解的方程组，其增广矩阵的行阶梯形为

$$\begin{pmatrix} * & \# & \# & \# \\ 0 & * & \# & \# \\ 0 & 0 & 0 & 0 \end{pmatrix} \text{或} \begin{pmatrix} * & \# & \# & \# \\ 0 & 0 & * & \# \\ 0 & 0 & 0 & 0 \end{pmatrix} \text{或} \begin{pmatrix} 0 & * & \# & \# \\ 0 & 0 & * & \# \\ 0 & 0 & 0 & 0 \end{pmatrix}.$$

b. 任一具有三个方程的有解的方程组，其系数矩阵的行最简形为

$$\begin{pmatrix} 1 & 0 & 0 \\ 0 & 1 & 0 \\ 0 & 0 & 1 \end{pmatrix}.$$

c. 任一具有三个方程的无解的方程组.

5. （1）空集：$b=6$ 且 $a \neq 2$；唯一解：$b \neq 6$；无穷多解：$a=2$ 且 $b=6$；

（2）空集：$b=-\frac{3}{2}a$；唯一解：$b \neq -\frac{3}{2}a$；原方程组不可能有无穷多解.

6*. $p(t)=7+6t-t^2$.

习题 2.1

1. $$\begin{array}{c} \\ E_1 \\ E_2 \\ E_3 \end{array}\!\!\begin{array}{c} \begin{matrix} S_1 & S_2 & S_3 \end{matrix} \\ \begin{pmatrix} 1 & 1 & 0 \\ 1 & 0 & 1 \\ 1 & 1 & 0 \end{pmatrix} \end{array};\qquad \begin{array}{c} \\ S_1 \\ S_2 \\ S_3 \end{array}\!\!\begin{array}{c} \begin{matrix} W_1 & W_2 \end{matrix} \\ \begin{pmatrix} 1 & 0 \\ 1 & 1 \\ 0 & 1 \end{pmatrix} \end{array}.$$

2. 出口量矩阵 $\boldsymbol{A}=\begin{pmatrix} 3000 & 1500 & 1000 \\ 1400 & 1300 & 800 \end{pmatrix}$，

价格、重量、体积矩阵 $\boldsymbol{B}=\begin{pmatrix} 0.5 & 0.4 \\ 0.04 & 0.06 \\ 0.2 & 0.4 \end{pmatrix}$.

习题 2.2

1. $\boldsymbol{C}=\begin{pmatrix} -\frac{4}{5} & -1 & -\frac{6}{5} \\ -1 & \frac{6}{5} & -\frac{1}{5} \end{pmatrix}$.

2. （1）-5；　（2）$\begin{pmatrix} 1 & 2 & 3 \\ 0 & 0 & 0 \\ -2 & -4 & -6 \end{pmatrix}$；　（3）$\begin{pmatrix} 14 \\ -6 \\ 10 \end{pmatrix}$；　（4）$\begin{pmatrix} 13 & -3 & 8 & -2 \\ 3 & -3 & 3 & 3 \end{pmatrix}$；

（5）$a_{11}x_1^2+a_{22}x_2^2+a_{33}x_3^2+2a_{12}x_1x_2+2a_{13}x_1x_3+2a_{23}x_2x_3$.

3. $\begin{pmatrix} x_1 \\ x_2 \\ x_3 \end{pmatrix} = \begin{pmatrix} 5 & 12 & -3 \\ 5 & 10 & 1 \\ 2 & 3 & -1 \end{pmatrix}\begin{pmatrix} z_1 \\ z_2 \\ z_3 \end{pmatrix}$.

4. 5. 略.

6. $\boldsymbol{A}^k = \begin{pmatrix} 1 & 0 \\ k\lambda & 1 \end{pmatrix}$.

习题2.3

1. $\boldsymbol{B} = \frac{1}{3}\begin{pmatrix} 7 & 8 & -2 \\ 4 & 5 & -2 \\ 10 & 14 & -5 \end{pmatrix}$.

2. $\boldsymbol{B} = \begin{pmatrix} 2 & 0 & 1 \\ 0 & 3 & 0 \\ 1 & 0 & 2 \end{pmatrix}$.

3. $\boldsymbol{A}^{15} = \frac{1}{4}\begin{pmatrix} 2-2^{16} & -2-2^{16} \\ -2-2^{16} & 2-2^{16} \end{pmatrix}$.

4. $\varphi(\boldsymbol{A}) = \begin{pmatrix} \frac{2}{3} & -\frac{1}{3} & \frac{4}{3} \\ -\frac{1}{2} & \frac{3}{2} & -\frac{1}{2} \\ \frac{5}{6} & -\frac{1}{6} & -\frac{1}{6} \end{pmatrix}$.

5. $\boldsymbol{A}^{-1} = \frac{1}{2}(\boldsymbol{A}-\boldsymbol{E})$; $(\boldsymbol{A}+2\boldsymbol{E})^{-1} = \frac{1}{4}(3\boldsymbol{E}-\boldsymbol{A})$.

6. (1) $\begin{pmatrix} 1 & 3 & -2 \\ -\frac{3}{2} & -3 & \frac{5}{2} \\ 1 & 1 & -1 \end{pmatrix}$; (2) $\begin{pmatrix} -26 & 22 & -6 & 17 \\ 20 & -17 & 5 & -13 \\ 2 & -1 & 0 & -1 \\ -5 & 4 & -1 & 3 \end{pmatrix}$.

7. (1) $\begin{pmatrix} \frac{11}{6} & \frac{1}{2} & 1 \\ -6 & -\frac{1}{2} & 0 \\ \frac{2}{3} & 1 & 0 \end{pmatrix}$; (2) $\begin{pmatrix} -\frac{1}{3} & \frac{1}{3} & \frac{4}{3} \\ \frac{2}{3} & \frac{1}{3} & \frac{1}{3} \\ \frac{2}{3} & \frac{5}{6} & \frac{4}{3} \end{pmatrix}$.

8. $\begin{pmatrix} 0 & 1 & -1 \\ -1 & 0 & 1 \\ 1 & -1 & 0 \end{pmatrix}$.

习题2.4

1. $\begin{pmatrix} 1 & 2 & 5 & 2 \\ 0 & 1 & 2 & -4 \\ 0 & 0 & -4 & 3 \\ 0 & 0 & 0 & 9 \end{pmatrix}$.

2. $A^{-1}=\begin{pmatrix} -1 & 0 & 0 & 0 \\ -2 & 1 & 0 & 0 \\ 0 & 0 & 2 & -1 \\ 0 & 0 & -1 & 2 \end{pmatrix}$; $A^4=\begin{pmatrix} 1 & 0 & 0 & 0 \\ 0 & 1 & 0 & 0 \\ 0 & 0 & 89 & 140 \\ 0 & 0 & 56 & 89 \end{pmatrix}$.

3. $\begin{pmatrix} O & A \\ B & O \end{pmatrix}^{-1}=\begin{pmatrix} O & B^{-1} \\ A^{-1} & O \end{pmatrix}$.

4. (1) $\begin{pmatrix} 2 & -3 & 0 & 0 \\ -5 & 8 & 0 & 0 \\ 0 & 0 & 1 & -2 \\ 0 & 0 & -2 & 5 \end{pmatrix}$; (2) $\frac{1}{2}\begin{pmatrix} 0 & 0 & 1 \\ 3 & -1 & 0 \\ -2 & 1 & 0 \end{pmatrix}$.

总习题2

1. $A^3=\begin{pmatrix} 4 & 2 & 0 \\ 8 & 4 & 0 \\ 12 & 6 & 0 \end{pmatrix}$.

2. $l=a_1b_1+a_2b_2+a_3b_3$.

3. $A^n=\begin{pmatrix} \lambda^n & C_n^1\lambda^{n-1} & C_n^2\lambda^{n-2} \\ 0 & \lambda^n & C_n^1\lambda^{n-1} \\ 0 & 0 & \lambda^n \end{pmatrix}$.

4. 略.

5. 略.

6. $\begin{pmatrix} 2a+b & 2a \\ a & b \end{pmatrix}$，其中 a, b 为任意常数.

7. A.

8. $P=\begin{pmatrix} 1 & 0 \\ -\frac{2}{3} & \frac{1}{3} \end{pmatrix}$, $Q=\begin{pmatrix} 1 & 0 & 0 \\ 0 & 0 & 1 \\ 0 & 1 & 0 \end{pmatrix}$.

9. (1) $5\begin{pmatrix} 0 & 0 & \frac{1}{3} & 0 \\ 0 & \frac{1}{2} & 0 & 0 \\ 1 & 0 & 0 & 0 \\ 0 & 0 & 0 & \frac{1}{4} \end{pmatrix}$; (2) $\begin{pmatrix} 1 & 0 & 0 & 0 \\ -1 & 2 & 0 & 0 \\ 0 & -2 & 3 & 0 \\ 0 & 0 & -3 & 4 \end{pmatrix}$; (3) $E-A$.

10. B.

11. $\frac{1}{9}\begin{pmatrix}1 & 2 & 2\\ 2 & 1 & -2\\ 2 & -2 & 1\end{pmatrix}$.

12. 略.

13. B

14. $\begin{pmatrix}\boldsymbol{A}^{-1} & \boldsymbol{O}\\ -\boldsymbol{B}^{-1}\boldsymbol{C}\boldsymbol{A}^{-1} & \boldsymbol{B}^{-1}\end{pmatrix}$.

15. $\begin{pmatrix}0 & 2 & 1\\ 3 & 2 & 1\end{pmatrix}$.

16. $\begin{pmatrix}1 & 0 & 0 & 0\\ -2 & 1 & 0 & 0\\ 1 & -2 & 1 & 0\\ 0 & 1 & -2 & 1\end{pmatrix}$.

17. 略.

习题 3.1

1. （1）15；　（2）-34；　（3）27；　（4）16.
2. 略.

习题 3.2

1. （1）15；　（2）5；　（3）5；　（4）10.
2. （1）8；　（2）93.
3. （1）0；　（2）0.
4. （1）可逆；　（2）不可逆.
5. （1）-6；　（2）128；　（3）-6；　（4）12；　（5）32；　（6）2.
6. a，b 或 c.

习题 3.3

1. （1）$x_1=1$，$x_2=2$，$x_3=3$，$x_4=-1$；

（2）$x_1=-\frac{151}{211}$，$x_2=\frac{161}{211}$，$x_3=-\frac{109}{211}$，$x_4=\frac{64}{211}$.

2. （1）$\begin{pmatrix}2 & 6 & -4\\ -3 & -6 & 5\\ 2 & 2 & -2\end{pmatrix}$，　$\begin{pmatrix}1 & 3 & -2\\ -\frac{3}{2} & -3 & \frac{5}{2}\\ 1 & 1 & -1\end{pmatrix}$；

（2）$\begin{pmatrix}-9 & -6 & 14\\ 0 & 3 & -1\\ 0 & 0 & -3\end{pmatrix}$，　$\begin{pmatrix}1 & \frac{2}{3} & -\frac{14}{9}\\ 0 & -\frac{1}{3} & \frac{1}{9}\\ 0 & 0 & \frac{1}{3}\end{pmatrix}$.

3. $-\frac{3375}{16}$.

4. $\boldsymbol{B} = \mathbf{diag}(6, 6, 6, 1)$.

总习题3

1. （1）160；（2）$a^5 + b^5$.

2. （1）3 或 -2；（2）2（三重根）.

3. 按行提公因子 a_i^3，即是范德蒙德行列式. $(a_1a_2a_3a_4)^3\prod\limits_{1\leqslant j\leqslant i\leqslant 4}\left(\frac{b_i}{a_i}-\frac{b_j}{a_j}\right)$.

4. $(a-b)(a-c)(a-d)(b-c)(b-d)(c-d)(a+b+c+d)$.

5. $-3m$.

6. $n-m$.

7. $(-1)^{n(m+1)}3^m ab$.

8. （1）$[a+(n-1)](a-b)^{n-1}$；

   （2）$a_1a_2\cdots a_n\left(1+\sum\limits_{i=1}^{n}\frac{1}{a_i}\right)$.

9. $(ad-bc)^n$.

10. 6.

11. 提示：第3，4行分别加到第1，2行.

12. -4.

13. 方程 $\boldsymbol{Ax}=\boldsymbol{0}$ 有非零解，$\boldsymbol{A}$ 不可逆.

14. 由公式（3－4）推出 $(\boldsymbol{A}^*)^{-1}$ 与 $(\boldsymbol{A}^{-1})^*$ 都等于 $\frac{1}{|\boldsymbol{A}|}\boldsymbol{A}$.

15. （1）如果 $\boldsymbol{A}=\boldsymbol{O}$，那么 $\boldsymbol{A}^*=\boldsymbol{O}$，从而 $|\boldsymbol{A}^*|=0$；如果 $\boldsymbol{A}\neq\boldsymbol{O}$，假设 $|\boldsymbol{A}^*|\neq 0$ 即 $\boldsymbol{A}^*$ 可逆，那么由条件 $|\boldsymbol{A}|=0$ 和公式（3－4）推出 $\boldsymbol{A}=\boldsymbol{O}$，这与 $\boldsymbol{A}\neq\boldsymbol{O}$ 矛盾；（2）由公式（3－4）取行列式即得.

16. $|\boldsymbol{A}|=1$.

17. $|\boldsymbol{B}^*|=2$.

18. $\frac{1}{6}\boldsymbol{A}$.

19. $\frac{(-1)^{n+1}}{n!}\boldsymbol{A}$.

20. D.

21. $\begin{pmatrix}6&0&0&0\\0&6&0&0\\6&0&6&0\\0&3&0&-1\end{pmatrix}$.

22. $\begin{pmatrix}0&-3&0\\0&0&-3\\-3&0&0\end{pmatrix}$.

23^*. 1.

24^*. $2 \cdot 3^{n-2}$.

习题 4.1

1. (1) 2, $\begin{vmatrix} 3 & 1 \\ 1 & -1 \end{vmatrix} = -4$;　(2) 2, $\begin{vmatrix} 3 & 2 \\ 2 & -1 \end{vmatrix} = -7$;

(3) 3, $\begin{vmatrix} 0 & 7 & -5 \\ 5 & 8 & 0 \\ 3 & 2 & 0 \end{vmatrix} = 70$.

2. $\begin{cases} \lambda = 5, \\ \mu = 1. \end{cases}$

3. $a \neq 1$ 且 $b \neq 2$ 时, $R(\boldsymbol{A}) = 4$;

$a \neq 1$, $b = 2$ 或 $a = 1$, $b \neq 2$ 时, $R(\boldsymbol{A}) = 3$;

$a = 1$ 且 $b = 2$ 时, $R(\boldsymbol{A}) = 2$.

4. (1) $k = 1$;　(2) $k = -2$;　(3) $k \neq 1$ 且 $k \neq -2$.

5. 都可能有.

6. 7. 略.

习题 4.2

1. (1) $\begin{pmatrix} x_1 \\ x_2 \\ x_3 \\ x_4 \end{pmatrix} = k \begin{pmatrix} \frac{4}{3} \\ -3 \\ \frac{4}{3} \\ 1 \end{pmatrix} (k \in \mathbf{R})$;

(2) $\boldsymbol{\eta}_1 = (-1, 1, 0, 0, 0)^{\mathrm{T}}, \boldsymbol{\eta}_2 = (0, 0, 1, 0, 1)^{\mathrm{T}}$.

解为 $c_1\boldsymbol{\eta}_1 + c_2\boldsymbol{\eta}_2$, 其中 c_1, c_2 为任意数.

2. (1) 无解; (2) $\begin{pmatrix} x_1 \\ x_2 \\ x_3 \\ x_4 \end{pmatrix} = k_1 \begin{pmatrix} -\frac{1}{2} \\ 1 \\ 0 \\ 0 \end{pmatrix} + k_2 \begin{pmatrix} \frac{1}{2} \\ 0 \\ 1 \\ 0 \end{pmatrix} + \begin{pmatrix} \frac{1}{2} \\ 0 \\ 0 \\ 0 \end{pmatrix} (k_1, k_2 \in \mathbf{R})$.

3. (1) $\lambda \neq -\frac{1}{2}$ 且 $\lambda \neq 2$;　(2) $\lambda = -\frac{1}{2}$;

(3) $\lambda = 2$, $\begin{pmatrix} x_1 \\ x_2 \\ x_3 \end{pmatrix} = k \begin{pmatrix} -1 \\ 1 \\ 0 \end{pmatrix} + \begin{pmatrix} 3 \\ 0 \\ 1 \end{pmatrix} (k \in \mathbf{R})$.

4. $\lambda = 1$ 时, 有解, $\begin{pmatrix} x_1 \\ x_2 \\ x_3 \end{pmatrix} = k \begin{pmatrix} 1 \\ 1 \\ 1 \end{pmatrix} + \begin{pmatrix} 1 \\ 0 \\ 0 \end{pmatrix} (k \in \mathbf{R})$;

$\lambda=-2$ 时，有解，$\begin{pmatrix}x_1\\x_2\\x_3\end{pmatrix}=k\begin{pmatrix}1\\1\\1\end{pmatrix}+\begin{pmatrix}2\\2\\0\end{pmatrix}(k\in\mathbf{R})$.

5. $\lambda\neq1$ 且 $\lambda\neq10$ 时，有唯一解；
   $\lambda=10$ 时，无解；
   $\lambda=1$ 时，有无限多个解，解为

$$\begin{pmatrix}x_1\\x_2\\x_3\end{pmatrix}=k_1\begin{pmatrix}-2\\1\\0\end{pmatrix}+k_2\begin{pmatrix}2\\0\\1\end{pmatrix}+\begin{pmatrix}1\\0\\0\end{pmatrix}(k_1,k_2\in\mathbf{R}).$$

6. 7. 略.

总习题4

1. （1）1；（2）1；（3）1；（4）2；（5）2；（6）-1；
   （7）$x=k_1(-1,1,0)^{\mathrm{T}}+k_2(1,0,1)^{\mathrm{T}}$，$k_1$，$k_1$ 为任意常数.
2. （1）C；（2）D；（3）A.
3. （1）$a\neq1$，$a\neq-3$ 时，$R(\boldsymbol{A})=4$；（2）$a=1$ 时，$R(\boldsymbol{A})=1$；（3）$a=3$ 时，$R(\boldsymbol{A})=3$.
4. 12.
5. （1）方程组仅有零解 $\Leftrightarrow a+(n-1)b\neq0$ 且 $a\neq b$；
   （2）当 $a=b$ 时，方程组有无穷多组解，通解为

$$\boldsymbol{x}=k_1\begin{pmatrix}-1\\1\\0\\\vdots\\0\end{pmatrix}+k_2\begin{pmatrix}-1\\0\\1\\\vdots\\0\end{pmatrix}+\cdots+k_{n-1}\begin{pmatrix}-1\\0\\0\\\vdots\\1\end{pmatrix},\ k_1,\ k_2,\ \cdots,\ k_{n-1}\text{ 为任意常数；}$$

   （3）当 $a+(n-1)b=0$ 时，方程组有无穷多组解，通解为 $x=k(1,1,\cdots,1)^{\mathrm{T}}$，$k$ 为任意常数.

6. $\boldsymbol{x}=k\begin{pmatrix}1\\2\\1\end{pmatrix}+\begin{pmatrix}\frac{1}{2}\\1\\0\end{pmatrix}$，$k$ 为任意常数.

7. （1）当 $t\neq-2$ 时，$R(\boldsymbol{A})\neq R(\boldsymbol{B})$ 方程组无解；
   （2）当 $t=-2$ 时，$R(\boldsymbol{A})=R(\boldsymbol{B})$，方程组有解；

   ①当 $p=-8$ 时，通解 $\boldsymbol{x}=\begin{pmatrix}-1\\1\\0\\0\end{pmatrix}+k_1\begin{pmatrix}4\\-2\\1\\0\end{pmatrix}+k_2\begin{pmatrix}-1\\-2\\0\\1\end{pmatrix}$，其中 k_1，k_2 为任意常数；

②当 $p \neq -8$ 时，通解 $\boldsymbol{x}=\begin{pmatrix}-1\\1\\0\\0\end{pmatrix}+k\begin{pmatrix}-1\\-2\\0\\1\end{pmatrix}$，其中 k 为任意常数.

8. (1) 方程组（Ⅰ）的通解 $\boldsymbol{x}=k(1,1,2,1)^{\mathrm{T}}+(-2,-4,-5,0)^{\mathrm{T}}$，$k$ 为任意常数.

(2) $m=2$，$n=4$，$t=6$.

9. (1)

①当 $\lambda=\dfrac{1}{2}$ 时，方程组的通解

$\boldsymbol{x}=k_1(1,-3,1,0)^{\mathrm{T}}+k_2(-1,-2,0,2)^{\mathrm{T}}+\left(-\dfrac{1}{2},1,0,0\right)^{\mathrm{T}}$，$k_1$，$k_2$ 为任意常数.

②当 $\lambda\neq\dfrac{1}{2}$ 时，方程组的通解

$\boldsymbol{x}=k(-2,1,-1,2)^{\mathrm{T}}+\left(0,-\dfrac{1}{2},\dfrac{1}{2},0\right)^{\mathrm{T}}$，$k$ 为任意常数.

(2) 当 $\lambda=\dfrac{1}{2}$ 时，通解

$\boldsymbol{x}=k\left(-\dfrac{3}{2},-\dfrac{1}{2},-\dfrac{1}{2},2\right)^{\mathrm{T}}+\left(-\dfrac{1}{4},\dfrac{1}{4},\dfrac{1}{4},0\right)^{\mathrm{T}}$，$k$ 为任意常数.

当 $\lambda\neq\dfrac{1}{2}$ 时，解 $\boldsymbol{x}=(-1,0,0,1)^{\mathrm{T}}$.

10. 略.

11*. a.（1）的精确解是 $x_1=3.94$ 和 $x_2=0.94$.（2）的精确解是 $x_1=2.90$ 和 $x_2=2.00$.

b. 当用（2）的解作为（1）的一个近似确，近似解 x_1 取 2.90 时误差为 26%，近似解 x_2 取 2.00 时误差为 308%.

c. 系数矩阵的条件数是 3363，（1）和（2）的解改变的百分比大约是方程右端改变的百分比的 7700 倍. 条件数大约给出方程 $\boldsymbol{Ax}=\boldsymbol{b}$ 的解随 $\boldsymbol{b}$ 改变的敏感性的粗略度量.

习题 5.1

1. $\boldsymbol{\beta}=\boldsymbol{\alpha}_1+2\boldsymbol{\alpha}_2-\boldsymbol{\alpha}_3$.
2. 略.

习题 5.2

1. 线性相关.
2. $a=2$ 或 $a=-1$.
3. ~5. 略.

6. (1) 线性无关; (2) 线性无关; (3) 线性相关.

习题5.3

1. (1) a_1, a_2, a_3 为最大无关组, $a_4 = \frac{8}{5}a_1 - a_2 + 2a_3$;

   (2) a_1, a_2, a_3 为最大无关组, $a_4 = a_1 + 3a_2 - a_3$, $a_5 = -a_2 + a_3$.

2. (1) $t = 3$ 时, $R(\boldsymbol{\alpha}_1, \boldsymbol{\alpha}_2, \boldsymbol{\alpha}_3, \boldsymbol{\alpha}_4) = 2$, $\boldsymbol{\alpha}_1, \boldsymbol{\alpha}_2$ 是最大无关组;

   (2) $t \neq 3$ 时, $R(\boldsymbol{\alpha}_1, \boldsymbol{\alpha}_2, \boldsymbol{\alpha}_3, \boldsymbol{\alpha}_4) = 3$, $\boldsymbol{\alpha}_1, \boldsymbol{\alpha}_2, \boldsymbol{\alpha}_3$ 是最大无关组.

3. ~5. 略.

习题5.4

1. (1) $\boldsymbol{\xi}_1 = (-3, -4, 1, 0)^{\mathrm{T}}$, $\boldsymbol{\xi}_2 = (-4, 5, 0, 1)^{\mathrm{T}}$;

   (2) $\boldsymbol{\xi}_1 = \begin{pmatrix} 2/7 \\ 5/7 \\ 1 \\ 0 \end{pmatrix}$, $\boldsymbol{\xi}_2 = \begin{pmatrix} 3/7 \\ 4/7 \\ 0 \\ 1 \end{pmatrix}$;

   (3) $$(\boldsymbol{\xi}_1, \boldsymbol{\xi}_2, \cdots, \boldsymbol{\xi}_{n-1}) = \begin{pmatrix} 1 & & & \\ & 1 & & \\ & & \ddots & \\ & & & 1 \\ -n & -n+1 & \cdots & -2 \end{pmatrix}.$$

2. $\begin{cases} x_1 - 2x_2 + x_3 = 0, \\ 2x_1 - 3x_2 + x_4 = 0. \end{cases}$ (不唯一)

3. 略.

4. (1) $\boldsymbol{\eta}^* = (3, 0, 0, -1, 2)^{\mathrm{T}}$, $\boldsymbol{\xi}_1 = (-2, 1, 0, 0, 0)^{\mathrm{T}}$, $\boldsymbol{\xi}_2 = (1, 0, 1, 0, 0)^{\mathrm{T}}$;

   (2) $\boldsymbol{\eta}^* = \begin{pmatrix} -17 \\ 0 \\ 14 \\ 0 \end{pmatrix}$, $\boldsymbol{\xi}_1 = \begin{pmatrix} -9 \\ 1 \\ 7 \\ 0 \end{pmatrix}$, $\boldsymbol{\xi}_2 = \begin{pmatrix} -4 \\ 0 \\ \frac{7}{2} \\ 1 \end{pmatrix}$.

5. $$x = \begin{pmatrix} 3 \\ -4 \\ 1 \\ 2 \end{pmatrix} + C\begin{pmatrix} 1 \\ -7 \\ -3 \\ 2 \end{pmatrix}$$ (C 为任意常数).

6. (1) $\alpha = -4$ 且 $\beta \neq 0$; (2) $\alpha \neq -4$;

   (3) $\alpha = -4$ 且 $\beta = 0$, $b = ka_1 - (2k+1)a_2 + a_3 (k \in \mathbf{R})$.

7. 8. 略.

习题5.5

1. V_1 是，V_2 不是.
2. 略.
3. $\boldsymbol{\beta}_1 = 2\boldsymbol{a}_1 + 3\boldsymbol{a}_2 - \boldsymbol{a}_3$，$\boldsymbol{\beta}_2 = 3\boldsymbol{a}_1 - 3\boldsymbol{a}_2 - 2\boldsymbol{a}_3$.
4. $\boldsymbol{P} = \begin{pmatrix} 6 & 4 \\ -5 & -3 \end{pmatrix}$.
5. $\left(\frac{1}{2}, -1\right)$.

总习题5

1. （1）2，5；（2）无关；（3）-1；（4）3；（5）2；（6）3.
2. （1）C；（2）C；（3）C；（4）C；（5）C；（6）A；（7）C；（8）B.
3. $\boldsymbol{\alpha} = \boldsymbol{\beta}_1 + \boldsymbol{\beta}_2 - \boldsymbol{\beta}_3$.
4. $a = 11$.
5. （1）当 $b \neq 2$ 时，$\boldsymbol{\beta}$ 不能由 $\boldsymbol{\alpha}_1, \boldsymbol{\alpha}_2, \boldsymbol{\alpha}_3$ 线性表示；
   （2）当 $b = 2$ 时，则 $\boldsymbol{\beta}$ 可由 $\boldsymbol{\alpha}_1, \boldsymbol{\alpha}_2, \boldsymbol{\alpha}_3$ 线性表示；
   ①若 $a = 1$，$\boldsymbol{\beta} = -(2k+1)\boldsymbol{\alpha}_1 + (k+2)\boldsymbol{\alpha}_2 + k\boldsymbol{\alpha}_3$，$k$ 为任意常数；
   ②若 $a \neq 1$，$\boldsymbol{\beta} = -\boldsymbol{\alpha}_1 + 2\boldsymbol{\alpha}_2$.
6. （1）当 $\lambda \neq 0$ 且 $\lambda \neq -3$ 时，$\boldsymbol{\beta}$ 可由 $\boldsymbol{\alpha}_1, \boldsymbol{\alpha}_2, \boldsymbol{\alpha}_3$ 唯一地线性表示；
   （2）当 $\lambda = 0$ 时，$\boldsymbol{\beta}$ 可由 $\boldsymbol{\alpha}_1, \boldsymbol{\alpha}_2, \boldsymbol{\alpha}_3$ 线性表示，但表达式不唯一；
   （3）当 $\lambda = -3$ 时，$\boldsymbol{\beta}$ 不能由 $\boldsymbol{\alpha}_1, \boldsymbol{\alpha}_2, \boldsymbol{\alpha}_3$ 线性表示.
7. $a \neq -1$ 时向量组（Ⅰ）与（Ⅱ）等价；$a = -1$ 时，向量组（Ⅰ）与（Ⅱ）不等价.
8. （1）当 $t \neq 1$ 时，线性无关；（2）当 $t = 1$ 时，线性相关.
9. 略.
10. （1）$\boldsymbol{B} = \begin{pmatrix} 0 & 0 & 0 \\ 1 & 0 & 3 \\ 0 & 1 & -2 \end{pmatrix}$；（2）$|\boldsymbol{A} + \boldsymbol{E}| = -4$.
11. $\boldsymbol{\beta}_1, \boldsymbol{\beta}_2, \boldsymbol{\beta}_3$ 线性无关.
12. ~14. 略.
15. $\boldsymbol{\alpha}_1, \boldsymbol{\alpha}_2, \boldsymbol{\alpha}_4$ 是最大无关组，并且 $\boldsymbol{\alpha}_3 = 2\boldsymbol{\alpha}_1 - \boldsymbol{\alpha}_2$，$\boldsymbol{\alpha}_5 = \boldsymbol{\alpha}_1 + \boldsymbol{\alpha}_2 + \boldsymbol{\alpha}_4$.
16. （1）$p \neq 2$，$\boldsymbol{\alpha} = 2\boldsymbol{\alpha}_1 + \frac{3p-4}{p-2}\boldsymbol{\alpha}_2 + \boldsymbol{\alpha}_3 + \frac{1-p}{p-2}\boldsymbol{\alpha}_4$；
    （2）$p = 2$，$R(\boldsymbol{\alpha}_1, \boldsymbol{\alpha}_2, \boldsymbol{\alpha}_3, \boldsymbol{\alpha}_4) = 3$，且 $\boldsymbol{\alpha}_1, \boldsymbol{\alpha}_2, \boldsymbol{\alpha}_3$ 为向量组的一个最大无关组.
17. $a = 15$，$b = 5$.
18. ~20. 略.
20. $\boldsymbol{\xi}_1 = (-1, 1, 0, 0, 0)^{\mathrm{T}}$，$\boldsymbol{\xi}_2 = (-1, 0, -1, 0, 1)^{\mathrm{T}}$.
22. $t \neq \pm 1$.

23. $\boldsymbol{x}=k(1,-2,1,0)^{\mathrm{T}}+(0,3,0,1)^{\mathrm{T}}$，$k$ 为任意常数.

24. $\boldsymbol{x}=k\begin{pmatrix}-3\\9\\-1\\8\end{pmatrix}+\boldsymbol{\alpha}_1$，$k$ 为任意常数.

25. 略.

习题 6.1

1. (1) $\begin{pmatrix}2&1&-1\\1&0&3\\-1&3&-1\end{pmatrix}$；(2) $\begin{pmatrix}2&&\\&3&\\&&-1\end{pmatrix}$.

2. (1) $x_1^2+x_2^2+4x_1x_2$；

   (2) $x_1^2+2x_2^2+3x_3^2-2x_1x_2+4x_2x_3$；

   (3) $2x_1^2+x_2^2-3x_3^2$.

习题 6.2

1. $\lambda=-5$.

2. $\|\boldsymbol{\alpha}\|=\|\boldsymbol{\beta}\|=3$，夹角 $\arccos\frac{2}{3}$.

3. $\pm\frac{\sqrt{3}}{3}\begin{pmatrix}1\\-1\\-1\end{pmatrix}$.

4. $b_1=\frac{\sqrt{3}}{3}\begin{pmatrix}1\\1\\1\end{pmatrix}$，$b_2=\frac{\sqrt{2}}{2}\begin{pmatrix}-1\\0\\1\end{pmatrix}$，$b_3=\frac{\sqrt{6}}{6}\begin{pmatrix}1\\-2\\1\end{pmatrix}$.

5. $a=b=\frac{\sqrt{3}}{2}$，$c=-\frac{1}{2}$.

6. 略.

习题 6.3

1. $c=2$，$d=5$，$\lambda=10$.

2. (1) 特征值是 2, 1, 1. 2 对应的特征向量 $c_1\begin{pmatrix}0\\0\\1\end{pmatrix}(c_1\neq 0)$，1 对应的特征向量 $c_2\begin{pmatrix}1\\2\\-1\end{pmatrix}(c_2\neq 0)$；

   (2) 特征值是 0, 2, 2. 0 对应的特征向量 $c_1\begin{pmatrix}1\\1\\-1\end{pmatrix}(c_1\neq 0)$，2 对应的特征向量

$c_2\begin{pmatrix}2\\1\\0\end{pmatrix}+c_3\begin{pmatrix}3\\0\\2\end{pmatrix}$（$c_2$，$c_3$ 不全为零）.

3. （1）$\mathrm{tr}(\boldsymbol{A})=2$，$|\boldsymbol{A}|=0$，$f(\boldsymbol{A})$ 的特征值为 $f(4)=6, f(0)=2, f(-2)=12$.
   （2）$\boldsymbol{B}$ 的特征值为 1 或 2.
4. $|4\boldsymbol{A}^{-1}-\boldsymbol{E}|=-15$.
5. 提示：$|\boldsymbol{A}-\lambda\boldsymbol{E}|=|\boldsymbol{A}^{\mathrm{T}}-\lambda\boldsymbol{E}|$.
6. 略.

习题 6.4

1. $x=0$，$y=1$.
2. $x=3$.
3. $\boldsymbol{P}=\begin{pmatrix}1&1&1\\0&0&4\\1&4&0\end{pmatrix}$，$\boldsymbol{P}^{-1}\boldsymbol{A}\boldsymbol{P}=\begin{pmatrix}-1&&\\&2&\\&&2\end{pmatrix}$.（注：答案形式不唯一）
4. 不能.
5. $\boldsymbol{A}=\begin{pmatrix}17&8\\-40&-19\end{pmatrix}$.

习题 6.5

1. $\boldsymbol{P}=\dfrac{\sqrt{2}}{2}\begin{pmatrix}-1&0&1\\1&0&1\\0&\sqrt{2}&0\end{pmatrix}$，$\boldsymbol{P}^{-1}\boldsymbol{A}\boldsymbol{P}=\boldsymbol{P}^{\mathrm{T}}\boldsymbol{A}\boldsymbol{P}=\begin{pmatrix}-1&&\\&-1&\\&&3\end{pmatrix}$.（注：答案形式不唯一）
2. -1 对应的一个特征向量为 $\begin{pmatrix}1\\-1\end{pmatrix}$，$\boldsymbol{A}=\begin{pmatrix}1&2\\2&1\end{pmatrix}$.

习题 6.6

1. （1）$y_1^2+y_2^2+10y_3^2$；（2）$-2y_1^2+y_2^2+4y_3^2$.
2. 略.
3. 椭圆.

习题 6.7

1. （1）正惯性指数：3，负惯性指数：0，正定；
   （2）正惯性指数：0，负惯性指数：3，负定；
   （3）正惯性指数：2，负惯性指数：0，半正定.
2. $0<t<1$.

总复习题 6

1. $R(\boldsymbol{A})=2$.

2. -288.

3. $\lambda=3$.

4. $\|4\boldsymbol{\alpha}_1+7\boldsymbol{\alpha}_2-4\boldsymbol{\alpha}_3\|=9$.

5. 6. 7. 略.

8. （1）1，1，4；（2）略.

9. ~11. 略.

12. （1）$c=3$；（2）标准形：$0y_1^2+4y_2^2+9y_3^2$.

13. （1）$a=b=-1$. （2）略.

14. ~16. 略.

参 考 文 献

[1] 北京大学数学系几何与代数教研室前代数小组. 高等代数 [M]. 3 版. 北京：高等教育出版社，2003.

[2] 同济大学数学系. 线性代数 [M]. 6 版. 北京：高等教育出版社，2014.

[3] 同济大学数学系. 线性代数及其应用 [M]. 2 版. 北京：高等教育出版社，2008.

[4] DAVID C LAY. 线性代数及其应用（原书第 3 版）[M]. 刘深泉，等译. 北京：机械工业出版社，2013.

[5] STEVEN J LEON. 线性代数（原书第 8 版）[M]. 张文博，等译. 北京：机械工业出版社，2013.